#모든문제유형
#기본부터_실력까지

# 유형
# 해결의 법칙

Chunjae
Makes
Chunjae

# [ 유형 해결의 법칙 ] 초등 수학 3-2


**기획총괄** 김안나
**편집개발** 이근우, 서진호, 박웅, 최경환
**디자인총괄** 김희정
**표지디자인** 윤순미, 여화경
**내지디자인** 박희춘, 이혜미
**제작** 황성진, 조규영

**발행일** 2022년 3월 1일 개정초판 2023년 3월 1일 2쇄
**발행인** (주)천재교육
**주소** 서울시 금천구 가산로9길 54
**신고번호** 제2001-000018호
**고객센터** 1577-0902



※ 정답 분실 시에는 천재교육 교재 홈페이지에서 내려받으세요.
※ KC 마크는 이 제품이 공통안전기준에 적합하였음을 의미합니다.
※ 주의
책 모서리에 다칠 수 있으니 주의하시기 바랍니다.
부주의로 인한 사고의 경우 책임지지 않습니다.
8세 미만의 어린이는 부모님의 관리가 필요합니다.

# 유형 해결의 법칙 BOOK 1 QR 활용 안내

## 오답 노트

# 틀린 문제 저장! 출력!

학습을 마칠 때에는 **오답노트**에 어떤 문제를 틀렸는지 표시해.
나중에 틀린 문제만 모아서 다시 풀면 **실력도 쑥쑥** 늘겠지?

① 오답노트 앱을 설치 후 로그인
② 책 표지의 QR 코드를 스캔하여 내 교재 등록
③ 오답 노트를 작성할 교재 아래에 있는 를 터치하여 문항 번호를 선택하기

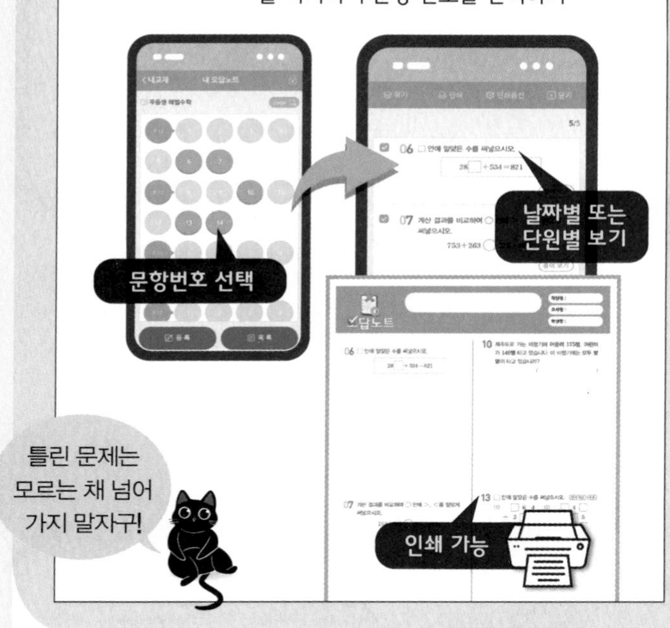


틀린 문제는 모르는 채 넘어가지 말자구!

## 자세한 개념 동영상

단원별로 필요한 기본 개념은 QR을 찍어 동영상으로 자세하게 학습할 수 있습니다.

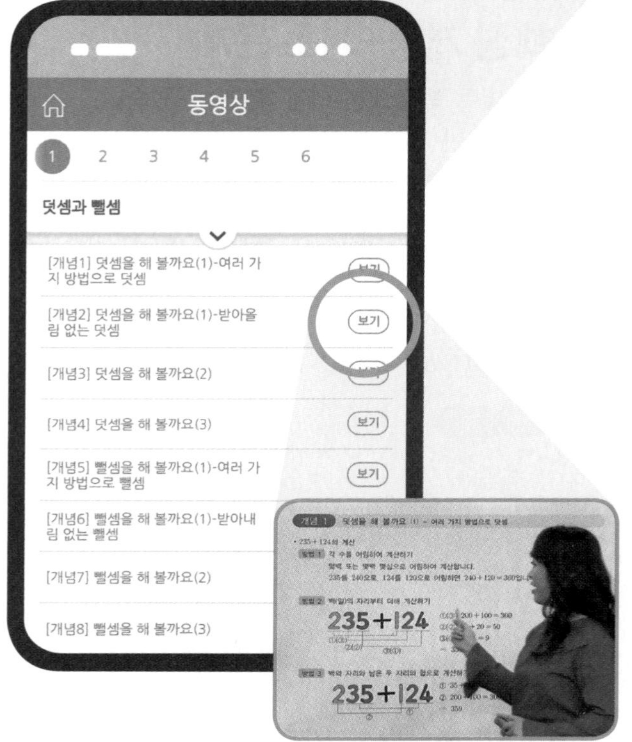


## 문제 생성기

추가적인 문제는 QR을 찍으면 더 풀 수 있습니다.

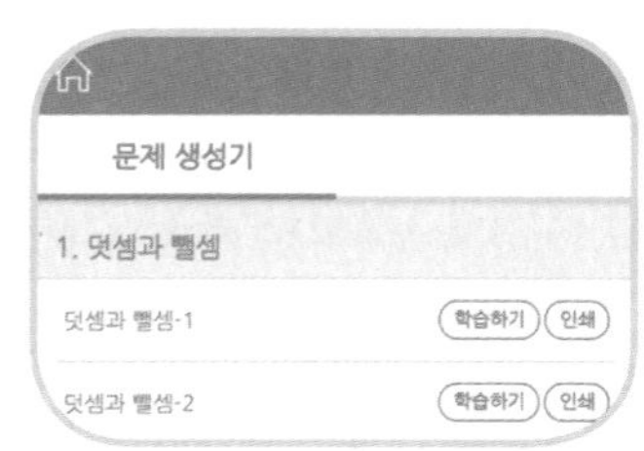


## 문제 풀이 동영상

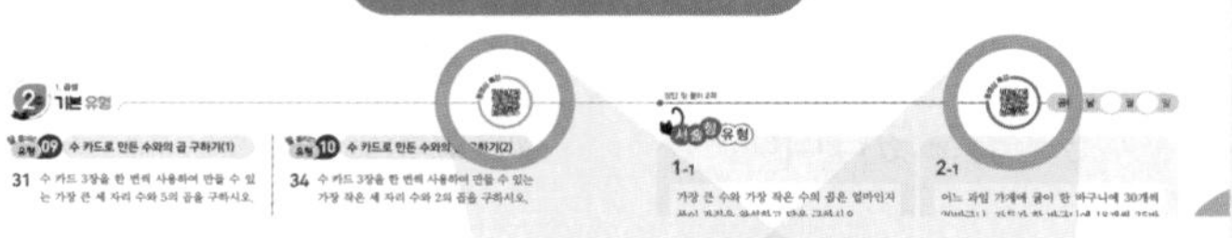

문제 풀이 동영상 강의

2-2 어떤 수에 169를 더해야 할 것을 잘못하여 169를 뺐더니 452가 되었습니다. 바르게 계산한 값을 구하시오.

난이도 하와 중의 문제로 구성하였습니다.

## 핵심 개념+기초 문제

단원별로 꼭 필요한 핵심 개념만 모았습니다. 필요한 기본 개념은 QR을 찍어 동영상으로 학습할 수 있습니다.
단원별 기초 문제를 통해 기초력 확인을 하고 추가적인 문제는 QR을 찍으면 더 풀 수 있습니다.

개념 동영상 강의 제공

문제 생성기

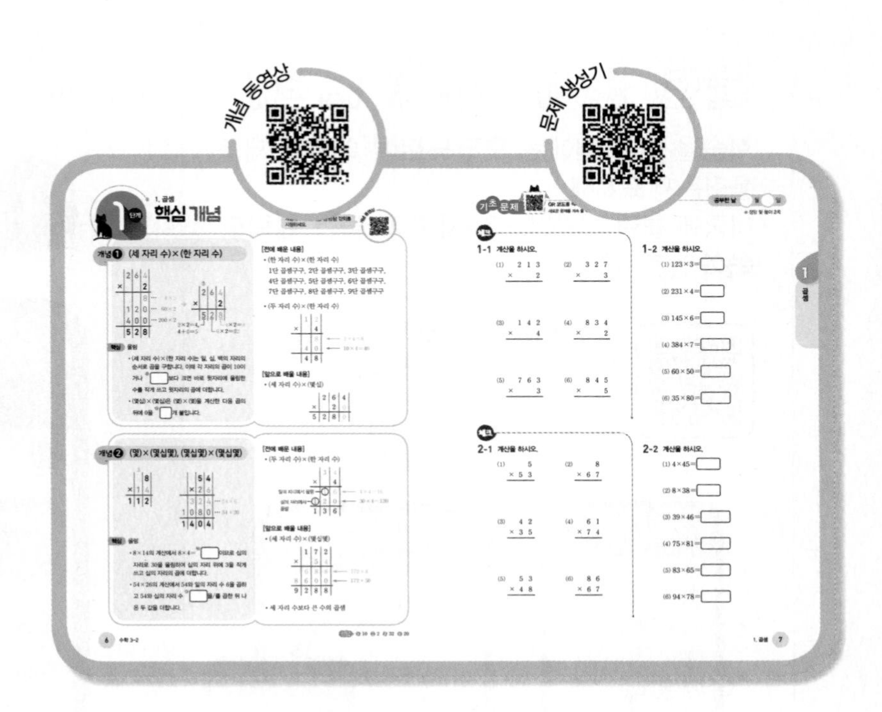


2 단계

## 기본 유형

단원별로 기본적인 유형에 해당하는 문제를 모았습니다.

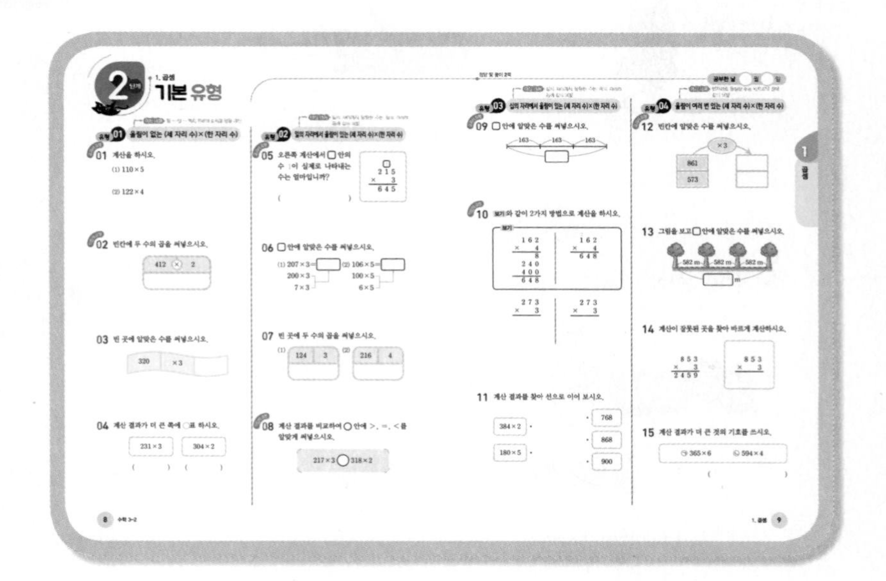

## 잘 틀리는 유형+서술형 유형

잘 틀리는 유형으로 오답을 피할 수 있도록 연습하고 특히 함정 유형에서 함정에 빠지지 않도록 연습합니다.
서술형 유형은 서술형 문제를 연습할 수 있습니다.

동영상 강의 제공

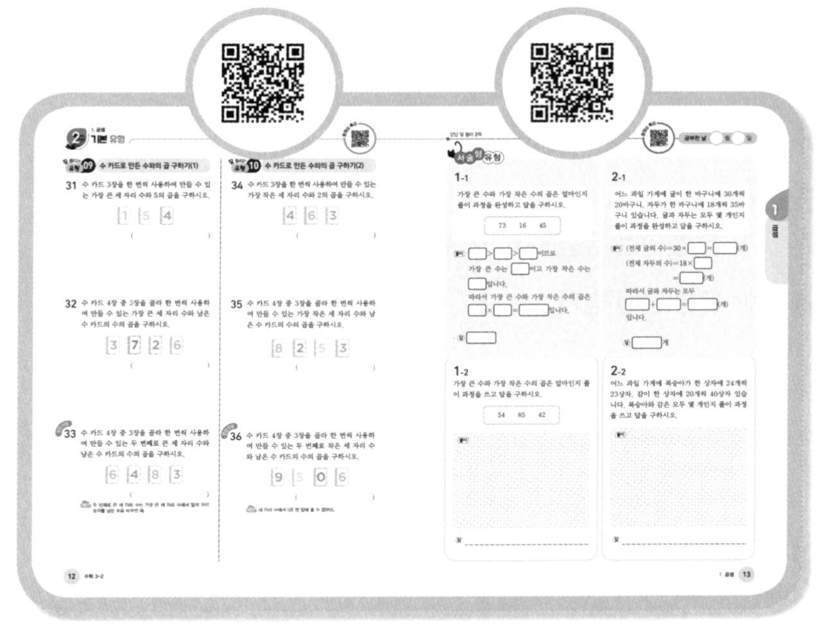

## 유형(단원)평가

단원별로 공부한 기본 유형을 제대로 공부했는지 유형 평가를 통해 복습할 수 있습니다.

단원평가 제공

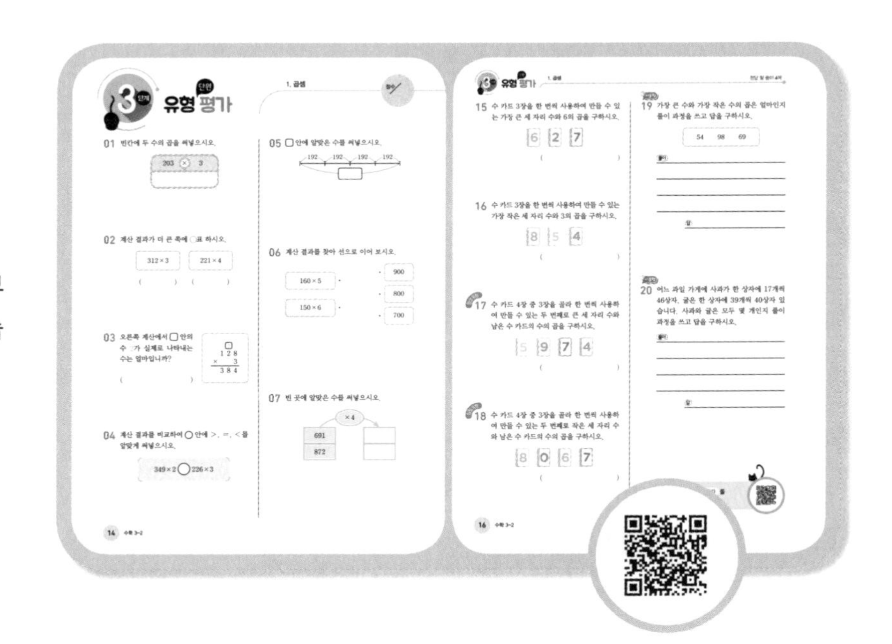

Book1

# 차례

# 곱셈

**학습 계획표**

계획표대로 공부했으면 ○표, 못했으면 △표 하세요.

| 내용 | 쪽수 | 날짜 | 확인 |
|---|---|---|---|
| ❶단계 핵심 개념+기초 문제 | 6~7쪽 | 월 일 | |
| ❷단계 기본 유형 | 8~11쪽 | 월 일 | |
| ❷단계 잘 틀리는 유형+서술형 유형 | 12~13쪽 | 월 일 | |
| ❸단계 유형(단원)평가 | 14~16쪽 | 월 일 | |

1. 곱셈

# 핵심 개념

개념에 대한 **자세한 동영상 강의**를 시청하세요.

## 개념❶ (세 자리 수)×(한 자리 수)

| | | | | |
|---|---|---|---|---|
| | 2 | 6 | 4 | |
| × | | | 2 | |
| | | | 8 | … 4×2 |
| | 1 | 2 | 0 | … 60×2 |
| | 4 | 0 | 0 | … 200×2 |
| | 5 | 2 | 8 | |

→

| | | | |
|---|---|---|---|
| | 1 | | |
| | 2 | 6 | 4 |
| × | | | 2 |
| | 5 | 2 | 8 |

2×2=4, 4+1=5 / 6×2=12 / 4×2=8

**핵심** 올림

- (세 자리 수)×(한 자리 수)는 일, 십, 백의 자리의 순서로 곱을 구합니다. 이때 각 자리의 곱이 10이거나 ❶ ☐보다 크면 바로 윗자리에 올림한 수를 작게 쓰고 윗자리의 곱에 더합니다.
- (몇십)×(몇십)은 (몇)×(몇)을 계산한 다음 곱의 뒤에 0을 ❷ ☐개 붙입니다.

**[전에 배운 내용]**

- (한 자리 수)×(한 자리 수)
  1단 곱셈구구, 2단 곱셈구구, 3단 곱셈구구, 4단 곱셈구구, 5단 곱셈구구, 6단 곱셈구구, 7단 곱셈구구, 8단 곱셈구구, 9단 곱셈구구
- (두 자리 수)×(한 자리 수)

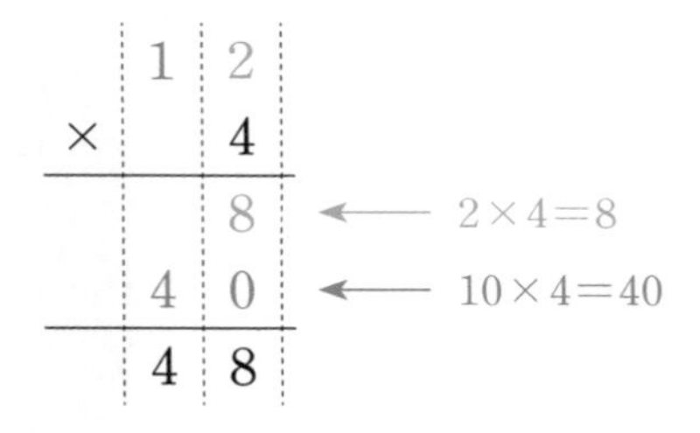


**[앞으로 배울 내용]**

- (세 자리 수)×(몇십)

| | | | | |
|---|---|---|---|---|
| | 2 | 6 | 4 | |
| × | | | 2 | 0 |
| 5 | 2 | 8 | 0 | |

## 개념❷ (몇)×(몇십몇), (몇십몇)×(몇십몇)

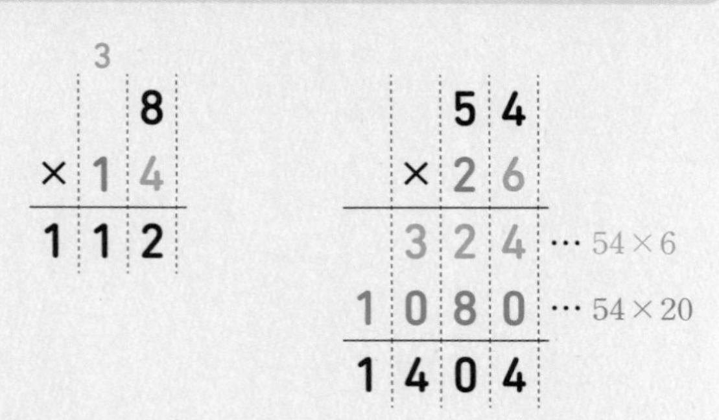


**핵심** 올림

- 8×14의 계산에서 8×4= ❸ ☐이므로 십의 자리로 30을 올림하여 십의 자리 위에 3을 작게 쓰고 십의 자리의 곱에 더합니다.
- 54×26의 계산에서 54와 일의 자리 수 6을 곱하고 54와 십의 자리 수 ❹ ☐을/를 곱한 뒤 나온 두 값을 더합니다.

**[전에 배운 내용]**

- (두 자리 수)×(한 자리 수)

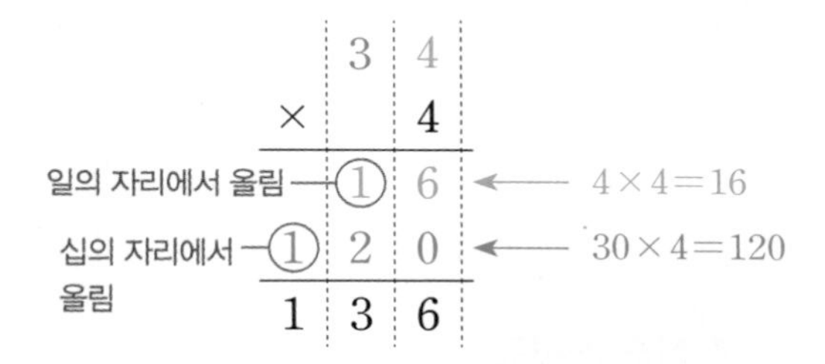


**[앞으로 배울 내용]**

- (세 자리 수)×(몇십몇)

| | | | | | |
|---|---|---|---|---|---|
| | | 1 | 7 | 2 | |
| × | | | 5 | 4 | |
| | | 6 | 8 | 8 | ← 172×4 |
| | 8 | 6 | 0 | 0 | ← 172×50 |
| | 9 | 2 | 8 | 8 | |

- 세 자리 수보다 큰 수의 곱셈

정답 ❶ 10 ❷ 2 ❸ 32 ❹ 20

QR 코드를 찍어 보세요.
새로운 문제를 계속 풀 수 있어요.



체크

**1-1** 계산을 하시오.

(1) $\begin{array}{r} 213 \\ \times \quad 2 \\ \hline \end{array}$

(2) $\begin{array}{r} 327 \\ \times \quad 3 \\ \hline \end{array}$

(3) $\begin{array}{r} 142 \\ \times \quad 4 \\ \hline \end{array}$

(4) $\begin{array}{r} 834 \\ \times \quad 2 \\ \hline \end{array}$

(5) $\begin{array}{r} 763 \\ \times \quad 3 \\ \hline \end{array}$

(6) $\begin{array}{r} 845 \\ \times \quad 5 \\ \hline \end{array}$

**1-2** 계산을 하시오.

(1) $123 \times 3 = \square$

(2) $231 \times 4 = \square$

(3) $145 \times 6 = \square$

(4) $384 \times 7 = \square$

(5) $60 \times 50 = \square$

(6) $35 \times 80 = \square$

**2-1** 계산을 하시오.

(1) $\begin{array}{r} 5 \\ \times 53 \\ \hline \end{array}$

(2) $\begin{array}{r} 8 \\ \times 67 \\ \hline \end{array}$

(3) $\begin{array}{r} 42 \\ \times 35 \\ \hline \end{array}$

(4) $\begin{array}{r} 61 \\ \times 74 \\ \hline \end{array}$

(5) $\begin{array}{r} 53 \\ \times 48 \\ \hline \end{array}$

(6) $\begin{array}{r} 86 \\ \times 67 \\ \hline \end{array}$

**2-2** 계산을 하시오.

(1) $4 \times 45 = \square$

(2) $8 \times 38 = \square$

(3) $39 \times 46 = \square$

(4) $75 \times 81 = \square$

(5) $83 \times 65 = \square$

(6) $94 \times 78 = \square$

# 2단계 기본 유형

핵심 내용 일 → 십 → 백의 자리의 순서로 곱을 계산

## 유형 01 올림이 없는 (세 자리 수)×(한 자리 수)

교과서 유형

**01** 계산을 하시오.

(1) $110 \times 5$

(2) $122 \times 4$

익힘책 유형

**02** 빈칸에 두 수의 곱을 써넣으시오.

| 412 ⊗ 2 |
|---|
| |

**03** 빈 곳에 알맞은 수를 써넣으시오.

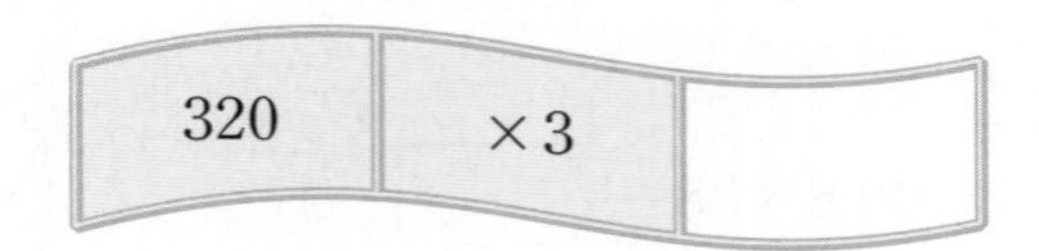

| 320 | ×3 | |
|---|---|---|

**04** 계산 결과가 더 큰 쪽에 ○표 하시오.

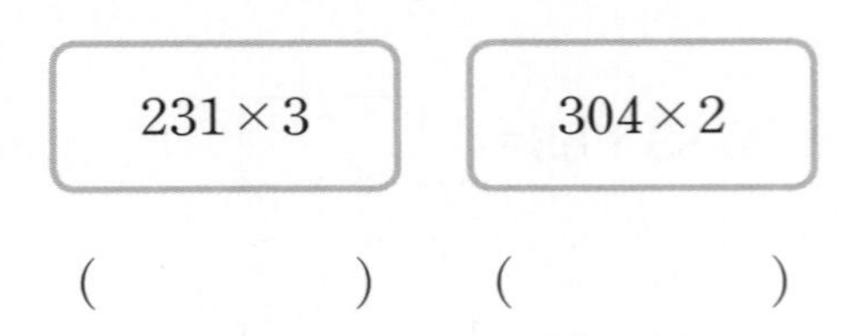

| 231×3 | 304×2 |
|---|---|
| (　　　) | (　　　) |

핵심 내용 일의 자리에서 올림한 수는 십의 자리의 곱에 같이 더함

## 유형 02 일의 자리에서 올림이 있는 (세 자리 수)×(한 자리 수)

교과서 유형

**05** 오른쪽 계산에서 □ 안의 수 1이 실제로 나타내는 수는 얼마입니까?

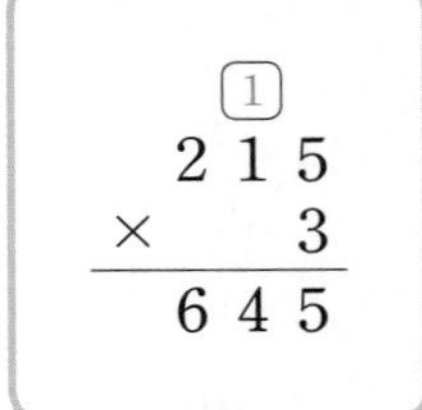

$$\begin{array}{r} \boxed{1}\phantom{5} \\ 2\,1\,5 \\ \times \quad 3 \\ \hline 6\,4\,5 \end{array}$$

(　　　　　　　)

**06** □ 안에 알맞은 수를 써넣으시오.

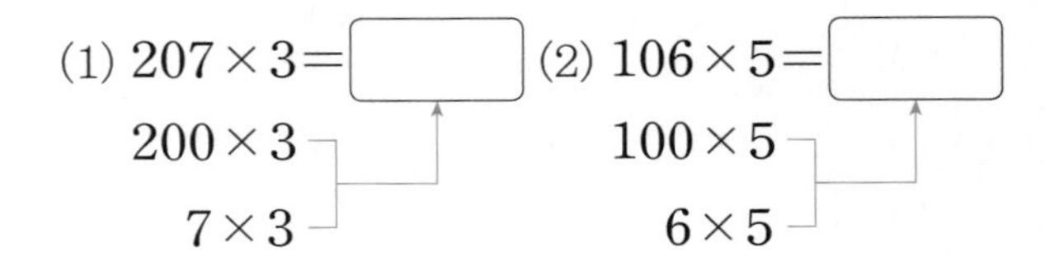

(1) $207 \times 3 = \square$
$200 \times 3$
$7 \times 3$

(2) $106 \times 5 = \square$
$100 \times 5$
$6 \times 5$

**07** 빈 곳에 두 수의 곱을 써넣으시오.

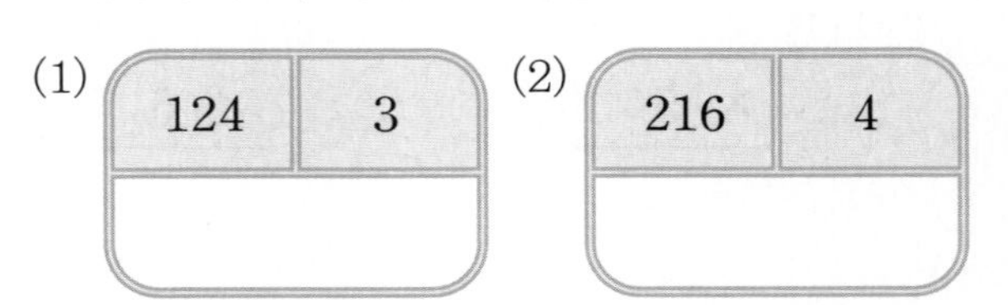

(1)

| 124 | 3 |
|---|---|
| | |

(2)

| 216 | 4 |
|---|---|
| | |

익힘책 유형

**08** 계산 결과를 비교하여 ○ 안에 >, =, <를 알맞게 써넣으시오.

$217 \times 3$ ○ $318 \times 2$

핵심 내용 십의 자리에서 올림한 수는 백의 자리의 곱에 같이 더함

## 유형 03 십의 자리에서 올림이 있는 (세 자리 수)×(한 자리 수)

교과서 유형

**09** □ 안에 알맞은 수를 써넣으시오.

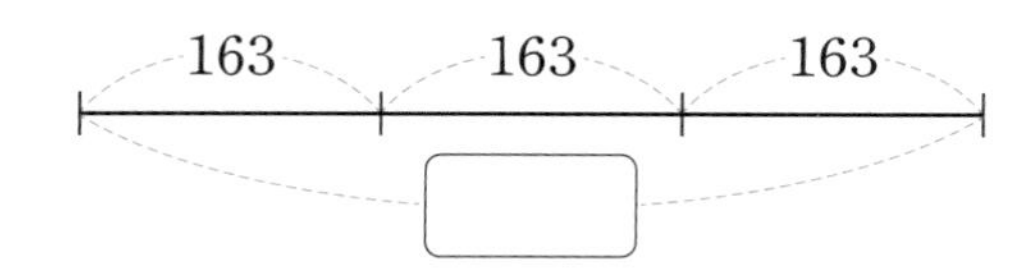


익힘책 유형

**10** 보기 와 같이 2가지 방법으로 계산을 하시오.

보기

$$\begin{array}{r} 162 \\ \times \quad 4 \\ \hline 8 \\ 240 \\ 400 \\ \hline 648 \end{array} \qquad \begin{array}{r} \overset{2}{1}62 \\ \times \quad 4 \\ \hline 648 \end{array}$$

$$\begin{array}{r} 273 \\ \times \quad 3 \\ \hline \end{array} \qquad \begin{array}{r} 273 \\ \times \quad 3 \\ \hline \end{array}$$

**11** 계산 결과를 찾아 선으로 이어 보시오.

| | | |
|---|---|---|
| 384×2 • | | • 768 |
| | | • 868 |
| 180×5 • | | • 900 |

핵심 내용 윗자리로 올림한 수는 윗자리의 곱에 같이 더함

## 유형 04 올림이 여러 번 있는 (세 자리 수)×(한 자리 수)

교과서 유형

**12** 빈칸에 알맞은 수를 써넣으시오.

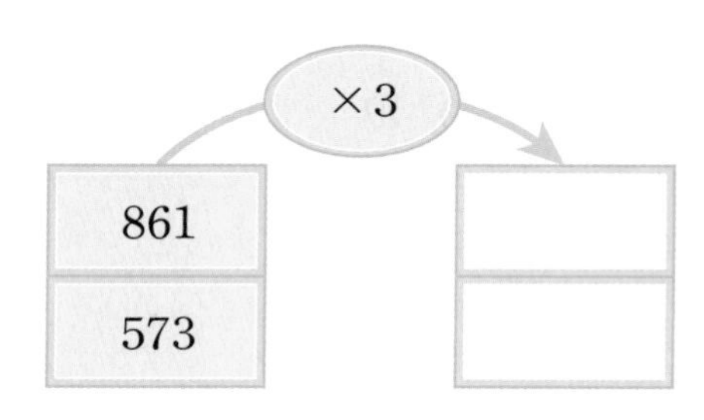


**13** 그림을 보고 □ 안에 알맞은 수를 써넣으시오.

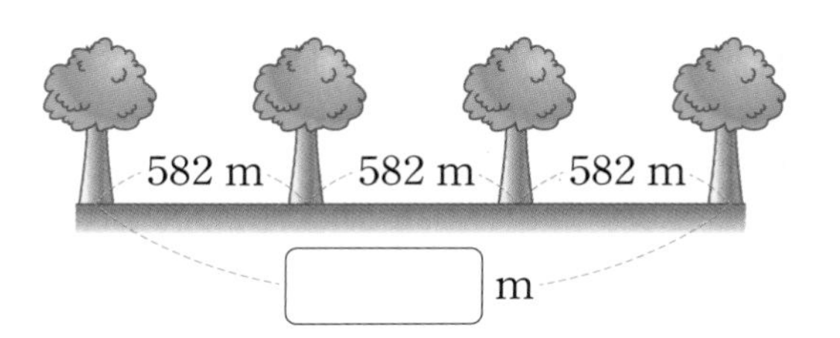


**14** 계산이 잘못된 곳을 찾아 바르게 계산하시오.

$$\begin{array}{r} 853 \\ \times \quad 3 \\ \hline 2459 \end{array} \Rightarrow \begin{array}{r} 853 \\ \times \quad 3 \\ \hline \end{array}$$

**15** 계산 결과가 더 큰 것의 기호를 쓰시오.

㉠ 365×6 ㉡ 594×4

( )

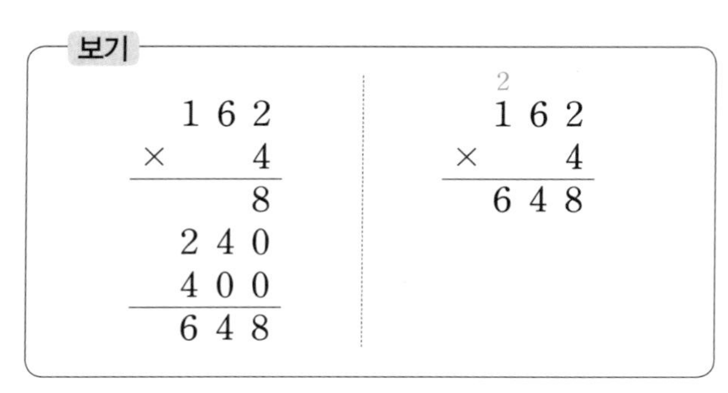

핵심 내용 (몇)×(몇)의 계산 결과에 0을 2개 붙이기

## 유형 05 (몇십)×(몇십)

교과서 유형

**16** 두 수의 곱이 더 큰 쪽에 ○표 하시오.

| 90, 40 | 70, 50 |
|---|---|
| (          ) | (          ) |

익힘책 유형

**17** 계산 결과가 같은 것끼리 선으로 이어 보시오.

| | |
|---|---|
| $80\times20$ • | • $80\times30$ |
| $60\times40$ • | • $20\times90$ |
| $30\times60$ • | • $40\times40$ |

**18** 삼각형에 적힌 수들의 곱을 구하시오.

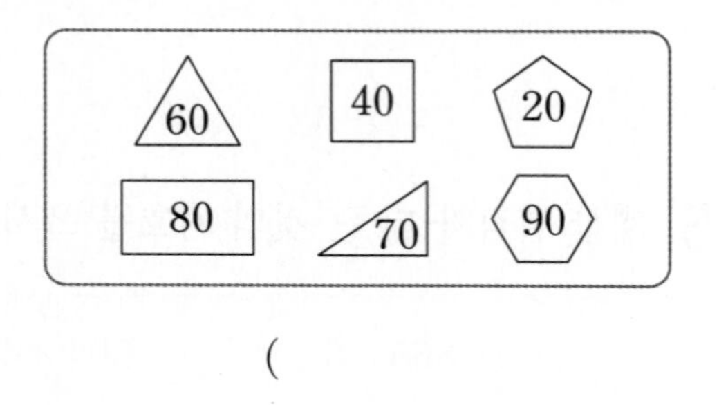


(                    )

핵심 내용 (몇십몇)×(몇)의 계산 결과에 0을 1개 붙이기

## 유형 06 (몇십몇)×(몇십)

교과서 유형

**19** ㉠에 알맞은 수를 구하시오.

$$\begin{array}{r} 7\ 5 \\ \times\ 4\ 0 \\ \hline ㉠\ \square\ \square\ \square \end{array}$$

(                    )

**20** $15\times60$을 다음과 같이 계산하였습니다. □ 안에 알맞은 수를 써넣으시오.

$$15\times60=15\times\square\times10$$
$$=\square\times10=\square$$

**21** 빈칸에 알맞은 수를 써넣으시오.

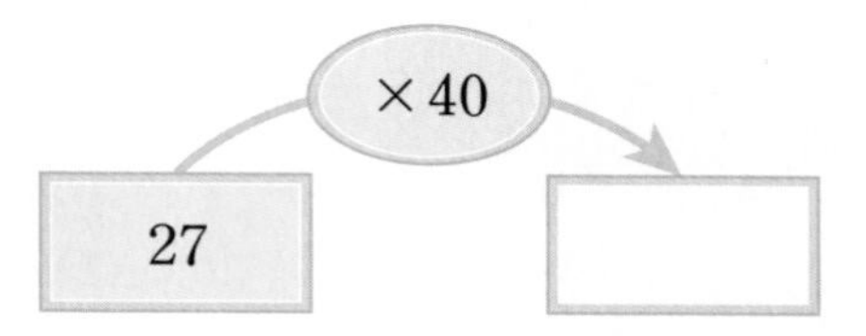


익힘책 유형

**22** 계산 결과를 비교하여 ○ 안에 >, =, <를 알맞게 써넣으시오.

$51\times30$ ○ $18\times90$

핵심 내용 (몇)×(몇십)과 (몇)×(몇)의 합이므로 (몇)×(몇십)의 일의 자리는 항상 0이 됨

## 유형 07 (몇)×(몇십몇)

교과서 유형

**23** 빈칸에 알맞은 수를 써넣으시오.

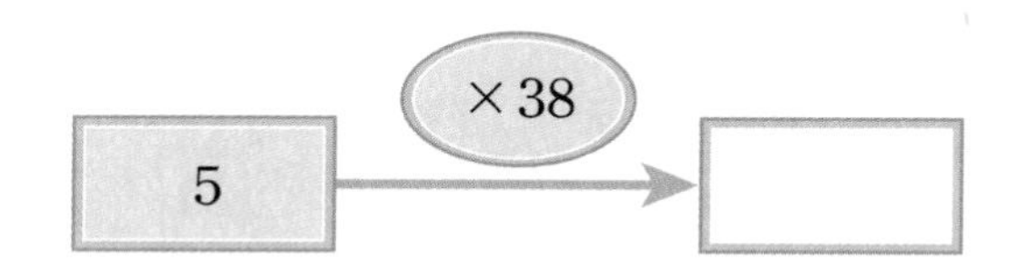


**24** 계산 결과를 찾아 선으로 이어 보시오.

**25** 빈 곳에 알맞은 수를 써넣으시오.

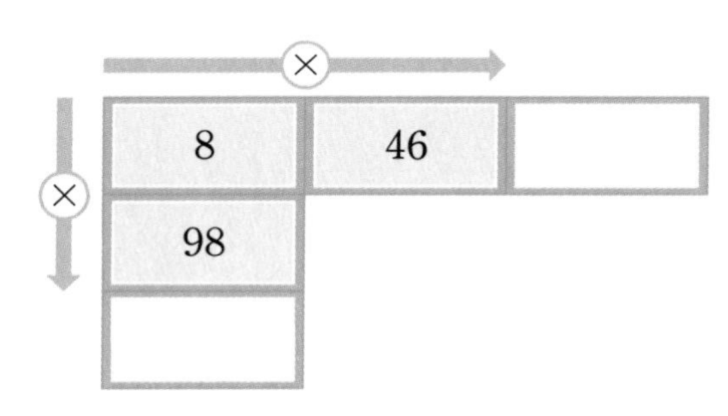


**26** 계산 결과가 더 큰 쪽에 ○표 하시오.

| 9×25 | 5×43 |
|---|---|
| (　　　) | (　　　) |

핵심 내용 (몇십몇)×(몇십)과 (몇십몇)×(몇)의 합과 같음

## 유형 08 (몇십몇)×(몇십몇)

교과서 유형

**27** 계산을 하시오.

(1) $\begin{array}{r} 6\ 5 \\ \times\ 2\ 7 \\ \hline \end{array}$　　(2) $\begin{array}{r} 1\ 8 \\ \times\ 7\ 2 \\ \hline \end{array}$

**28** 두 수의 곱을 계산하여 빈칸에 써넣으시오.

**29** 계산 결과를 비교하여 ○ 안에 >, =, <를 알맞게 써넣으시오.

$\begin{array}{r} 2\ 3 \\ \times\ 1\ 4 \\ \hline \end{array}$ ○ $\begin{array}{r} 1\ 6 \\ \times\ 2\ 1 \\ \hline \end{array}$

**30** 계산이 잘못된 곳을 찾아 바르게 계산하시오.

$\begin{array}{r} 3\ 8 \\ \times\ 4\ 9 \\ \hline 3\ 4\ 2 \\ 1\ 5\ 2 \\ \hline 4\ 9\ 4 \end{array}$ ⇨ $\begin{array}{r} 3\ 8 \\ \times\ 4\ 9 \\ \hline \end{array}$

1 곱셈

## 잘 틀리는 유형 09 수 카드로 만든 수와의 곱 구하기(1)

**31** 수 카드 3장을 한 번씩 사용하여 만들 수 있는 가장 큰 세 자리 수와 5의 곱을 구하시오.

1 5 4

(　　　　　　　　　　)

**32** 수 카드 4장 중 3장을 골라 한 번씩 사용하여 만들 수 있는 가장 큰 세 자리 수와 남은 수 카드의 수의 곱을 구하시오.

3 7 2 6

(　　　　　　　　　　)

합정 유형 **33** 수 카드 4장 중 3장을 골라 한 번씩 사용하여 만들 수 있는 두 번째로 큰 세 자리 수와 남은 수 카드의 수의 곱을 구하시오.

6 4 8 3

(　　　　　　　　　　)

KEY 두 번째로 큰 세 자리 수는 가장 큰 세 자리 수에서 일의 자리 숫자를 남은 수로 바꾸면 돼.

## 잘 틀리는 유형 10 수 카드로 만든 수와의 곱 구하기(2)

**34** 수 카드 3장을 한 번씩 사용하여 만들 수 있는 가장 작은 세 자리 수와 2의 곱을 구하시오.

4 6 3

(　　　　　　　　　　)

**35** 수 카드 4장 중 3장을 골라 한 번씩 사용하여 만들 수 있는 가장 작은 세 자리 수와 남은 수 카드의 수의 곱을 구하시오.

8 2 5 3

(　　　　　　　　　　)

합정 유형 **36** 수 카드 4장 중 3장을 골라 한 번씩 사용하여 만들 수 있는 두 번째로 작은 세 자리 수와 남은 수 카드의 수의 곱을 구하시오.

9 5 0 6

(　　　　　　　　　　)

KEY 세 자리 수에서 0은 맨 앞에 올 수 없어요.

## 서술형 유형

### 1-1

가장 큰 수와 가장 작은 수의 곱은 얼마인지 풀이 과정을 완성하고 답을 구하시오.

73 16 45

풀이 ☐ > ☐ > ☐ 이므로

가장 큰 수는 ☐ 이고 가장 작은 수는 ☐ 입니다.

따라서 가장 큰 수와 가장 작은 수의 곱은 ☐ × ☐ = ☐ 입니다.

답 ☐

### 2-1

어느 과일 가게에 귤이 한 바구니에 30개씩 20바구니, 자두가 한 바구니에 18개씩 35바구니 있습니다. 귤과 자두는 모두 몇 개인지 풀이 과정을 완성하고 답을 구하시오.

풀이 (전체 귤의 수)=30× ☐ = ☐ (개)

(전체 자두의 수)=18× ☐

= ☐ (개)

따라서 귤과 자두는 모두

☐ + ☐ = ☐ (개)

입니다.

답 ☐ 개

### 1-2

가장 큰 수와 가장 작은 수의 곱은 얼마인지 풀이 과정을 쓰고 답을 구하시오.

54 85 42

풀이

답

### 2-2

어느 과일 가게에 복숭아가 한 상자에 24개씩 23상자, 감이 한 상자에 20개씩 40상자 있습니다. 복숭아와 감은 모두 몇 개인지 풀이 과정을 쓰고 답을 구하시오.

풀이

답

점수

# 3단계 단원 유형 평가

**01** 빈칸에 두 수의 곱을 써넣으시오.

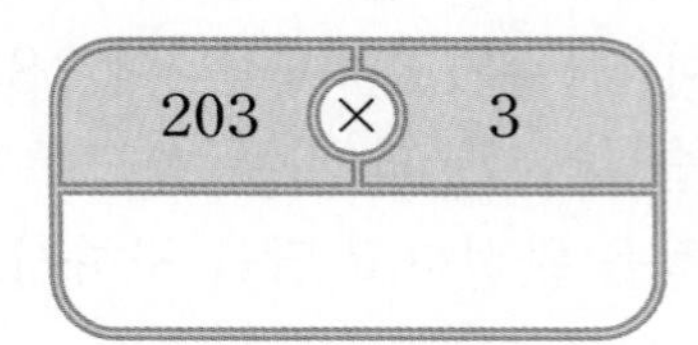


**02** 계산 결과가 더 큰 쪽에 ○표 하시오.

| 312×3 | 221×4 |
|---|---|
| (　　　) | (　　　) |

**03** 오른쪽 계산에서 □ 안의 수 2가 실제로 나타내는 수는 얼마입니까?

$$\begin{array}{r} \boxed{2}\phantom{8} \\ 1\,2\,8 \\ \times \quad\; 3 \\ \hline 3\,8\,4 \end{array}$$

(　　　　　　)

**04** 계산 결과를 비교하여 ○ 안에 >, =, <를 알맞게 써넣으시오.

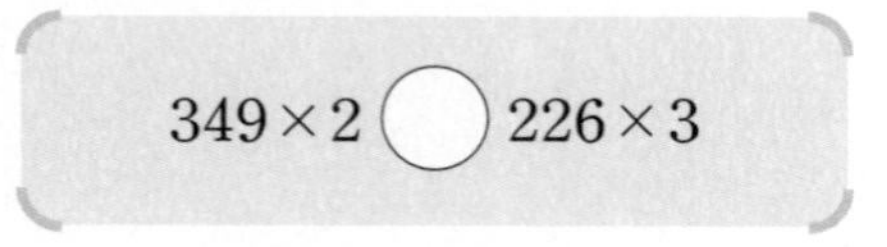


**05** □ 안에 알맞은 수를 써넣으시오.

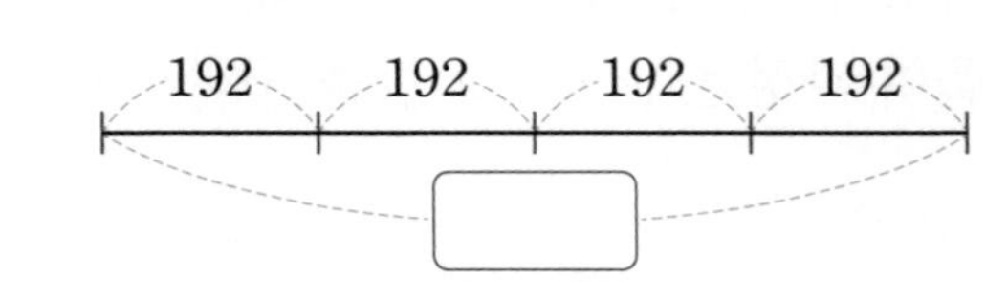


**06** 계산 결과를 찾아 선으로 이어 보시오.

| | |
|---|---|
| 160×5 • | • 900 |
| | • 800 |
| 150×6 • | • 700 |

**07** 빈 곳에 알맞은 수를 써넣으시오.

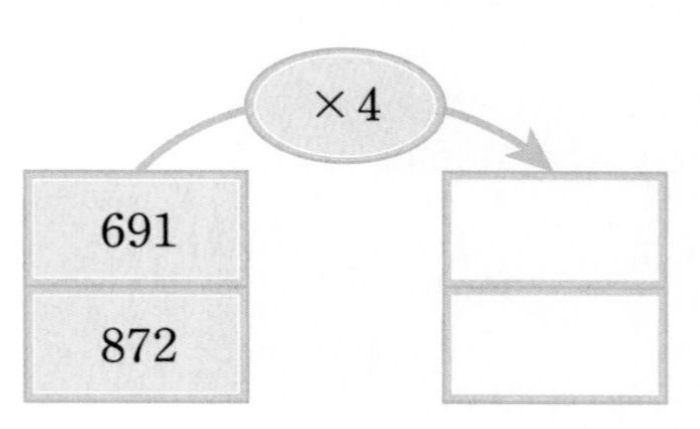

**08** 계산 결과가 더 큰 것의 기호를 쓰시오.

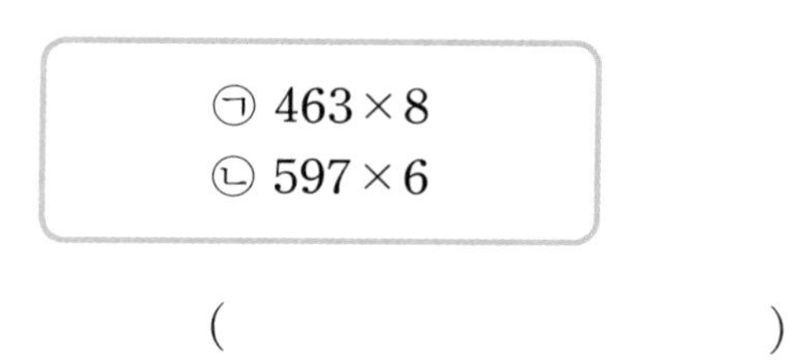


(　　　　　　　　)

**09** 사각형에 적힌 수들의 곱을 구하시오.

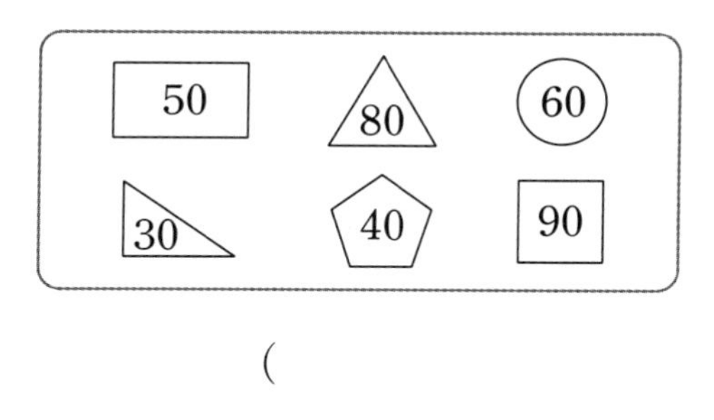


(　　　　　　　　)

**10** ㉠에 알맞은 수를 구하시오.

$$\begin{array}{r} 6\ 5 \\ \times\ 8\ 0 \\ \hline \square\ ㉠\ \square\ \square \end{array}$$

(　　　　　　　　)

**11** 25×70을 다음과 같이 계산하였습니다. □ 안에 알맞은 수를 써넣으시오.

$25\times70=25\times\square\times10$

$=\square\times10$

$=\square$

**12** 계산 결과를 찾아 선으로 이어 보시오.

**13** 빈 곳에 알맞은 수를 써넣으시오.

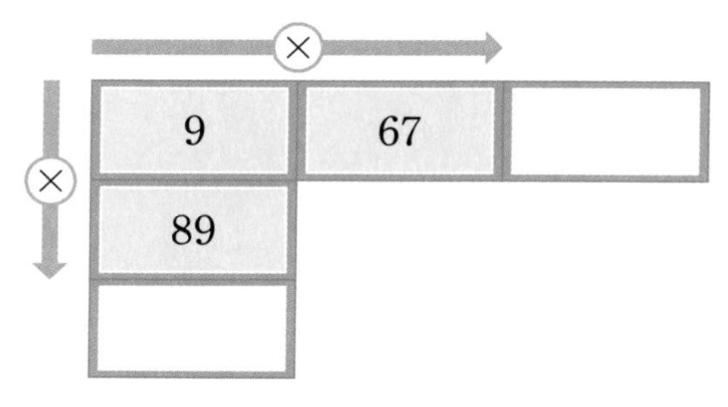


**14** 두 수의 곱을 계산하여 빈칸에 써넣으시오.

| 78 | 87 |
|---|---|
| | |

**15** 수 카드 3장을 한 번씩 사용하여 만들 수 있는 가장 큰 세 자리 수와 6의 곱을 구하시오.

6 2 7

( )

**16** 수 카드 3장을 한 번씩 사용하여 만들 수 있는 가장 작은 세 자리 수와 3의 곱을 구하시오.

8 5 4

( )

합정 유형

**17** 수 카드 4장 중 3장을 골라 한 번씩 사용하여 만들 수 있는 두 번째로 큰 세 자리 수와 남은 수 카드의 수의 곱을 구하시오.

5 9 7 4

( )

합정 유형

**18** 수 카드 4장 중 3장을 골라 한 번씩 사용하여 만들 수 있는 두 번째로 작은 세 자리 수와 남은 수 카드의 수의 곱을 구하시오.

8 0 6 7

( )

서술형

**19** 가장 큰 수와 가장 작은 수의 곱은 얼마인지 풀이 과정을 쓰고 답을 구하시오.

54 98 69

풀이

답

서술형

**20** 어느 과일 가게에 사과가 한 상자에 17개씩 46상자, 귤은 한 상자에 39개씩 40상자 있습니다. 사과와 귤은 모두 몇 개인지 풀이 과정을 쓰고 답을 구하시오.

풀이

답

QR 코드를 찍어 단원평가 를 풀어 보세요.

# 나눗셈

**학습 계획표**

계획표대로 공부했으면 ○표, 못했으면 △표 하세요.

| 내용 | 쪽수 | 날짜 | 확인 |
|---|---|---|---|
| ①단계 핵심 개념+기초 문제 | 18~19쪽 | 월 일 | |
| ②단계 기본 유형 | 20~23쪽 | 월 일 | |
| ②단계 잘 틀리는 유형+서술형 유형 | 24~25쪽 | 월 일 | |
| ③단계 유형(단원)평가 | 26~28쪽 | 월 일 | |

# 1단계 핵심 개념

개념에 대한 **자세한 동영상 강의**를 시청하세요.

## 개념 ❶ (두 자리 수)÷(한 자리 수)

```
     1 1
 5 ) 5 8
     5      ← 5×1
     ---
       8
       5    ← 5×1
     ---
       3
```

→ $58\div5=11\cdots3$ (11: 몫, 3: 나머지)

**핵심** 나머지, 나누어떨어진다

- 나눗셈식을 세로로 쓰는 방법

$60\div2=30$ ⇨ ❶ [  ] ) 60 위에 ❷ [  ]

- 나머지가 없으면 나머지는 0이라고 말할 수 있습니다. 나머지가 ❸ [  ]이면 나누어떨어진다고 합니다.

**[전에 배운 내용]**

- 나눗셈의 몫을 곱셈식으로 구하기

$28\div4$ ⇨ $4\times$ [7] $=28$ ⇨ $28\div4=$ [7]

- 나눗셈의 몫을 곱셈구구로 구하기

| × | 1 | 2 | 3 | 4 | 5 | 6 | 7 | 8 | 9 |
|---|---|---|---|---|---|---|---|---|---|
| 3 | 3 | 6 | 9 | 12 | 15 | 18 | 21 | 24 | 27 |
| 8 | 8 | 16 | 24 | 32 | 40 | 48 | 56 | 64 | 72 |

⇨ $18\div3=$ [6]　　$32\div8=$ [4]

**[앞으로 배울 내용]**

- (두 자리 수)÷(두 자리 수)

35>8이므로 ①의 자리에 몫을 쓸 수 없습니다.

```
       ⊗ 2   ← 몫
 35 ) 8 4
      7 0    ← 35×2=70
      ---
      1 4    ← 나머지
```

⇨ $84\div35=2\cdots14$

## 개념 ❷ (세 자리 수)÷(한 자리 수)

```
       8 9
 4 ) 3 5 9
     3 2      ← 4×8
     -----
       3 9
       3 6    ← 4×9
     -----
         3
```

→ $359\div4=89\cdots3$ (89: 몫, 3: 나머지)

**핵심** 나머지, 나눗셈이 맞는지 확인

- 나누어떨어지지 않는 나눗셈식 ■÷●=▲…★에서 나눗셈을 맞게 계산했는지 확인하는 방법은 나누는 수와 몫의 곱인 ●×▲에 나머지인 ❹ [  ]를 더하여 나누어지는 수인 ❺ [  ]와 같은지 비교하는 것입니다.

**[전에 배운 내용]**

- (두 자리 수)÷(한 자리 수)

```
     2 1              1 4
 2 ) 4 2          3 ) 4 2
     4    ← 2×2       3     ← 3×1
     ---              ---
       2                1 2
       2  ← 2×1         1 2 ← 3×4
     ---              -----
       0                  0
```

**[앞으로 배울 내용]**

- (세 자리 수)÷(두 자리 수)

```
            4
          3 0
 21 ) 7 2 5
      6 3 0   ← 21×30
      -----
        9 5   ← 725−630
        8 4   ← 21×4
      -----
        1 1   ← 95−84
```

⇨ $725\div21=34\cdots11$

정답 ❶ 2 ❷ 30 ❸ 0 ❹ ★ ❺ ■

**QR 코드**를 찍어 보세요.
새로운 문제를 계속 풀 수 있어요.



정답 및 풀이 5쪽

**1-1** 계산을 하시오.

(1) $4\overline{)60}$

(2) $3\overline{)96}$

(3) $5\overline{)85}$

(4) $7\overline{)41}$

(5) $2\overline{)69}$

(6) $6\overline{)83}$

**1-2** 계산을 하시오.

(1) $90 \div 6 = \square$

(2) $86 \div 2 = \square$

(3) $87 \div 3 = \square$

(4) $61 \div 8 = \square \cdots \square$

(5) $89 \div 4 = \square \cdots \square$

(6) $95 \div 7 = \square \cdots \square$

**2-1** 계산을 하시오.

(1) $3\overline{)639}$

(2) $4\overline{)552}$

(3) $6\overline{)630}$

(4) $7\overline{)607}$

(5) $2\overline{)649}$

(6) $5\overline{)873}$

**2-2** 계산을 하시오.

(1) $884 \div 4 = \square$

(2) $785 \div 5 = \square$

(3) $756 \div 7 = \square$

(4) $516 \div 8 = \square \cdots \square$

(5) $967 \div 3 = \square \cdots \square$

(6) $890 \div 6 = \square \cdots \square$

2. 나눗셈

# 기본 유형

핵심 내용 나머지가 0일 때 나누어떨어진다고 합니다.

## 유형 01 나머지가 없는 (몇십)÷(몇)

교과서 유형

**01** 계산을 하시오.

(1) 90÷3 (2) 70÷7

**02** 몫을 찾아 선으로 이어 보시오.

| 90÷2 | • | • | 25 |
|---|---|---|---|
| 50÷2 | • | • | 45 |

**03** 몫이 가장 큰 것의 기호를 쓰시오.

㉠ 4)80 ㉡ 2)80 ㉢ 9)90

(                    )

익힘책 유형

**04** 몫의 크기를 비교하여 ◯ 안에 >, =, <를 알맞게 써넣으시오.

80÷5 ◯ 90÷5

핵심 내용 십의 자리에서 내림이 있는지 없는지 주의하여 계산합니다.

## 유형 02 나머지가 없는 (몇십몇)÷(몇)

**05** 빈 곳에 알맞은 수를 써넣으시오.

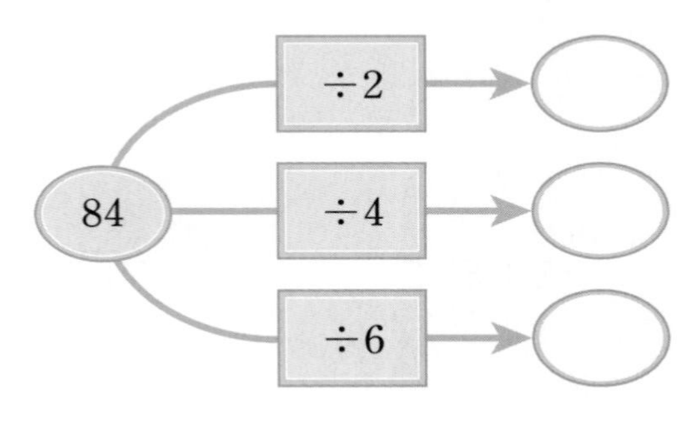


**06** 몫이 더 큰 것의 기호를 쓰시오.

㉠ 57÷3 ㉡ 52÷2

(                    )

익힘책 유형

**07** 몫이 가장 큰 것에 ◯표 하시오.

| 63÷3 | 68÷4 | 46÷2 |
|---|---|---|
| (      ) | (      ) | (      ) |

**08** 몫이 같은 것끼리 선으로 이어 보시오.

| 36÷2 | • | • | 54÷3 |
|---|---|---|---|
| 84÷7 | • | • | 72÷6 |

공부한 날 월 일

핵심 내용 나머지는 나누는 수보다 항상 작습니다.

## 유형 03 나머지가 있는 (몇십)÷(몇)

교과서 유형

**09** 나눗셈을 하여 □ 안에는 몫을 써넣고, ○ 안에는 나머지를 써넣으시오.

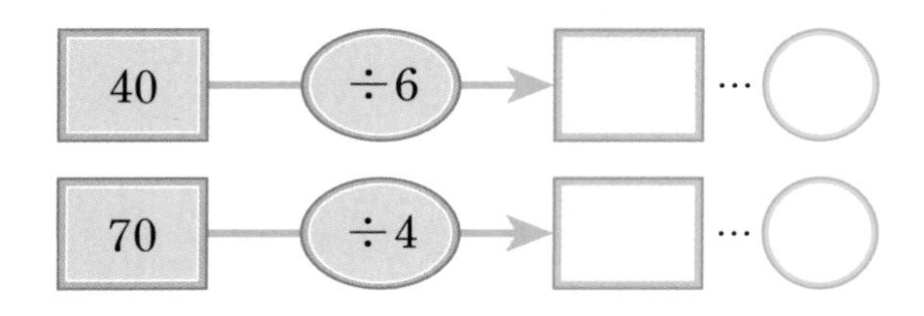

**10** 몫의 크기를 비교하여 ○ 안에 >, =, <를 알맞게 써넣으시오.

40÷3 ○ 50÷4

**11** 나머지가 가장 작은 것에 ○표 하시오.

| 70÷6 | 50÷7 | 80÷9 |
| --- | --- | --- |
| (　　) | (　　) | (　　) |

**12** 다음 중 나누어떨어지는 나눗셈은 어느 것입니까? ·································· (　　)

① 50÷3　② 90÷4　③ 60÷6
④ 80÷7　⑤ 70÷8

핵심 내용 나누는 수는 나머지보다 항상 큽니다.

## 유형 04 나머지가 있는 (몇십몇)÷(몇)

교과서 유형

**13** 나눗셈을 하여 □ 안에는 몫을 써넣고, ○ 안에는 나머지를 써넣으시오.

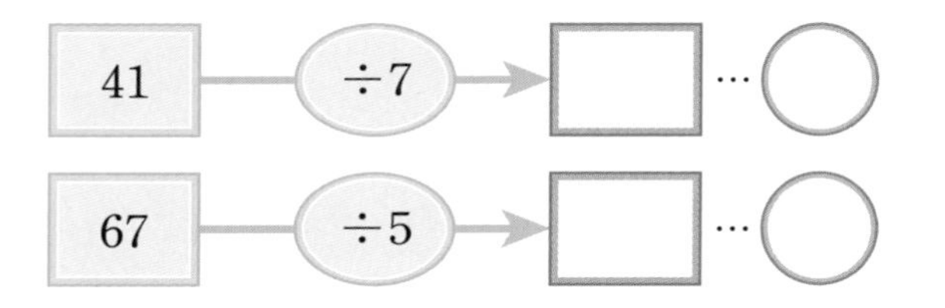

익힘책 유형

**14** 몫의 크기를 비교하여 ○ 안에 >, =, <를 알맞게 써넣으시오.

15÷2 ○ 31÷4

**15** 나머지가 가장 큰 것에 ○표 하시오.

| 87÷4 | 64÷6 | 65÷2 |
| --- | --- | --- |
| (　　) | (　　) | (　　) |

**16** 다음 중 2로 나누면 나누어떨어지는 수를 모두 찾으시오. ····················· (　　)

① 11　② 17　③ 20
④ 64　⑤ 87

2 나눗셈

**17** 몫의 크기를 비교하여 ○ 안에 >, =, <를 알맞게 써넣으시오.

**18** 나머지가 다른 것에 ○표 하시오.

| 78÷5 | 81÷6 | 93÷8 |
|---|---|---|
| (　　) | (　　) | (　　) |

익힘책 유형

**19** 나눗셈의 계산 결과에 대해 바르게 설명한 사람을 찾아 이름을 쓰시오.

$79 \div 3 = \square \cdots \square$

도연: 몫은 25보다 커.
승희: 나머지는 3보다 커.
정렬: 나머지는 0이니까 나누어떨어져.

(　　　　)

**20** 나누어떨어지지 <u>않는</u> 나눗셈의 기호를 쓰시오.

㉠ 70÷5　㉡ 88÷8　㉢ 86÷4

(　　　　)

핵심 내용: 나누는 수를 나누어지는 수의 백 → 십 → 일의 자리와 비교하여 나눗셈을 계산합니다.

## 유형 05 나머지가 없는 (세 자리 수)÷(한 자리 수)

교과서 유형

**21** 빈 곳에 알맞은 수를 써넣으시오.

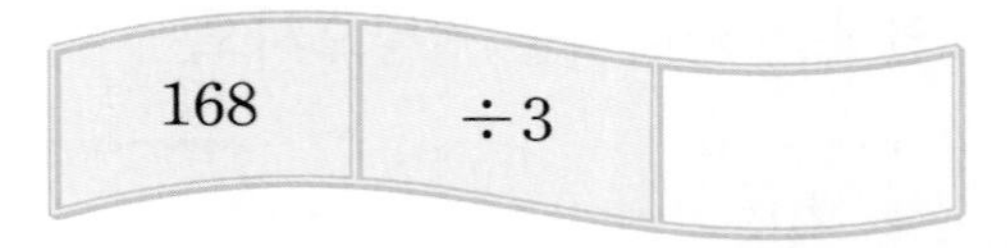


**22** 계산이 <u>잘못된</u> 곳을 찾아 바르게 계산하시오.

$$\begin{array}{r} 704 \\ 5\,)\overline{370} \\ \underline{35\phantom{0}} \\ 20 \\ \underline{20} \\ 0 \end{array} \Rightarrow \begin{array}{r} \\ 5\,)\overline{370} \end{array}$$

**23** 몫의 크기를 비교하여 ○ 안에 >, =, <를 알맞게 써넣으시오.

984÷8 ○ 375÷3

**24** 몫이 다른 것에 ○표 하시오.

| 304÷4 | 518÷7 | 456÷6 |
|---|---|---|
| (　　) | (　　) | (　　) |

공부한 날 월 일

핵심 내용 나머지는 나누는 수보다 항상 작습니다.

## 유형 06 나머지가 있는 (세 자리 수)÷(한 자리 수)

교과서 유형

**25** 계산을 하시오.

(1) $6\overline{)854}$

(2) $3\overline{)238}$

**26** 몫이 더 큰 것에 ○표 하시오.

| 844÷7 | 930÷9 |
|---|---|
| (　　　) | (　　　) |

**27** 몫을 찾아 선으로 이어 보시오.

173÷6 •　　　• 26

186÷7 •　　　• 28

**28** 나머지를 찾아 선으로 이어 보시오.

367÷2 •　　　• 1

604÷5 •　　　• 3

627÷8 •　　　• 4

핵심 내용 (나누는 수)와 (몫)의 곱에 (나머지)를 더하면 (나누어지는 수)가 나와야 합니다.

## 유형 07 맞게 계산했는지 확인하기

교과서 유형

**29** 나눗셈을 하고 맞게 계산했는지 확인해 보시오.

78÷3=□ ⇨ 3×□=□

**30** 나눗셈을 하고 맞게 계산했는지 확인해 보시오.

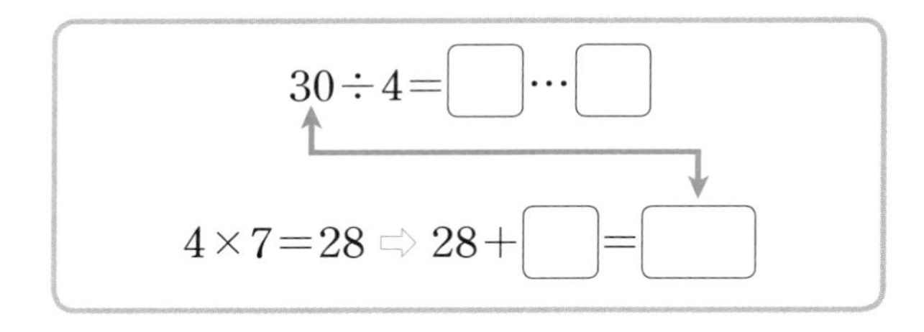


**31** 나눗셈을 하고 맞게 계산했는지 확인해 보시오.

89÷7=□…□

확인 7×□=□ ⇨ □+□=89

**32** 나눗셈을 하고 맞게 계산했는지 확인해 보시오.

$9\overline{)766}$

확인 9×□=□

⇨ □+□=□

2 나눗셈

동영상 특강

## 잘 틀리는 유형 08 나누는 수와 나머지의 관계

**33** 어떤 수를 4로 나누었을 때 나머지가 될 수 있는 수를 모두 찾아 ○표 하시오.

| 0 | 1 | 2 | 3 | 4 | 5 | 6 |
|---|---|---|---|---|---|---|

**34** 나머지가 6이 될 수 없는 식을 모두 찾으시오. ( )

①  5)□ ② 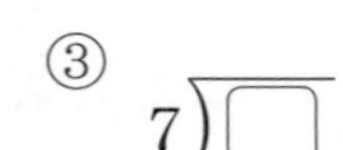 6)□ ③ 7)□

④ 8)□ ⑤ 9)□

**35** 어떤 나눗셈에서 나머지가 될 수 있는 수 중 가장 작은 수는 얼마인지 구하시오.

( )

합정 유형

**36** 어떤 나눗셈에서 나머지가 될 수 있는 수 중 가장 큰 수는 5입니다. 이 나눗셈의 나누는 수를 구하시오.

( )

KEY 나누는 수는 나머지보다 항상 큰 수입니다.

## 잘 틀리는 유형 09 알맞은 나눗셈 찾기

**37** 관계 있는 것끼리 선으로 이어 보시오.

| | |
|---|---|
| $67 \div 5$ • | • $3 \times 24 = 72$ ⇨ $72 + 2 = 74$ |
| $74 \div 3$ • | • $5 \times 13 = 65$ ⇨ $65 + 2 = 67$ |

**38** 나눗셈을 하고 맞게 계산했는지 확인한 식이 보기 와 같습니다. 계산한 나눗셈을 쓰고 몫과 나머지를 구하시오.

보기

$2 \times 36 = 72$ ⇨ $72 + 1 = 73$

나눗셈 □□÷□

몫 ______ 나머지 ______

합정 유형

**39** 나눗셈을 하고 맞게 계산했는지 확인한 식이 다음과 같을 때 계산한 나눗셈을 쓰고 몫과 나머지를 구하시오.

$7 \times 9 = 63$ ⇨ $63 + 8 = 71$

나눗셈 ______

몫 ______ 나머지 ______

KEY $7 \times 9 = 9 \times 7$이고, 나머지는 나누는 수보다 항상 작습니다.

서술형 유형

## 1-1

네 변의 길이의 합이 132 cm인 정사각형이 있습니다. 이 정사각형의 한 변의 길이는 몇 cm인지 풀이 과정을 완성하고 답을 구하시오.

풀이 정사각형은 네 변의 길이가 모두 ( 같습니다 , 다릅니다 ).
따라서 정사각형의 한 변의 길이는
$\square \div \square = \square$ (cm)입니다.

답 $\square$ cm

## 2-1

동현이가 94쪽짜리 위인전을 읽으려고 합니다. 하루에 8쪽씩 읽으면 위인전을 모두 읽는 데 최소한 며칠이 걸리는지 풀이 과정을 완성하고 답을 구하시오.

풀이 $94 \div 8 = \square \cdots \square$이므로
하루에 8쪽씩 읽으면 $\square$일이 걸리고,
$\square$쪽이 남습니다.
남는 쪽수도 읽어야 하므로 위인전을 모두 읽는 데 최소한 $\square$일이 걸립니다.

답 $\square$일

## 1-2

네 변의 길이의 합이 184 cm인 정사각형이 있습니다. 이 정사각형의 한 변의 길이는 몇 cm인지 풀이 과정을 쓰고 답을 구하시오.

풀이

답

## 2-2

영주가 88쪽짜리 동화책을 읽으려고 합니다. 하루에 6쪽씩 읽으면 동화책을 모두 읽는 데 최소한 며칠이 걸리는지 풀이 과정을 쓰고 답을 구하시오.

풀이

답

# 3단계 단원 유형 평가



**01** 몫을 찾아 선으로 이어 보시오.

**02** 빈 곳에 알맞은 수를 써넣으시오.

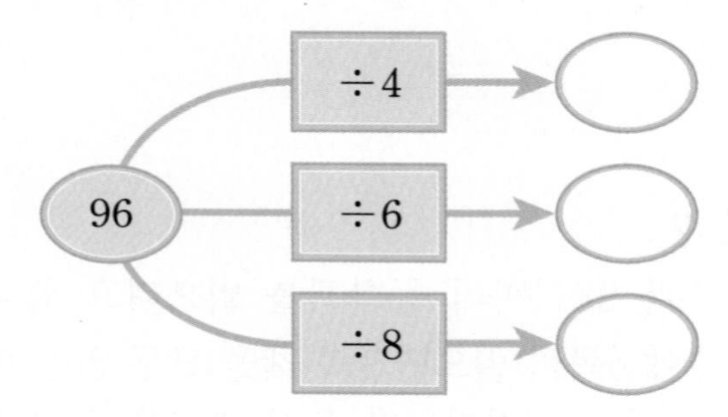


**03** 몫이 가장 큰 것에 ○표 하시오.

| $64 \div 2$ | $99 \div 3$ | $84 \div 4$ |
|---|---|---|
| (　　　) | (　　　) | (　　　) |

**04** 나눗셈을 하여 □ 안에는 몫을 써넣고, ○ 안에는 나머지를 써넣으시오.

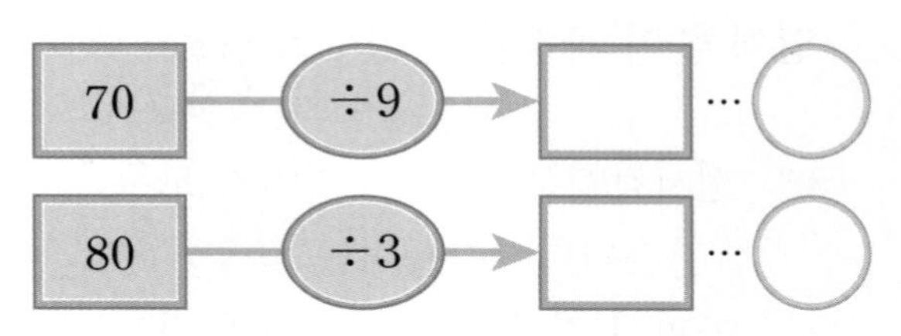


**05** 나머지가 가장 작은 것에 ○표 하시오.

| $80 \div 6$ | $30 \div 8$ | $60 \div 7$ |
|---|---|---|
| (　　　) | (　　　) | (　　　) |

**06** 몫의 크기를 비교하여 ○ 안에 >, =, <를 알맞게 써넣으시오.

$54 \div 7$ ○ $71 \div 9$

**07** 나머지가 다른 것에 ○표 하시오.

| $85 \div 7$ | $63 \div 5$ | $75 \div 6$ |
|---|---|---|
| (　　　) | (　　　) | (　　　) |

**08** 나누어떨어지지 않는 나눗셈의 기호를 쓰시오.

| ㉠ $84 \div 6$ | ㉡ $78 \div 3$ | ㉢ $66 \div 4$ |
|---|---|---|

( )

**09** 계산이 잘못된 곳을 찾아 바르게 계산하시오.

$$\begin{array}{r} 805 \\ 6\overline{)510} \\ \underline{48\phantom{0}} \\ 30 \\ \underline{30} \\ 0 \end{array}$$

⇨

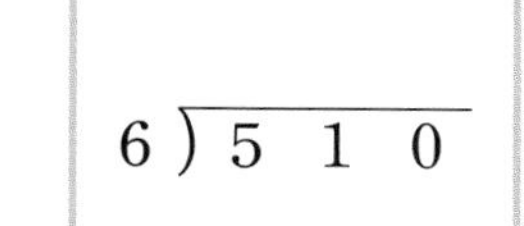

**10** 몫이 다른 것에 ○표 하시오.

| $476 \div 7$ | $340 \div 5$ | $201 \div 3$ |
|---|---|---|
| ( ) | ( ) | ( ) |

**11** 몫이 더 큰 것에 ○표 하시오.

| $598 \div 8$ | $467 \div 6$ |
|---|---|
| ( ) | ( ) |

**12** 나머지를 찾아 선으로 이어 보시오.

| | | |
|---|---|---|
| $707 \div 4$ • | | • 1 |
| $940 \div 7$ • | | • 2 |
| $613 \div 9$ • | | • 3 |



**13** 나눗셈을 하고 맞게 계산했는지 확인해 보시오.

$88 \div 3 = \square \cdots \square$

확인 $3 \times \square = \square$ ⇨ $\square + \square = 88$

**14** 나눗셈을 하고 맞게 계산했는지 확인해 보시오.

$$7\overline{)530}$$

확인 $7 \times \square = \square$

⇨ $\square + \square = \square$

**15** 어떤 수를 7로 나누었을 때 나머지가 될 수 없는 수를 모두 찾아 ○표 하시오.

1  2  3  4  5  6  7  8

**16** 관계 있는 것끼리 선으로 이어 보시오.

| | |
|---|---|
| $83 \div 6$ | $6 \times 15 = 90$ ⇨ $90 + 3 = 93$ |
| $93 \div 6$ | $6 \times 13 = 78$ ⇨ $78 + 5 = 83$ |

함정 유형

**17** 어떤 나눗셈에서 나머지가 될 수 있는 수 중 가장 큰 수는 7입니다. 이 나눗셈의 나누는 수를 구하시오.

(  )

함정 유형

**18** 나눗셈을 하고 맞게 계산했는지 확인한 식이 다음과 같을 때 계산한 나눗셈을 쓰고 몫과 나머지를 구하시오.

$7 \times 8 = 56$ ⇨ $56 + 7 = 63$

나눗셈 ____________

몫 ____________ 나머지 ____________

서술형

**19** 네 변의 길이의 합이 580 cm인 정사각형이 있습니다. 이 정사각형의 한 변의 길이는 몇 cm인지 풀이 과정을 쓰고 답을 구하시오.

풀이 ____________

답 ____________

서술형

**20** 상혁이는 90쪽인 만화책을 읽으려고 합니다. 하루에 7쪽씩 읽으면 만화책을 모두 읽는 데 최소한 며칠이 걸리는지 풀이 과정을 쓰고 답을 구하시오.

풀이 ____________

답 ____________

QR 코드를 찍어 단원평가 를 풀어 보세요.

# 원

**학습 계획표**

계획표대로 공부했으면 ○표, 못했으면 △표 하세요.

| 내용 | 쪽수 | 날짜 | 확인 |
| --- | --- | --- | --- |
| ❶단계 핵심 개념+기초 문제 | 30~31쪽 | 월 일 | |
| ❷단계 기본 유형 | 32~35쪽 | 월 일 | |
| ❷단계 잘 틀리는 유형+서술형 유형 | 36~37쪽 | 월 일 | |
| ❸단계 유형(단원)평가 | 38~40쪽 | 월 일 | |

3. 원

# 핵심 개념

개념에 대한 **자세한 동영상 강의**를 시청하세요.

## 개념❶ 원의 중심, 반지름, 지름

• 원의 구성 요소

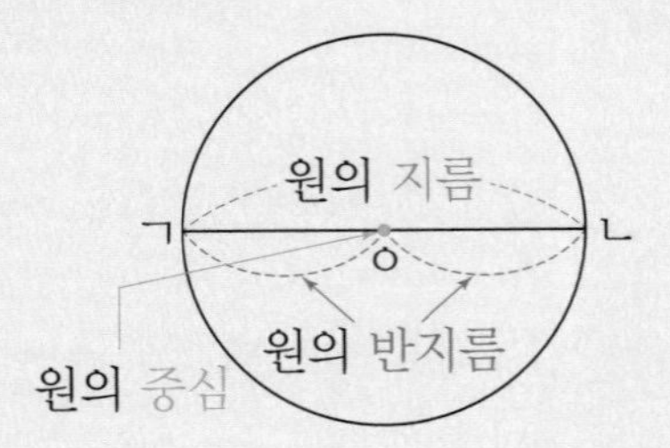


**핵심** 반지름, 지름

• 한 원에서 원의 중심은 ❶ ☐ 개입니다.

• 원의 중심과 원 위의 한 점을 이은 선분을 원의 ❷ ☐ 이라고 합니다.

• 원 위의 두 점을 이은 선분 중 원의 중심을 지나는 선분을 원의 ❸ ☐ 이라고 합니다.

**[전에 배운 내용]**

• ◯ 알아보기

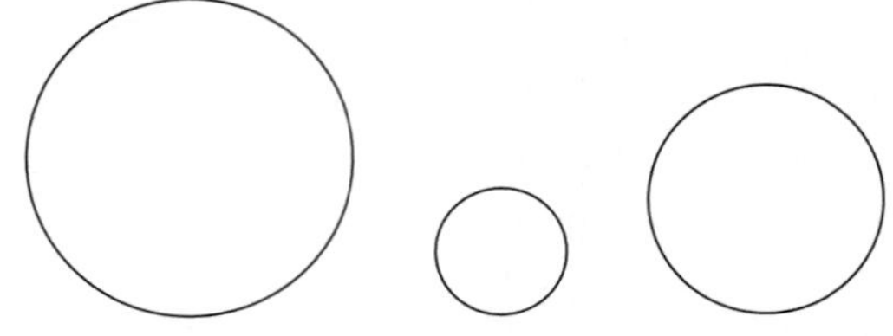

① 길쭉하거나 찌그러진 곳 없이 어느 쪽에서 보아도 똑같이 동그란 모양

② 뾰족한 부분이 없고 곧은 선이 없음

③ 크기는 다르지만 생긴 모양이 모두 같음

**[앞으로 배울 내용]**

• 원의 둘레를 원주라고 합니다.

• (원주율)=(원의 둘레)÷(원의 지름)

원주율을 소수로 나타내면 3.141592……이고 $\pi$라고 씁니다.

## 개념❷ 원의 성질

• 지름은 원을 똑같이 둘로 나누고 원 안에 그을 수 있는 가장 긴 선분입니다.

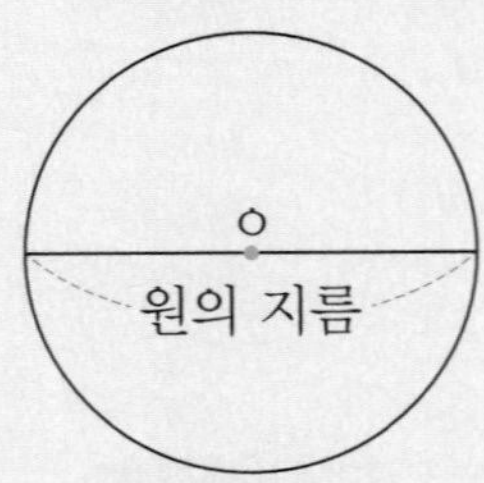


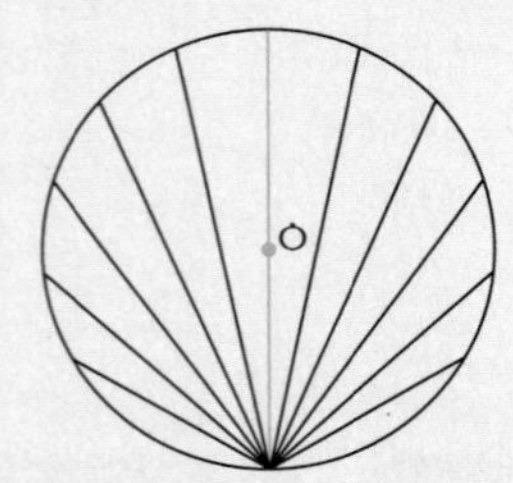


**핵심** 반지름, 지름의 성질

• 한 원에서 지름은 반지름의 2배입니다.

(원의 지름)=(원의 반지름)× ❹ ☐

• 한 원에서 반지름은 지름의 반입니다.

(원의 반지름)=(원의 지름)÷ ❺ ☐

**[전에 배운 내용]**

• 원의 구성 요소

원의 반지름: 원의 중심과 원 위의 한 점을 이은 선분

원의 지름: 원 위의 두 점을 이은 선분 중 원의 중심을 지나는 선분

**[앞으로 배울 내용]**

• 원의 둘레와 지름의 관계

(원의 둘레)=(원의 지름)×(원주율)

=(원의 반지름)×2×(원주율)

• 원의 넓이

(원의 넓이)=(원의 반지름)×(원의 반지름)×(원주율)

정답 ❶ 1 ❷ 반지름 ❸ 지름 ❹ 2 ❺ 2

QR 코드를 찍어 보세요.
새로운 문제를 계속 풀 수 있어요.

공부한 날 월 일

● 정답 및 풀이 10쪽

체크

**1-1** 원을 보고 □ 안에 알맞은 수를 써넣으시오.

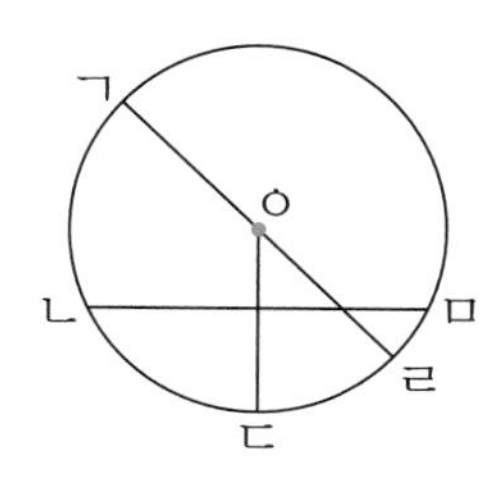


(1) 원의 중심은 점 □입니다.

(2) 원의 반지름은 선분 ㅇㄱ, 선분 □, 선분 □입니다.

(3) 원의 지름은 선분 □입니다.

**1-2** 원을 보고 □ 안에 알맞은 수를 써넣으시오.

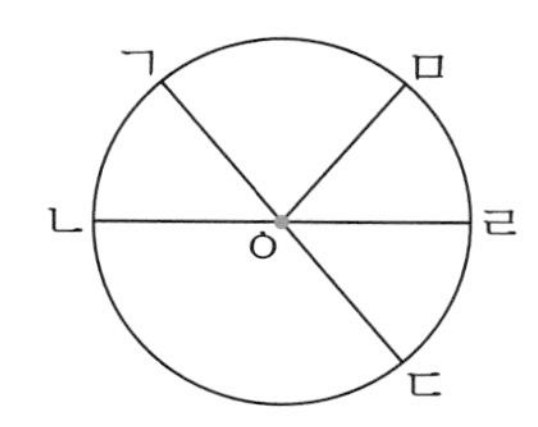


(1) 원의 중심은 점 □입니다.

(2) 원의 반지름은 선분 □, 선분 □, 선분 □, 선분 □, 선분 □입니다.

(3) 원의 지름은 선분 □, 선분 □입니다.

체크

**2-1** 원을 보고 지름을 구해 □ 안에 알맞은 수를 써넣으시오.

(1)

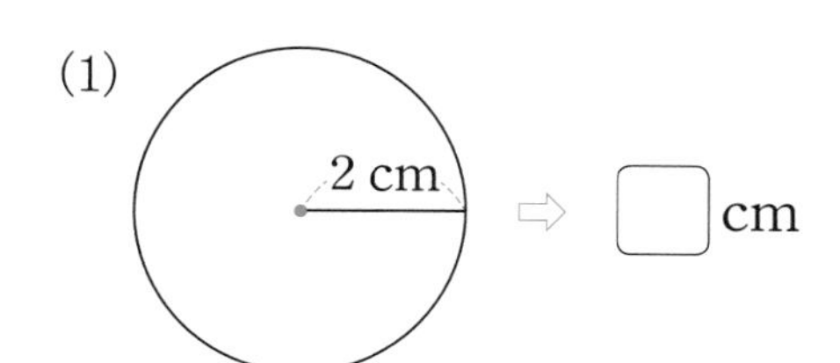


(2)

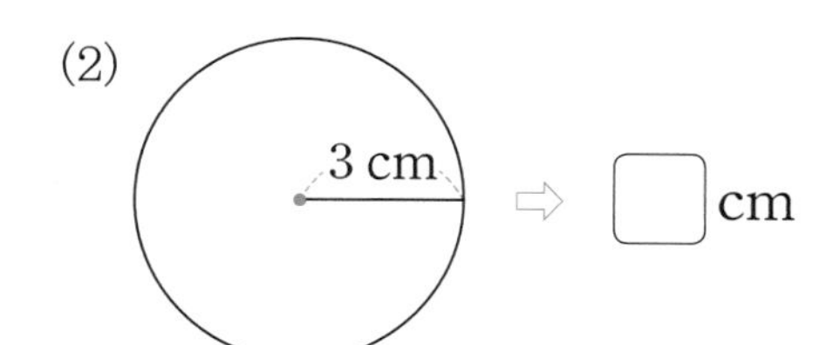


(3)

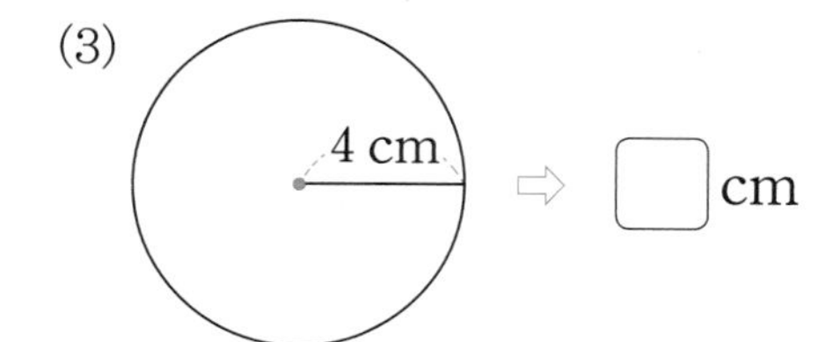


**2-2** 원을 보고 반지름을 구해 □ 안에 알맞은 수를 써넣으시오.

(1)

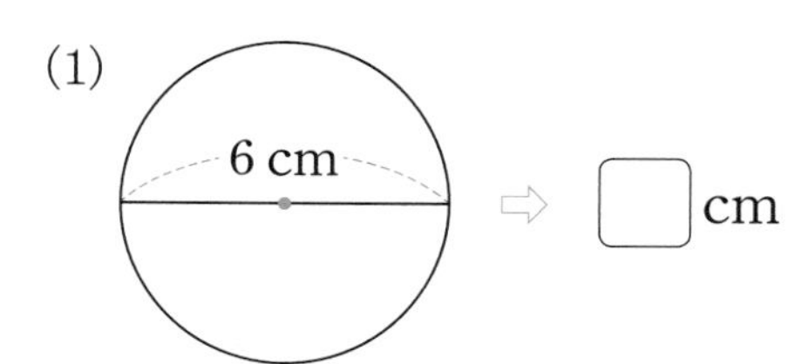


(2)

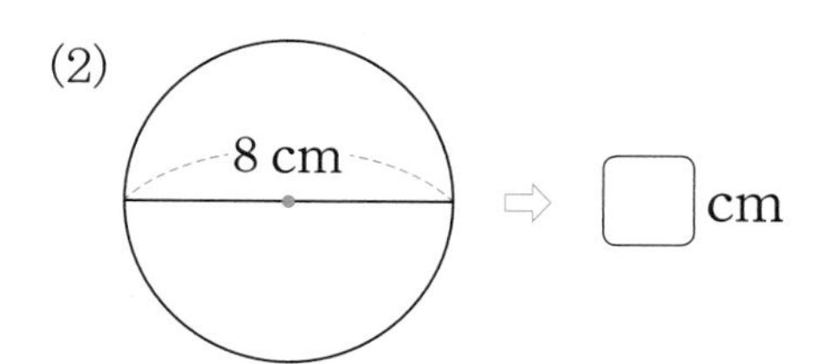


(3)

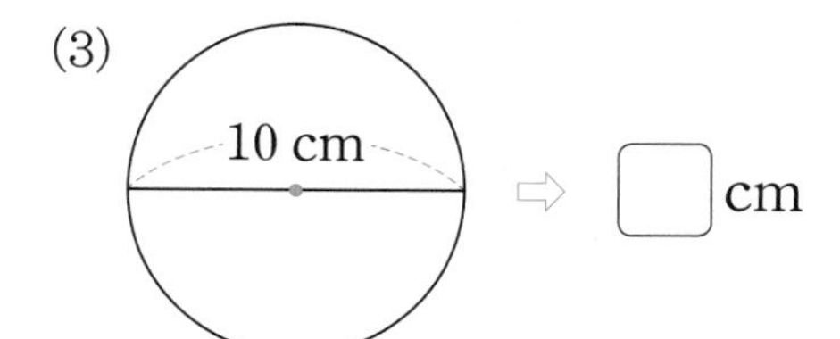


3
원

3. 원

# 2단계 기본 유형

핵심 내용 원의 중심은 한가운데에 있습니다.

## 유형 01 원의 중심, 반지름, 지름

교과서 유형

**01** 한 원에서 원의 중심은 몇 개입니까? ( )

① 1개 ② 2개 ③ 4개
④ 10개 ⑤ 무수히 많습니다.

**02** 원의 중심을 찾아 쓰시오.

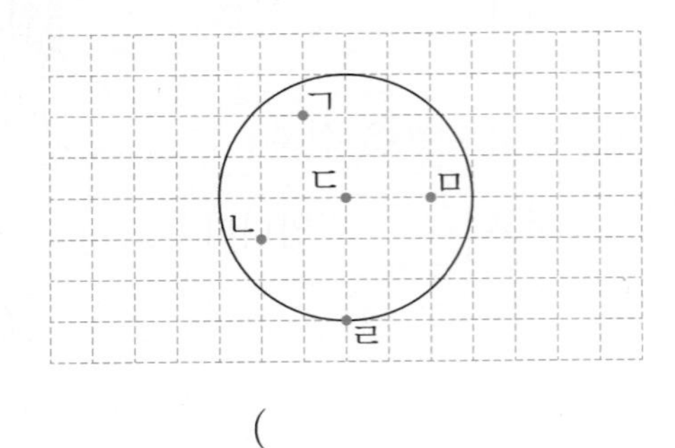


( )

익힘책 유형

**03** 원의 중심과 원 위의 한 점을 잇는 선분을 3개 그어 보시오.

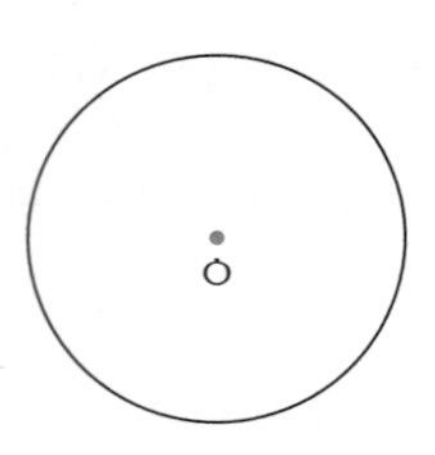


**04** 원에 지름을 각각 2개씩 그어 보시오.

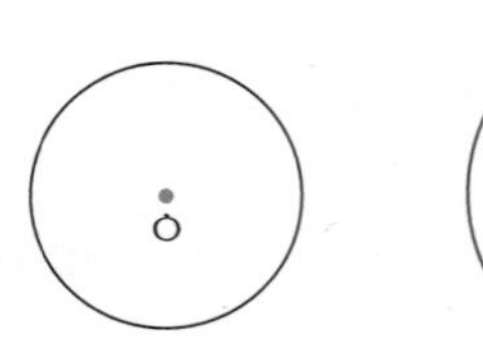


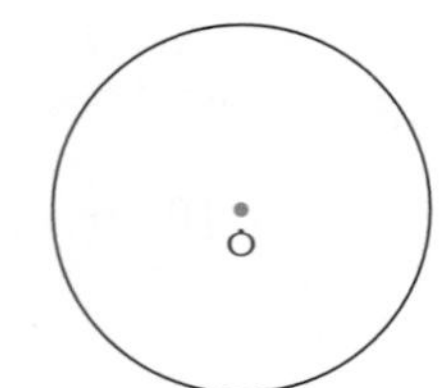


핵심 내용 한 원에서 반지름과 지름은 무수히 많고 그 길이는 모두 같습니다.

## 유형 02 원의 성질

교과서 유형

**05** ☐ 안에 알맞은 수를 써넣으시오.

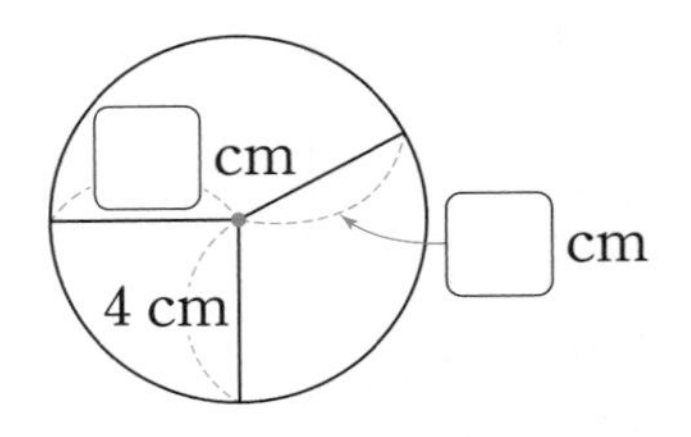


**06** ☐ 안에 알맞은 수를 써넣으시오.

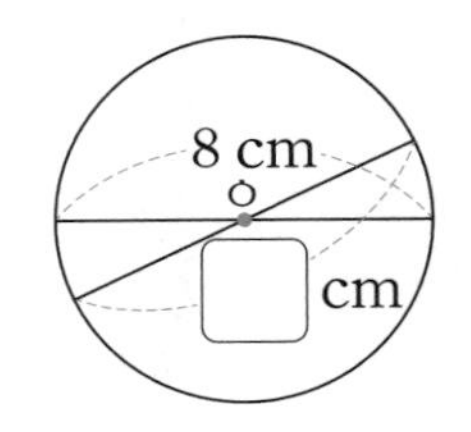


**07** 민수와 재현이가 원 모양의 종이를 똑같이 둘로 나누어지도록 접었다가 폈더니 다음과 같이 선이 생겼습니다. ☐ 안에 알맞은 말을 써넣으시오.

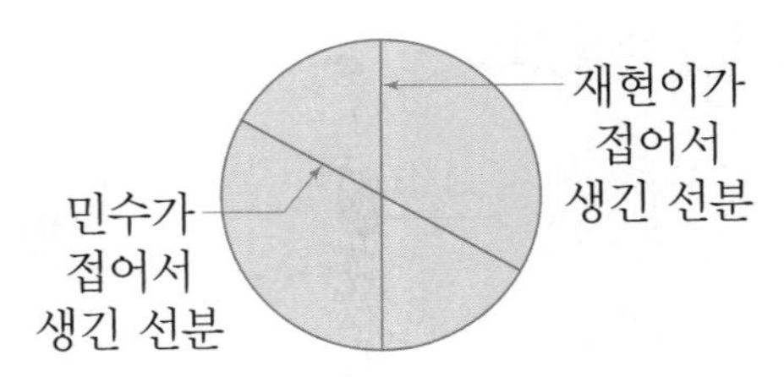


(1) 접어서 생긴 선분은 원의 ☐입니다.

(2) 두 선분이 만나는 점은 원의 ☐입니다.

핵심 내용 (원의 지름)=(원의 반지름)×2
(원의 반지름)=(원의 지름)÷2

## 유형 03 원의 지름과 반지름 사이의 관계

**[08~09] 원을 보고 물음에 답하시오.**

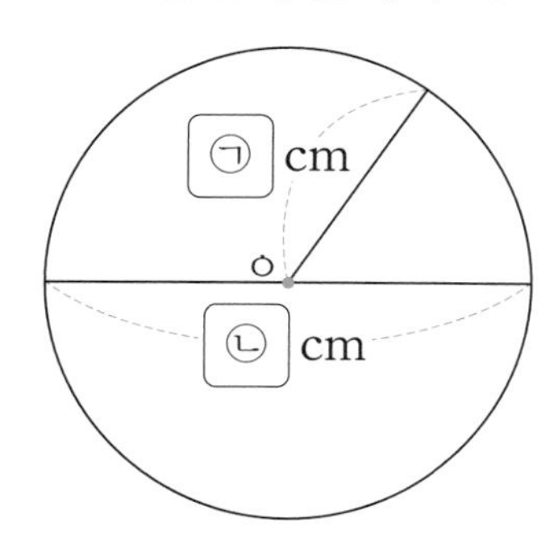


**08** 선분의 길이를 재어 ㉠, ㉡에 알맞은 수를 각각 구하시오.

㉠ (　　　　　　　　)
㉡ (　　　　　　　　)

**09** ㉡은 ㉠의 몇 배입니까?

(　　　　　　　　)

**10** □ 안에 알맞은 수를 써넣으시오.

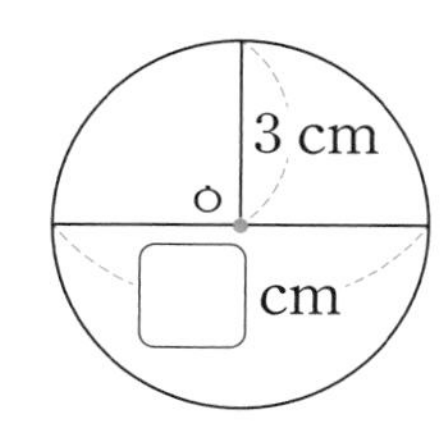


**11** □ 안에 알맞은 수를 써넣으시오.

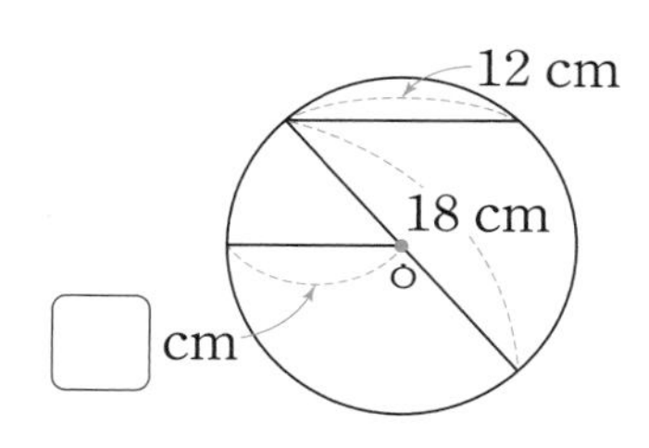


**12** 오른쪽 원의 지름은 몇 cm입니까?

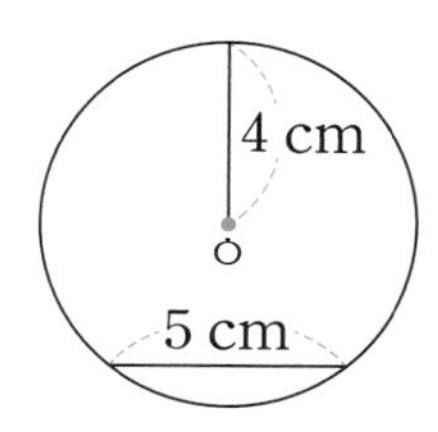


(　　　　　　　　)

**13** 오른쪽 원의 반지름은 몇 cm입니까?

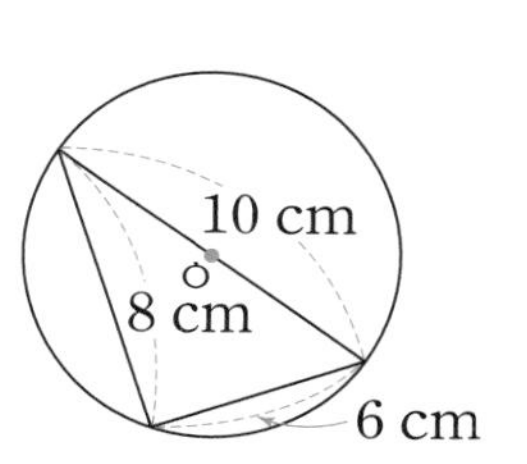


(　　　　　　　　)

**14** 두 원의 반지름의 차는 몇 cm입니까?

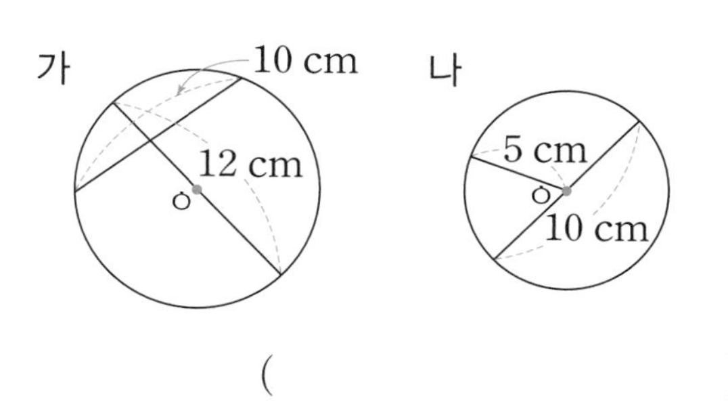


(　　　　　　　　)

3 원

핵심 내용 컴퍼스를 반지름만큼 벌리기

## 유형 04 컴퍼스를 이용하여 원 그리기

**15** 컴퍼스를 2 cm가 되도록 벌린 것을 찾아 ○표 하시오.

( )

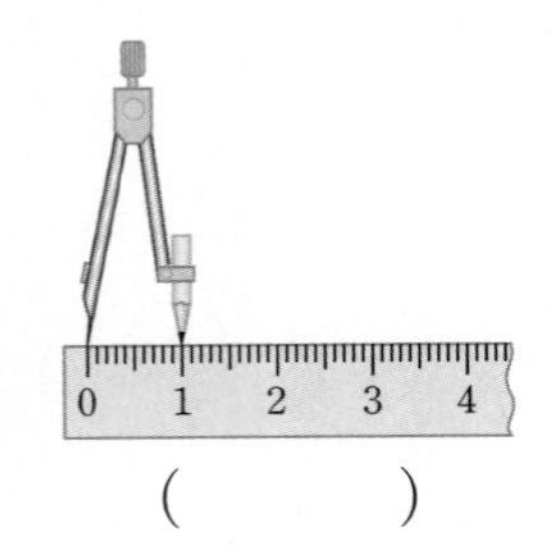


( )

**16** 컴퍼스를 이용하여 점 ㅇ을 원의 중심으로 하고 반지름이 2 cm인 원을 그려 보시오.

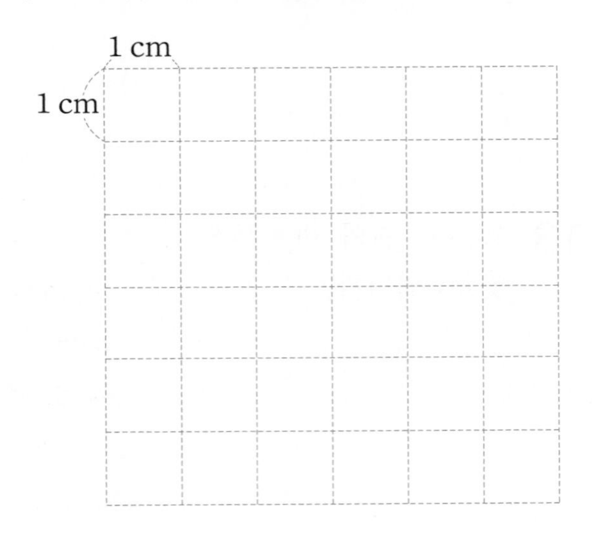


**17** 주어진 선분을 반지름으로 하는 원을 그려 보시오.

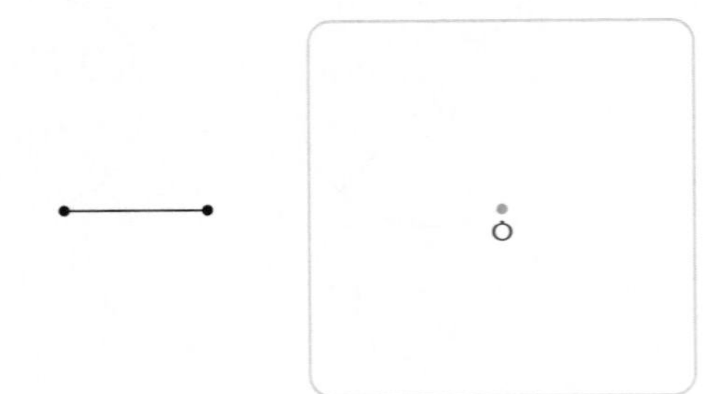


핵심 내용 원의 중심이 어느 위치인지 알기

## 유형 05 원을 이용하여 여러 가지 모양 그리기

**18** 다음 모양을 그린 방법을 설명한 것입니다. □ 안에 알맞은 수나 말을 써넣으시오.

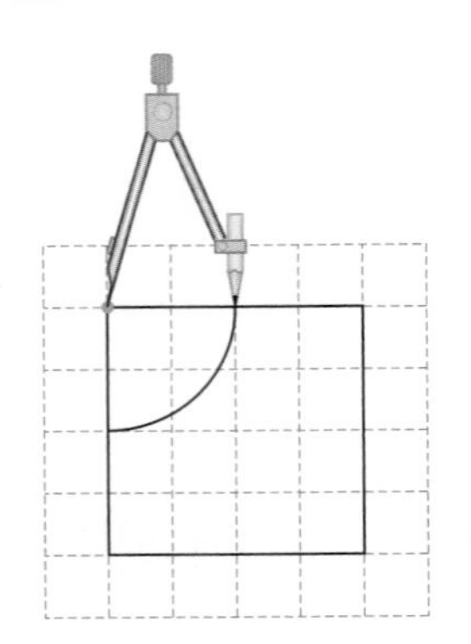

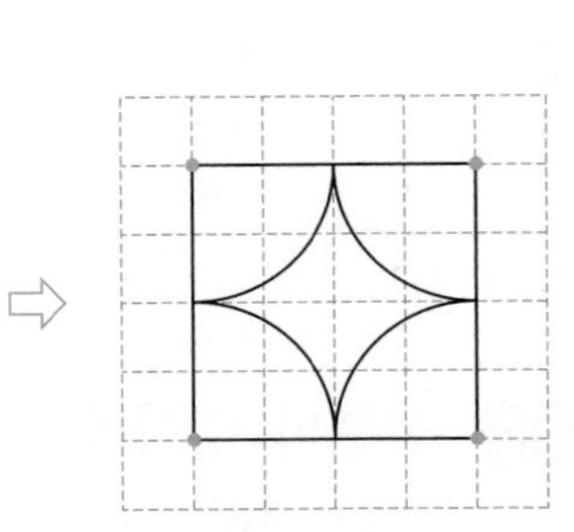

[그린 방법] 정사각형을 그리고, 정사각형의 꼭짓점을 원의 중심으로 하는 원의 일부분을 □개 그립니다. 이때 원의 지름은 정사각형의 한 □과 같습니다.

**[19~20] 다음 모양을 그리기 위하여 컴퍼스의 침을 꽂아야 할 곳에 •으로 표시하시오.**

**19**

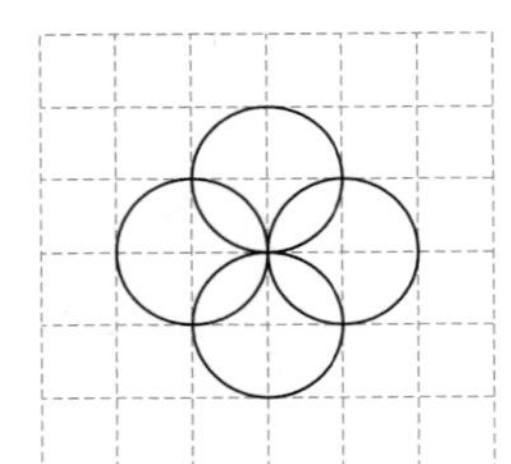

**20**

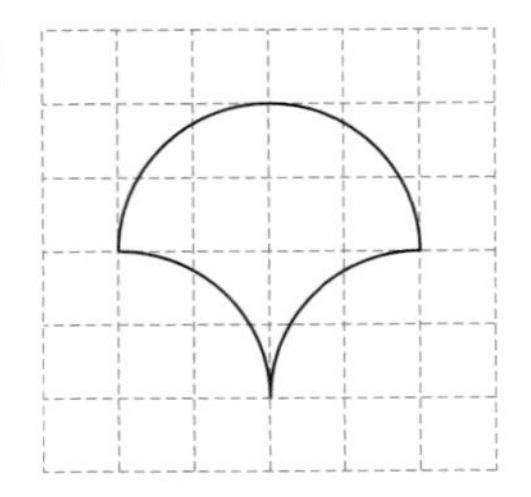

**21** 오른쪽 모양을 그리기 위하여 컴퍼스의 침을 꽂아야 할 곳은 모두 몇 군데입니까?

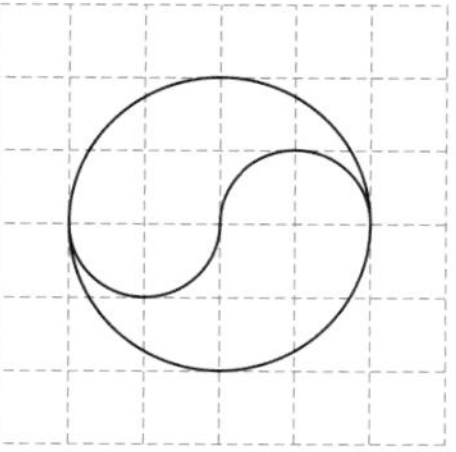

( )

[22~24] **주어진 모양과 똑같이 그려 보시오.**

**22**

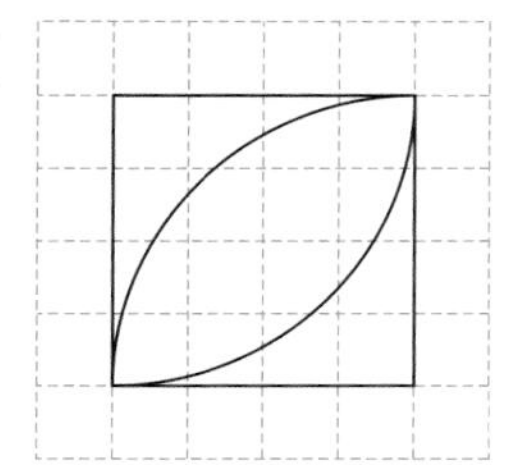

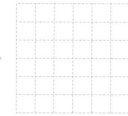

**23**

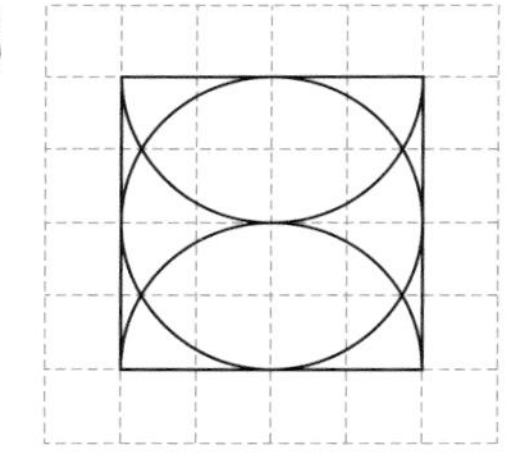

**24**

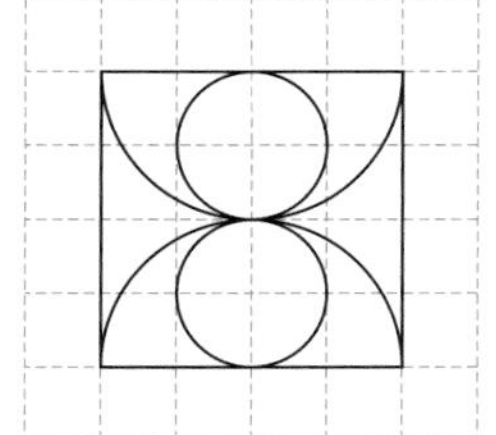

핵심 내용 원의 중심과 반지름이 각각 어떻게 변하는지 알아보기

## 유형 06 규칙을 찾아 원 그리기

**25** 원을 그린 규칙입니다. 알맞은 모양을 찾아 □ 안에 기호를 써넣으시오.

[규칙]
가: 원의 중심은 같고 원의 반지름은 모눈 1칸씩 늘려가며 원을 그렸습니다.
나: 원의 반지름은 변하지 않고 원의 중심은 오른쪽으로 모눈 2칸씩 이동하였습니다.

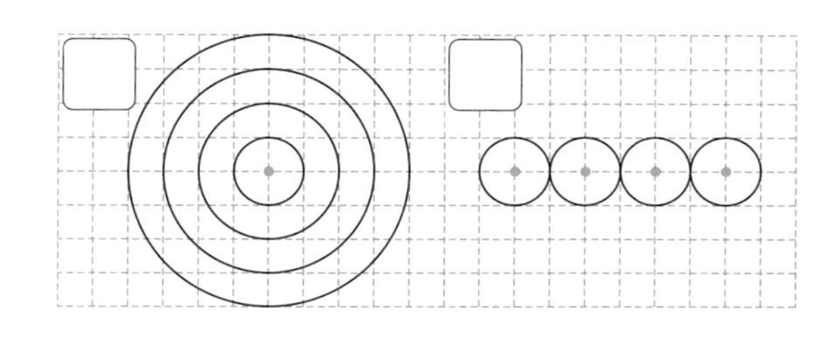

**26** 원의 반지름이 변하고 원의 중심을 옮겨 가며 그린 모양을 찾아 기호를 쓰시오.

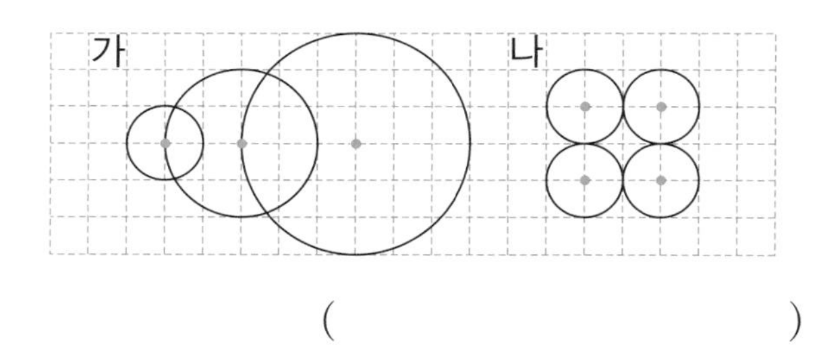


( )

**27** 규칙에 따라 원을 1개 더 그려 보시오.

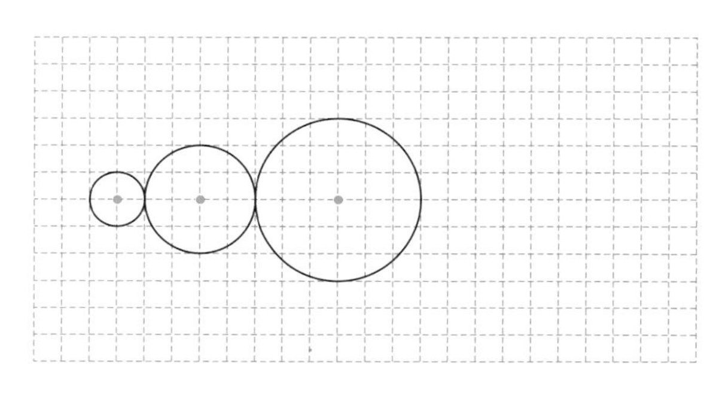

## 잘 틀리는 유형 07 원의 크기 비교하기

**28** 더 큰 원의 기호를 쓰시오.

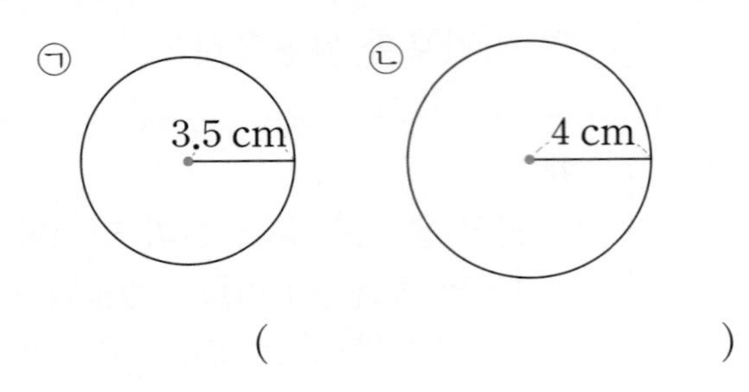


(　　　　　　　　　　)

**29** 더 작은 원의 기호를 쓰시오.

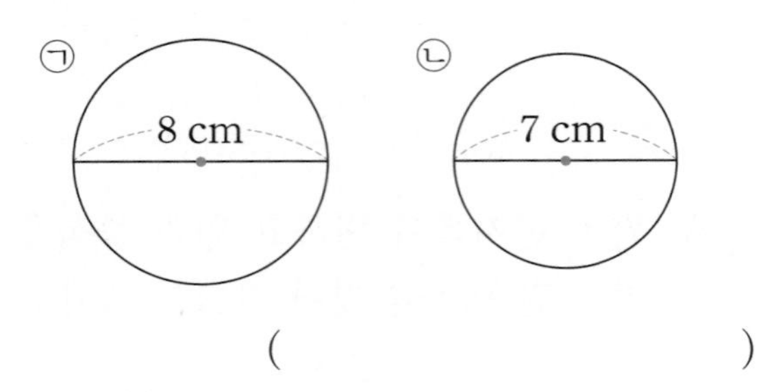


(　　　　　　　　　　)

함정 유형

**30** 더 큰 원의 기호를 쓰시오.

> ㉠ 반지름이 15 cm인 원
> ㉡ 지름이 26 cm인 원

(　　　　　　　　　　)

KEY 반지름끼리 비교하거나 지름끼리 비교하자!

## 잘 틀리는 유형 08 원의 중심 찾기

**31** 다음 모양을 그릴 때 이용한 원의 중심을 모두 찾아 •으로 표시하시오.

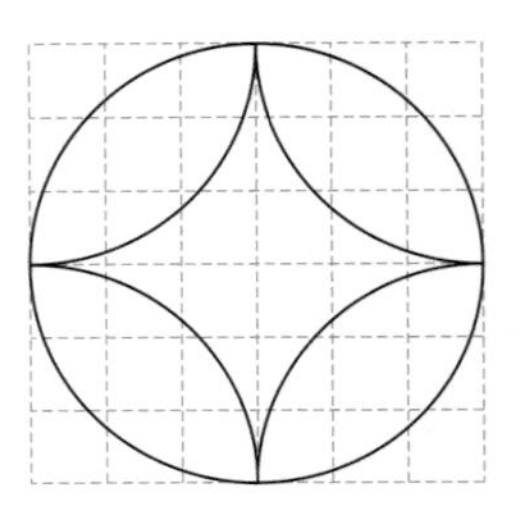

**32** 다음 모양에서 이용한 원의 중심은 모두 몇 개입니까?

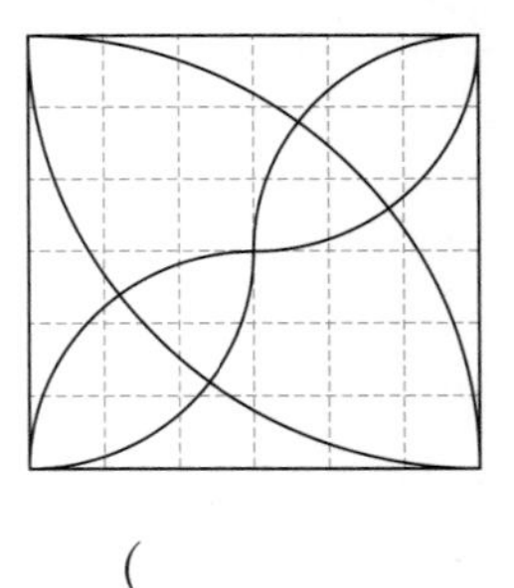

(　　　　　　　　　　)

함정 유형

**33** 다음 모양에서 이용한 원의 중심은 모두 몇 개입니까?

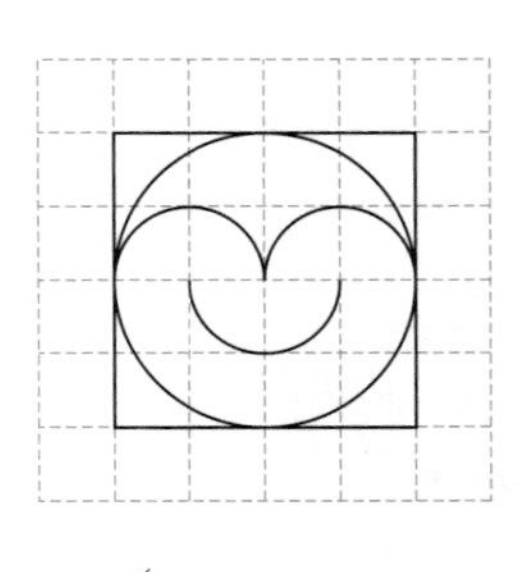

(　　　　　　　　　　)

KEY 원의 중심은 같지만 반지름이 다른 원이 있어요.

서술형 유형

## 1-1

원의 지름은 몇 cm인지 풀이 과정을 완성하고 답을 구하시오.

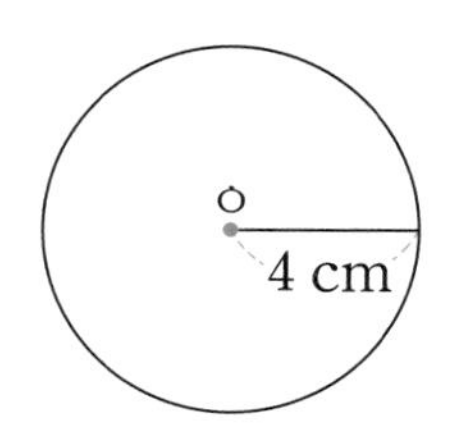


풀이 한 원에서 원의 지름은 반지름의 □배입니다.

주어진 원의 반지름은 □ cm이므로

지름은 $4 \times □ = □$ (cm)입니다.

답 □ cm

## 2-1

원의 반지름은 몇 cm인지 풀이 과정을 완성하고 답을 구하시오.

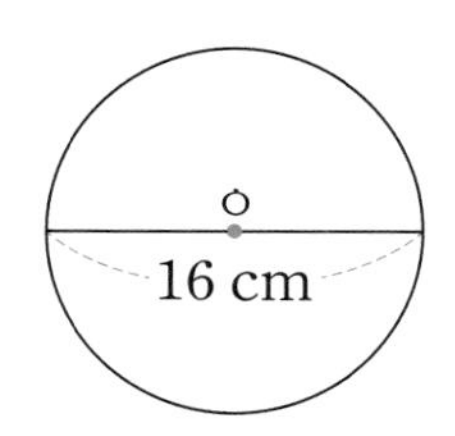


풀이 한 원에서 원의 반지름은 지름의 ( 2배 , 반 ) 입니다.

주어진 원의 지름은 □ cm이므로

반지름은 $16 \div □ = □$ (cm)입니다.

답 □ cm

## 1-2

원의 지름은 몇 cm인지 풀이 과정을 쓰고 답을 구하시오.

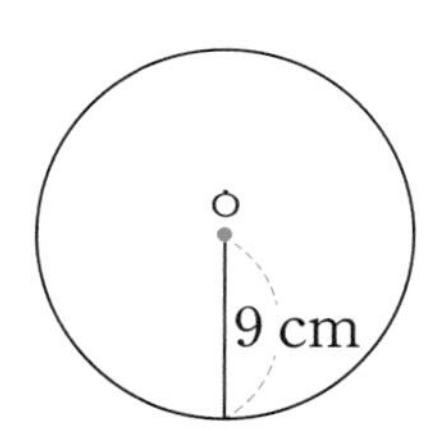


풀이

답

## 2-2

원의 반지름은 몇 cm인지 풀이 과정을 쓰고 답을 구하시오.

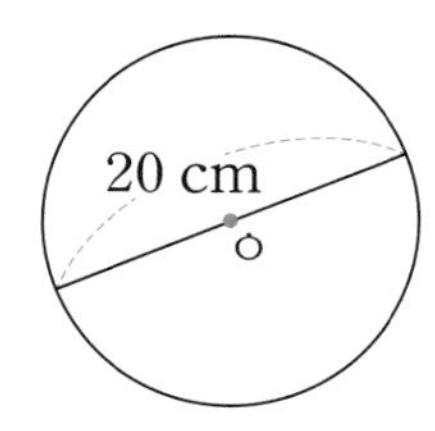


풀이

답

# 단원 유형 평가



점수 /

**01** 원의 중심을 찾아 쓰시오.

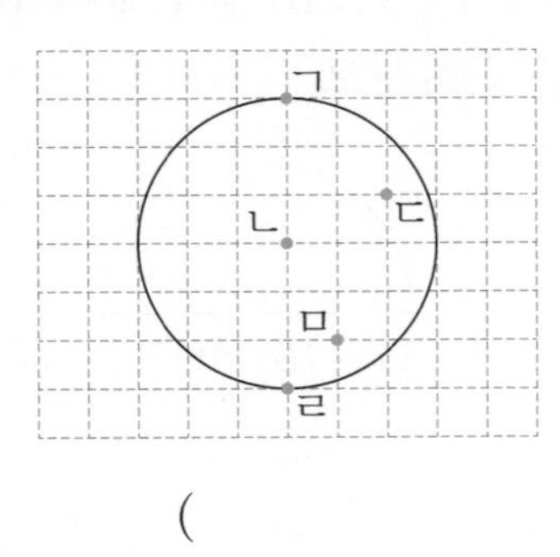


( )

**02** 오른쪽 원에서 반지름을 나타내는 선분을 모두 찾아 쓰시오.

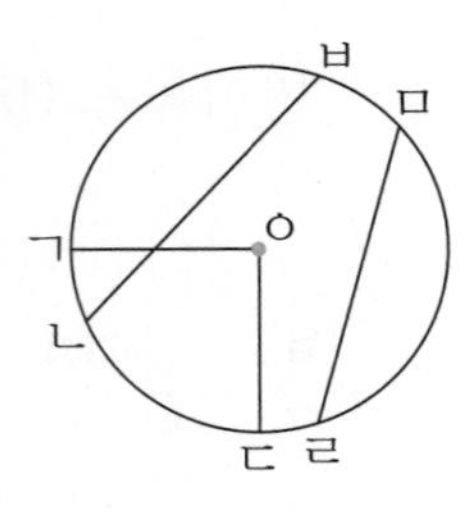


( )

**03** 오른쪽 원의 반지름은 몇 cm입니까?

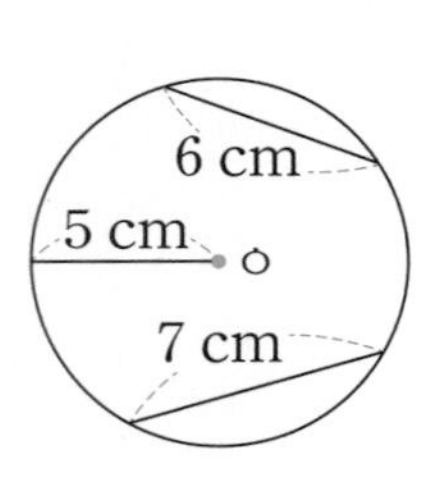


( )

**04** 오른쪽 원의 지름은 몇 cm입니까?

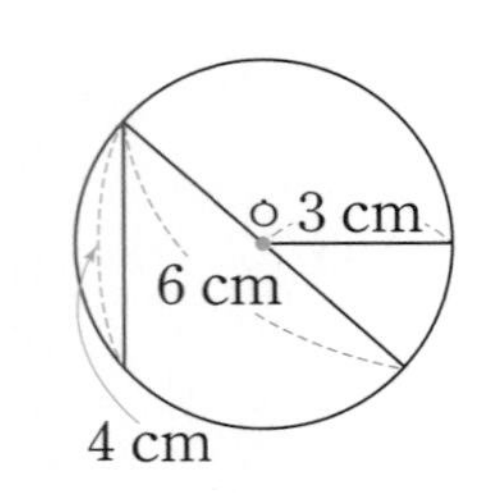


( )

**[05~06]** □ 안에 알맞은 수를 써넣으시오.

**05**

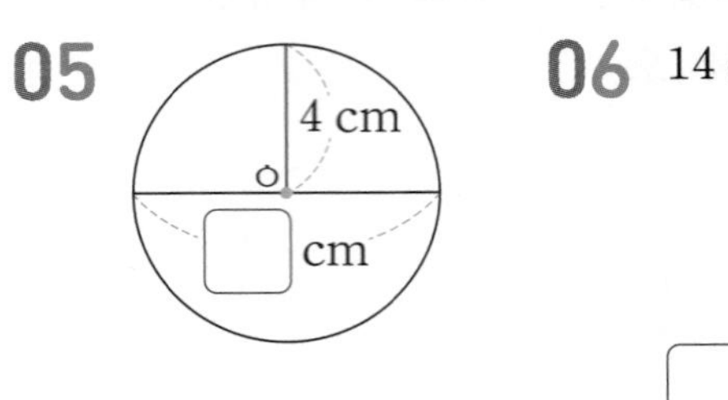


**06**

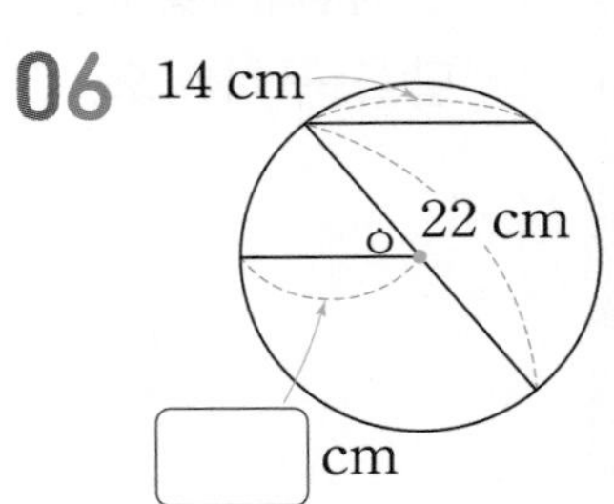


**07** 원의 지름은 몇 cm입니까?

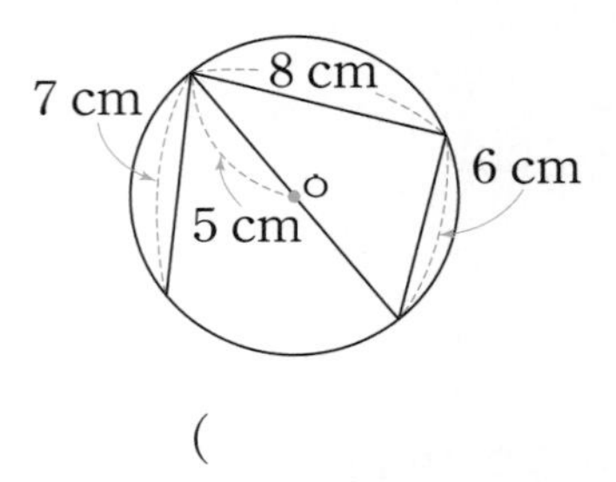


( )

**08** 두 원의 반지름의 차는 몇 cm입니까?

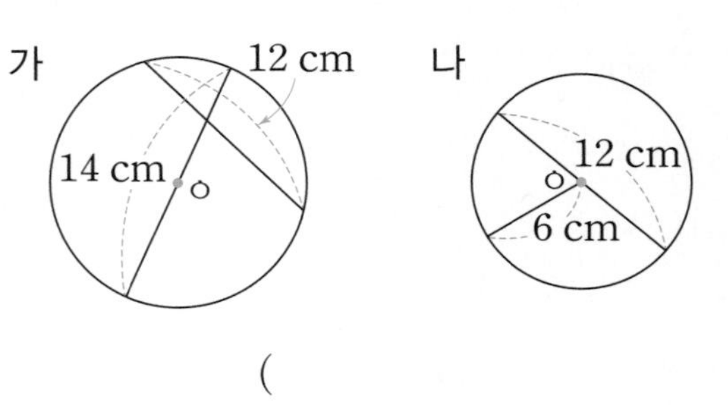


( )

**09** 반지름이 1 cm인 원을 그리려고 합니다. 컴퍼스를 바르게 벌린 것은 어느 것입니까?

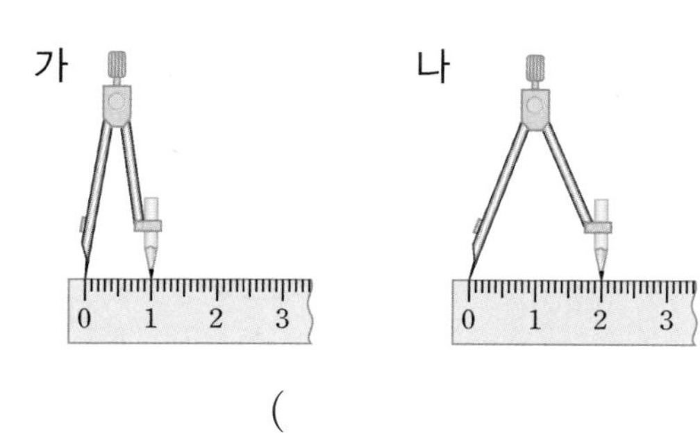


( )

**10** 주어진 선분을 반지름으로 하는 원을 그려 보시오.

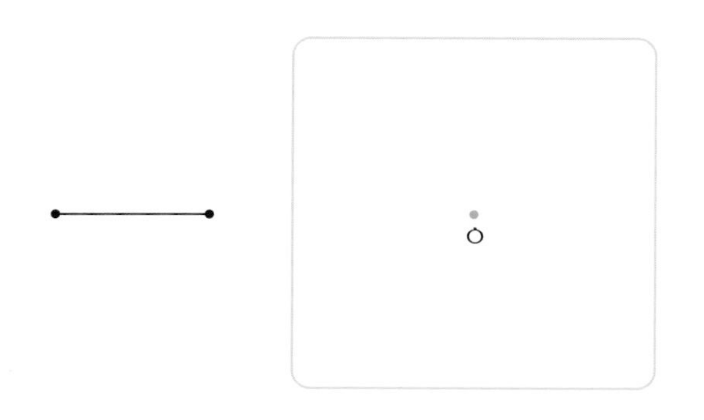


**11** 다음 모양을 그린 방법을 설명한 것입니다. □ 안에 알맞은 수나 말을 써넣으시오.

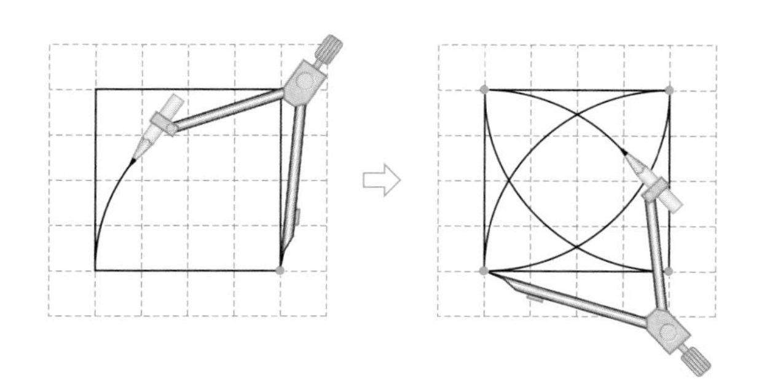

[그린 방법] 정사각형을 그리고, 정사각형의 꼭짓점을 원의 중심으로 하는 원의 일부분을 □개 그립니다. 이때 원의 □은 정사각형의 한 변과 같습니다.

**12** 다음 모양을 그리기 위해 컴퍼스의 침을 꽂아야 할 곳은 모두 몇 군데입니까?

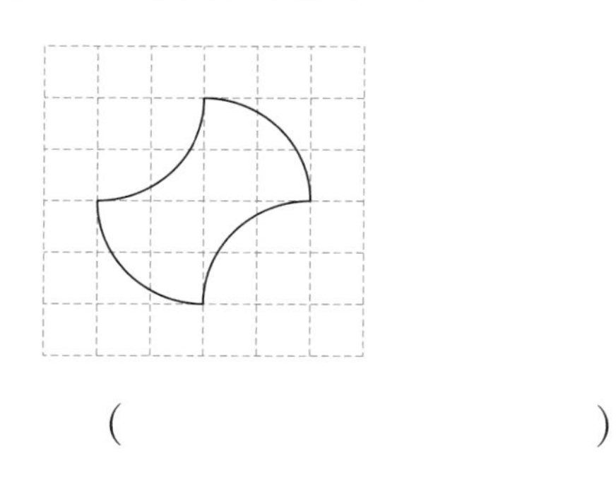

( )

**13** 주어진 모양과 똑같이 그려 보시오.

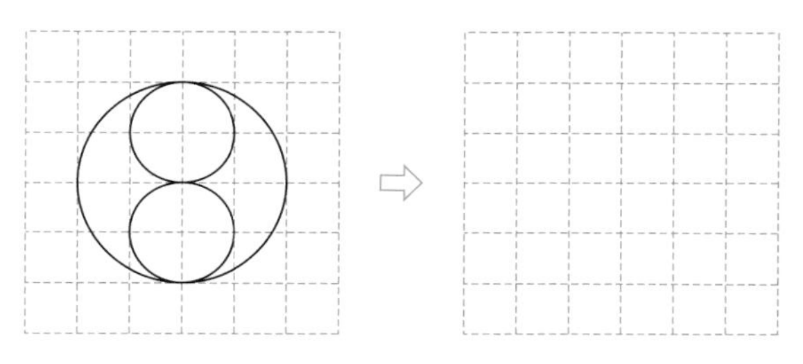

**14** 규칙에 따라 원을 2개 더 그려 보시오.

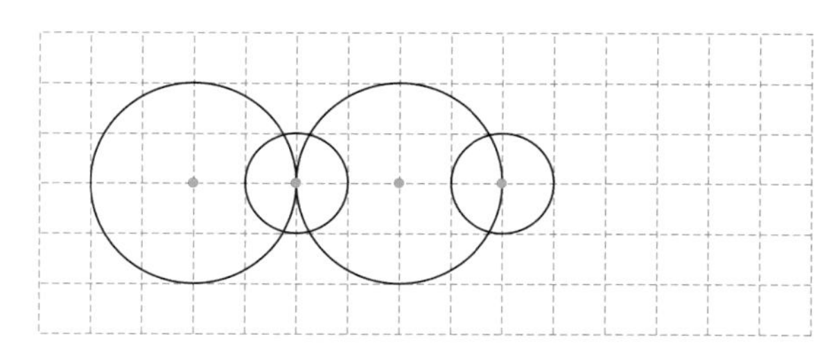

**15** 더 작은 원의 기호를 쓰시오.

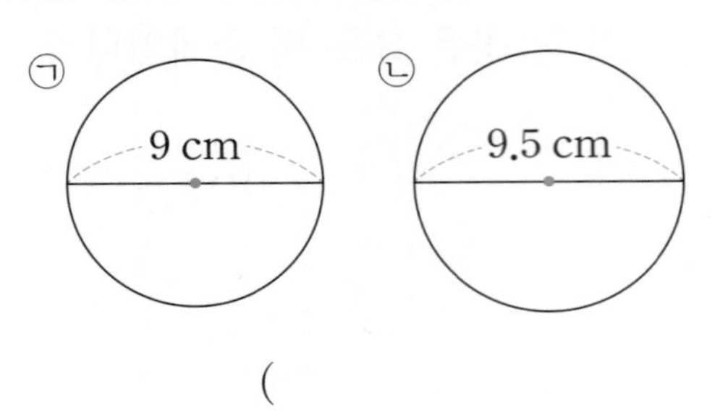


( )

**16** 오른쪽 모양을 그릴 때 이용한 원의 중심을 모두 찾아 •으로 표시하시오.

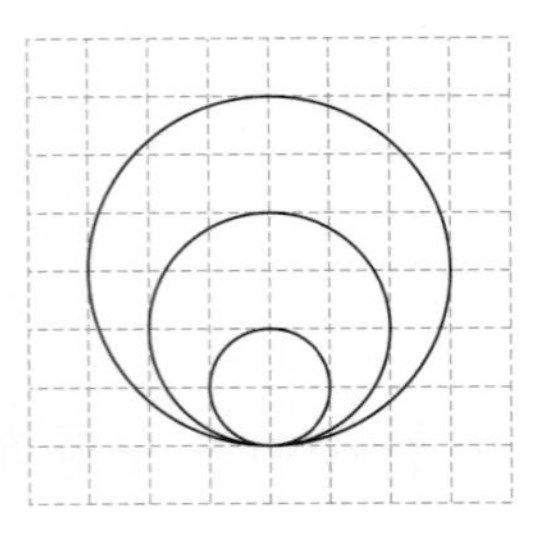

합정유형

**17** 더 큰 원의 기호를 쓰시오.

㉠ 반지름이 17 cm인 원
㉡ 지름이 38 cm인 원

( )

합정유형

**18** 오른쪽 모양에서 이용한 원의 중심은 모두 몇 개입니까?

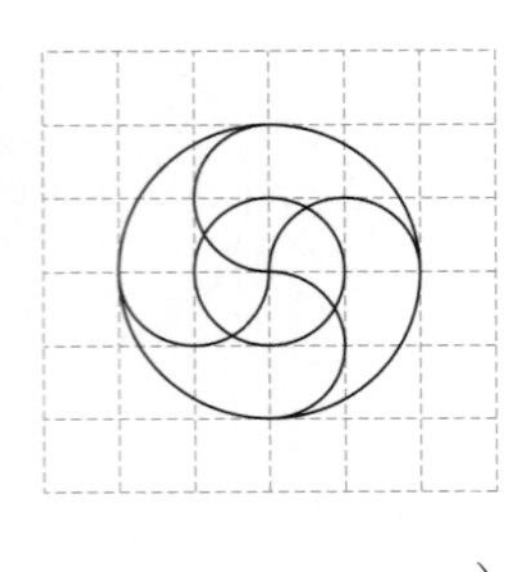

( )

서술형

**19** 원의 지름은 몇 cm인지 풀이 과정을 쓰고 답을 구하시오.

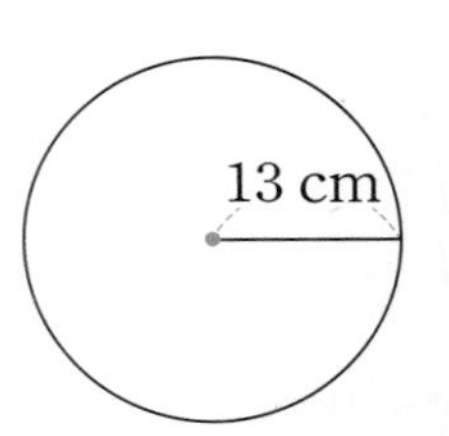


풀이

답

서술형

**20** 원의 반지름은 몇 cm인지 풀이 과정을 쓰고 답을 구하시오.

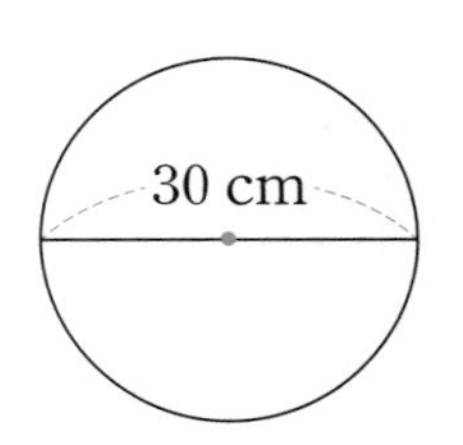


풀이

답

**QR 코드**를 찍어 단원평가 를 풀어 보세요.

# 4 분수

학습 계획표

계획표대로 공부했으면 ○표, 못했으면 △표 하세요.

| 내용 | 쪽수 | 날짜 | 확인 |
|---|---|---|---|
| ❶단계 핵심 개념+기초 문제 | 42~43쪽 | 월 일 | |
| ❷단계 기본 유형 | 44~47쪽 | 월 일 | |
| ❷단계 잘 틀리는 유형+서술형 유형 | 48~49쪽 | 월 일 | |
| ❸단계 유형(단원)평가 | 50~52쪽 | 월 일 | |

4. 분수

# 핵심 개념

개념에 대한 **자세한 동영상 강의**를 시청하세요.

## 개념 1 분수만큼인 수

8을 똑같이 4묶음으로 나누면 1묶음은 2입니다.

– 4묶음 중의 1묶음은 $\frac{1}{4}$입니다.

⇨ 8의 $\frac{1}{4}$은 2입니다.

– 4묶음 중의 3묶음은 $\frac{3}{4}$입니다.

⇨ 8의 $\frac{3}{4}$은 6입니다.

●의 $\frac{▲}{■}$ ⇨ ●를 똑같이 ■묶음으로 나눈 것 중의 ▲묶음

**핵심** 묶음

**[전에 배운 내용]**

• 똑같이 나누기

크기와 모양이 같도록 나누어야 합니다.

• 분수 알아보기

똑같이 ■로 나눈 것 중의 ▲ ⇨ $\frac{▲}{■}$

**[앞으로 배울 내용]**

• 자연수와 분수의 곱셈

(자연수)×(분수)는 (자연수)×(분자)÷(분모)로 계산합니다.

## 개념 2 여러 가지 분수

• **진분수, 가분수, 자연수, 대분수**

진분수: 분자가 분모보다 작은 분수

가분수: 분자가 분모와 같거나 분모보다 큰 분수

자연수: 1, 2, 3과 같은 수

대분수: $1\frac{2}{7}$와 같이 자연수와 진분수로 이루어진 분수

• **분수의 크기 비교**

$$11>7 ⇨ \frac{11}{5}>\frac{7}{5}$$

**핵심** 분자와 분모의 크기

분자가 분모보다 작은 분수를 ❶ ☐☐☐라고 합니다.

**[전에 배운 내용]**

• 분모가 같은 분수의 크기 비교하기

$$1<3 ⇨ \frac{1}{6}<\frac{3}{6}$$

분모가 같으면 분자가 클수록 더 큽니다.

• 단위분수의 크기 비교하기

$$2<6 ⇨ \frac{1}{2}>\frac{1}{6}$$

단위분수는 분모가 클수록 더 작습니다.

**[앞으로 배울 내용]**

• 진분수의 덧셈과 뺄셈

• 대분수의 덧셈과 뺄셈

자연수는 자연수끼리, 진분수는 진분수끼리 계산합니다.

정답 ❶ 진분수

QR 코드를 찍어 보세요.
새로운 문제를 계속 풀 수 있어요.

공부한 날 월 일

정답 및 풀이 14쪽

체크

**1-1** 그림을 보고 □ 안에 알맞은 수를 써넣으시오.

(1)

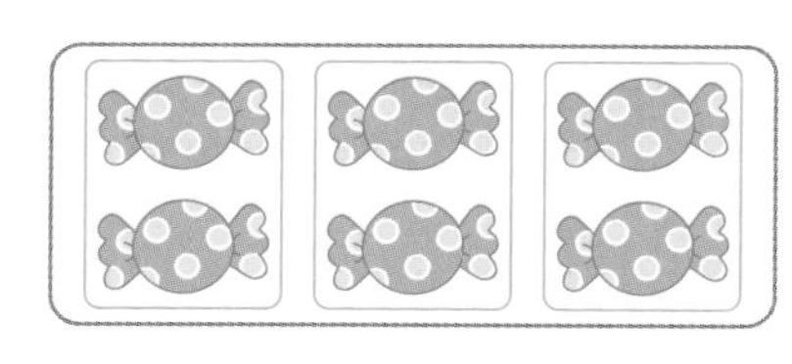

6의 $\frac{1}{3}$은 □입니다.

(2)

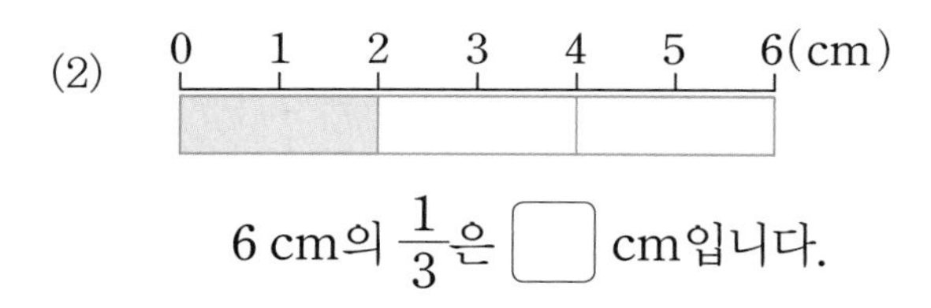


6 cm의 $\frac{1}{3}$은 □ cm입니다.

**1-2** 그림을 보고 □ 안에 알맞은 수를 써넣으시오.

(1)

6의 $\frac{2}{3}$는 □입니다.

(2)

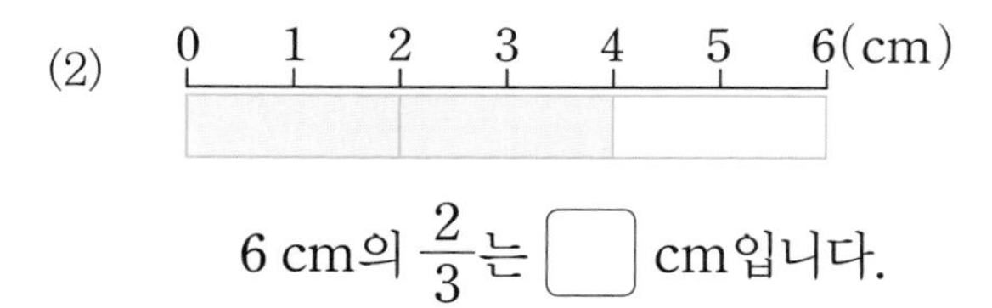


6 cm의 $\frac{2}{3}$는 □ cm입니다.

체크

**2-1** 진분수는 '진', 가분수는 '가', 대분수는 '대'를 써 보시오.

(1) $\frac{2}{5}$ ( )

(2) $\frac{8}{3}$ ( )

(3) $\frac{4}{7}$ ( )

(4) $1\frac{1}{2}$ ( )

(5) $\frac{11}{5}$ ( )

(6) $\frac{8}{8}$ ( )

**2-2** 진분수는 '진', 가분수는 '가', 대분수는 '대'를 써 보시오.

(1) $\frac{2}{2}$ ( )

(2) $1\frac{18}{25}$ ( )

(3) $\frac{7}{6}$ ( )

(4) $\frac{1}{2}$ ( )

(5) $2\frac{1}{3}$ ( )

(6) $\frac{8}{9}$ ( )

4. 분수

# 기본 유형

핵심 내용 묶었을 때 전체 ■묶음 중 ▲묶음 ⇨ $\frac{▲}{■}$

## 유형 01 분수로 나타내 보기

[01~02] 색칠한 부분을 분수로 나타내시오.

01

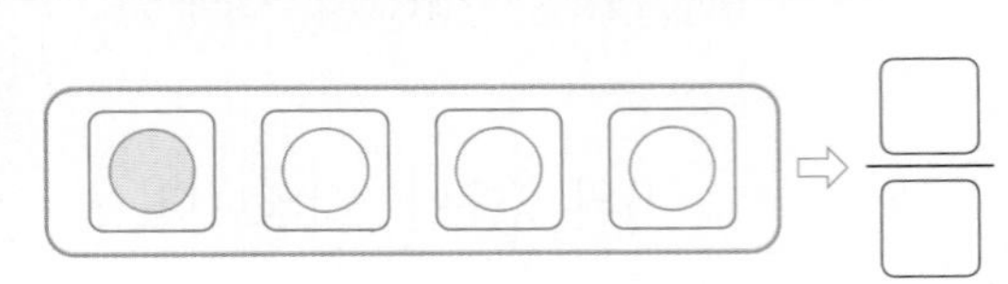

02

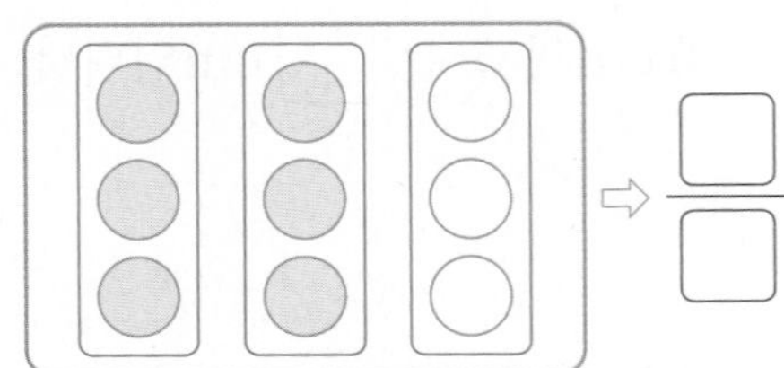

익힘책 유형

03 그림을 보고 ☐ 안에 알맞은 수를 써넣으시오.

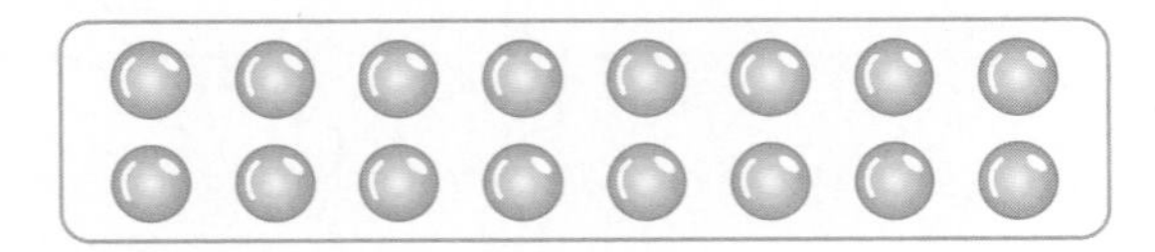

(1) 16을 2씩 묶으면 ☐묶음이 됩니다.

(2) 14는 2씩 ☐묶음이므로 14는 16의 $\frac{☐}{☐}$입니다.

[04~06] 강아지 18마리를 여러 가지 방법으로 똑같이 묶고, 전체에 대한 부분을 분수로 나타내려고 합니다. ☐ 안에 알맞은 수를 써넣으시오.

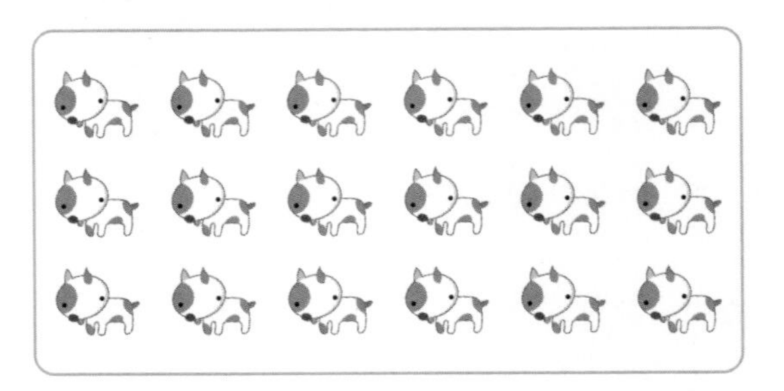

04 강아지를 2마리씩 묶으면 8마리는 전체의 $\frac{☐}{☐}$입니다.

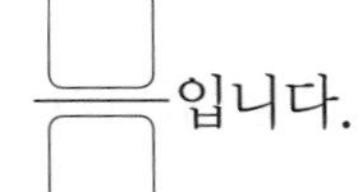

05 강아지를 3마리씩 묶으면 9마리는 전체의 $\frac{☐}{☐}$입니다.

06 강아지를 6마리씩 묶으면 12마리는 전체의 $\frac{☐}{☐}$입니다.

공부한 날 월 일

핵심 내용 $\frac{▲}{■}$ ⇨ 똑같이 ■묶음으로 나눈 것 중의 ▲묶음

## 유형 02 분수만큼은 얼마인지 알아보기(1)

교과서 유형

**07** 그림을 보고 □ 안에 알맞은 수를 써넣으시오.

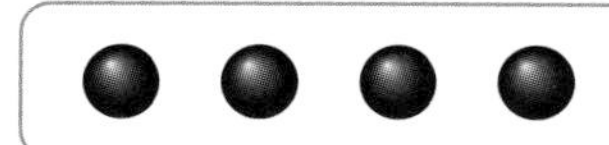

4의 $\frac{1}{2}$은 □입니다.

**08** 그림을 보고 □ 안에 알맞은 수를 써넣으시오.

(1) 9의 $\frac{1}{3}$은 □입니다.

(2) 9의 $\frac{2}{3}$는 □입니다.

익힘책 유형

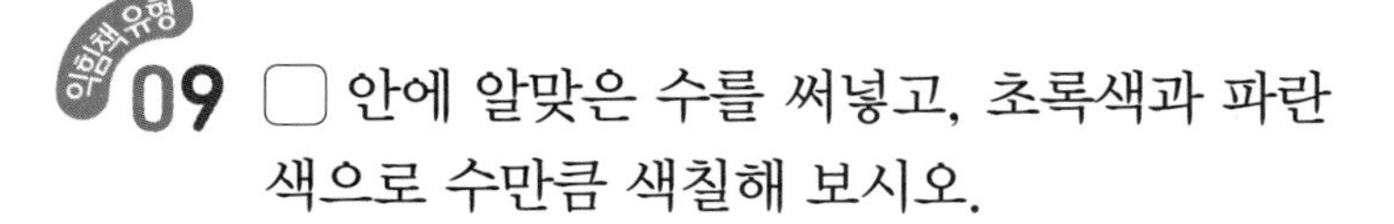

**09** □ 안에 알맞은 수를 써넣고, 초록색과 파란색으로 수만큼 색칠해 보시오.

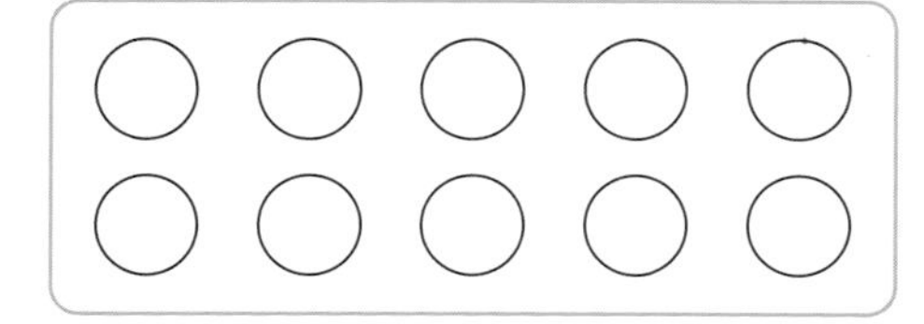

(1) 10의 $\frac{3}{5}$은 초록색 구슬입니다. ⇨ □개

(2) 10의 $\frac{2}{5}$는 파란색 구슬입니다. ⇨ □개

핵심 내용 $\frac{▲}{■}$ ⇨ 똑같이 ■묶음으로 나눈 것 중의 ▲묶음

## 유형 03 분수만큼은 얼마인지 알아보기(2)

교과서 유형

**10** 그림을 보고 물음에 답하시오.

0 1 2 3 4 5 6 7 8 9 10 11 12(cm)

(1) 12 cm의 $\frac{1}{3}$은 몇 cm입니까?

( )

(2) 12 cm의 $\frac{2}{3}$는 몇 cm입니까?

( )

**11** 그림을 보고 물음에 답하시오.

(1) 60초의 $\frac{1}{6}$은 몇 초입니까?

( )

(2) 60초의 $\frac{5}{6}$는 몇 초입니까?

( )

4 분수

핵심 내용 ▲/■ ┌ ▲<■: 진분수 └ ▲=■ 또는 ▲>■: 가분수

## 유형 04 여러 가지 분수 알아보기(1)

교과서 유형

**12** □ 안에 알맞은 수를 써넣으시오.

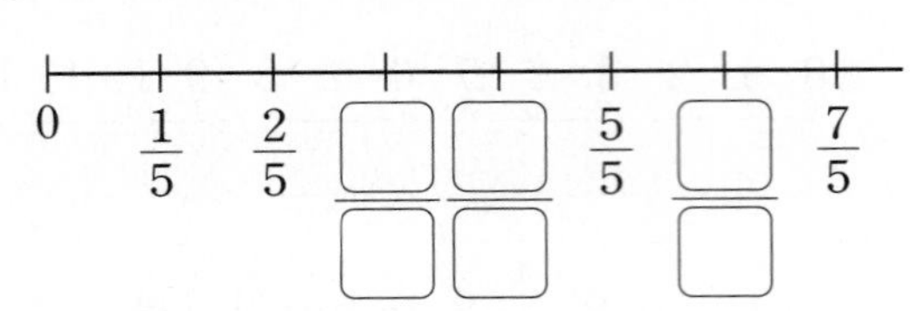


**13** 진분수에는 ○표, 가분수에는 △표 하시오.

$\frac{1}{4}$ $\frac{8}{8}$ $\frac{10}{9}$ $\frac{6}{7}$ $\frac{11}{10}$

**[14~15] 수직선을 보고 물음에 답하시오.**

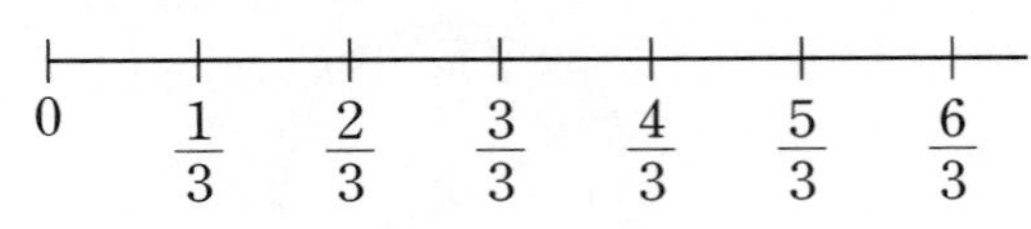


익힘책 유형

**14** 수직선에 나타낸 분수 중 진분수는 모두 몇 개입니까?

( )

익힘책 유형

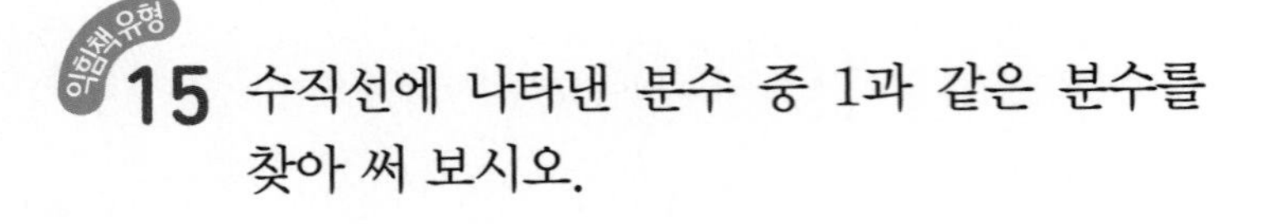

**15** 수직선에 나타낸 분수 중 1과 같은 분수를 찾아 써 보시오.

( )

핵심 내용 대분수는 자연수와 진분수로 이루어진 분수

## 유형 05 여러 가지 분수 알아보기(2)

익힘책 유형

**16** 그림을 보고 대분수로 나타내시오.

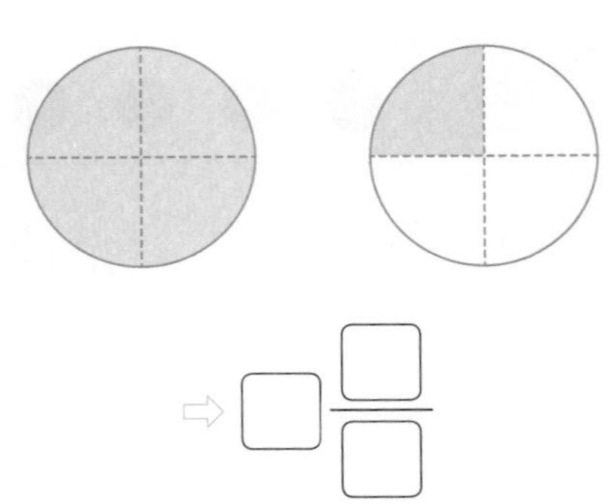

⇨ □$\frac{□}{□}$

**17** 수직선을 보고 □ 안에 알맞은 수를 써넣으시오.

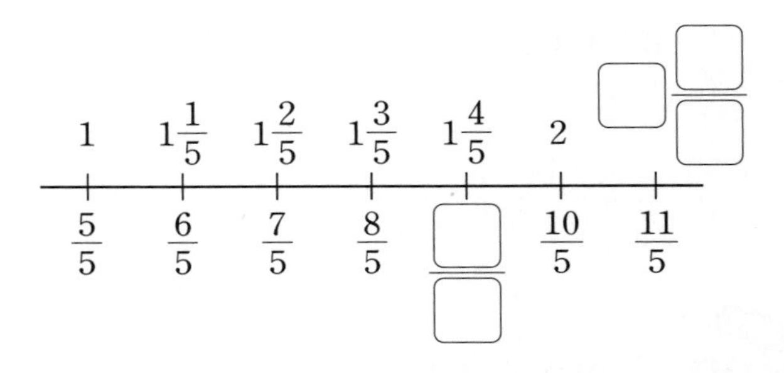


**18** 자연수 부분이 2이고 분모가 4인 대분수를 모두 쓰시오.

( )

교과서 유형

**19** $2\frac{1}{3}$만큼 색칠하고 대분수를 가분수로 나타내시오.

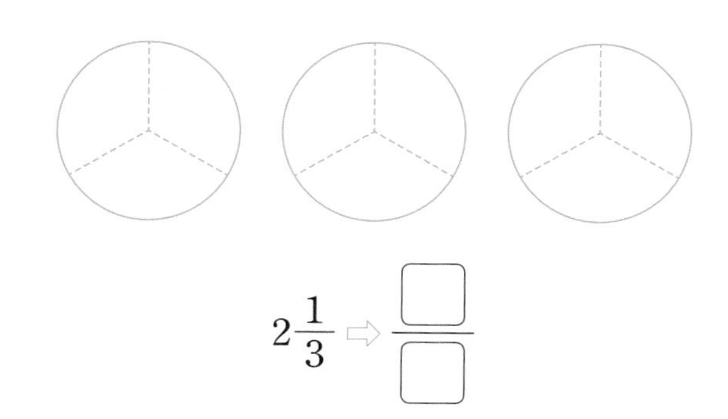

$2\frac{1}{3} \Rightarrow \frac{\square}{\square}$

교과서 유형

**20** $\frac{5}{3}$만큼 색칠하고 가분수를 대분수로 나타내시오.

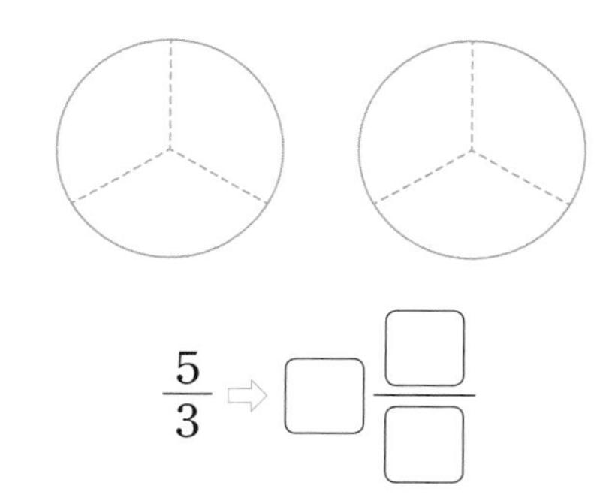

$\frac{5}{3} \Rightarrow \square\frac{\square}{\square}$

**21** 대분수는 가분수로, 가분수는 대분수로 나타내시오.

(1) $3\frac{1}{2}$ (2) $3\frac{2}{3}$

(3) $\frac{18}{7}$ (4) $\frac{45}{8}$

핵심 내용 분자가 클수록 더 큰 수

## 유형 06 분모가 같은 분수의 크기 비교

**[22~24] 분수의 크기를 비교하여 ○ 안에 >, =, < 를 알맞게 써넣으시오.**

**22**

$\frac{6}{4}$ ○ $\frac{5}{4}$

**23**

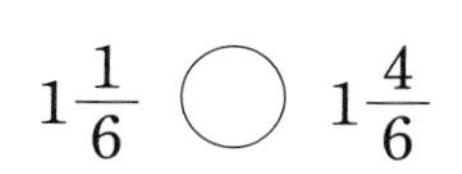

$1\frac{1}{6}$ ○ $1\frac{4}{6}$

**24** (1) $1\frac{1}{2}$ ○ $\frac{5}{2}$ (2) $\frac{9}{4}$ ○ $2\frac{2}{4}$

**25** 동우와 미애의 키를 각각 재었습니다. 키가 더 큰 사람은 누구입니까?

동우: $1\frac{5}{10}$ m

미애: $\frac{14}{10}$ m

( )

## 잘 틀리는 유형 07 알맞은 수 알아보기

**26** ♥$\frac{2}{9}$는 대분수입니다. ♥가 될 수 없는 수를 모두 찾아 색칠해 보시오.

| 0 | 1 | 4.3 | 10 |
|---|---|---|---|

**27** $\frac{★}{5}$은 진분수입니다. ★이 될 수 없는 수를 모두 고르시오. ………… (　　　　　)

① 1　　② 3　　③ 5
④ 7　　⑤ 9

함정 유형 **28** ■는 1보다 큰 자연수입니다. 다음을 만족하는 ■를 모두 구하시오.

> $\frac{7}{■}$은 1보다 큰 가분수입니다.

(　　　　　　　　　)

KEY 가분수는 분자가 분모와 같거나 분모보다 큰 분수예요.

## 잘 틀리는 유형 08 조건에 맞는 분수의 개수 구하기

**29** 분모가 8인 진분수 중 $\frac{7}{8}$보다 작은 분수는 모두 몇 개입니까?

(　　　　　　　　　)

**30** 분모가 9인 진분수 중 $\frac{3}{9}$보다 큰 분수는 모두 몇 개입니까?

(　　　　　　　　　)

함정 유형 **31** 분모가 10인 가분수 중 $\frac{17}{10}$보다 작은 분수는 모두 몇 개입니까?

(　　　　　　　　　)

KEY 가분수는 분자가 분모와 같거나 분모보다 큰 분수예요.

## 서술형 유형

### 1-1

색 테이프를 은주는 $3\frac{3}{8}$ m, 영지는 $\frac{25}{8}$ m 가지고 있습니다. 가지고 있는 색 테이프의 길이가 더 긴 사람은 누구인지 풀이 과정을 완성하고 답을 구하시오.

풀이 $3\frac{3}{8}=\frac{\square}{8}$이므로 $3\frac{3}{8} \bigcirc \frac{25}{8}$입니다.

따라서 가지고 있는 색 테이프의 길이가 더 긴 사람은 $\square$입니다.

답 $\square$

### 2-1

성호는 자두 21개의 $\frac{2}{7}$를 먹었습니다. 성호가 먹은 자두는 몇 개인지 풀이 과정을 완성하고 답을 구하시오.

풀이 21의 $\frac{2}{7}$는 21개를 똑같이 $\square$묶음으로 나눈 것 중의 $\square$묶음이므로 $\square$개입니다.

따라서 성호가 먹은 자두는 $\square$개입니다.

답 $\square$개

### 1-2

숙제를 민주는 $1\frac{5}{6}$시간 했고, 장선이는 $\frac{9}{6}$시간 했습니다. 민주와 장선이 중 숙제를 더 오랜 시간 동안 한 사람은 누구인지 풀이 과정을 쓰고 답을 구하시오.

풀이

답

### 2-2

은주는 귤 12개의 $\frac{5}{6}$를 먹었습니다. 은주가 먹은 귤은 몇 개인지 풀이 과정을 쓰고 답을 구하시오.

풀이

답

4 분수

점수

[01~02] 색칠한 부분을 분수로 나타내시오.

**01**

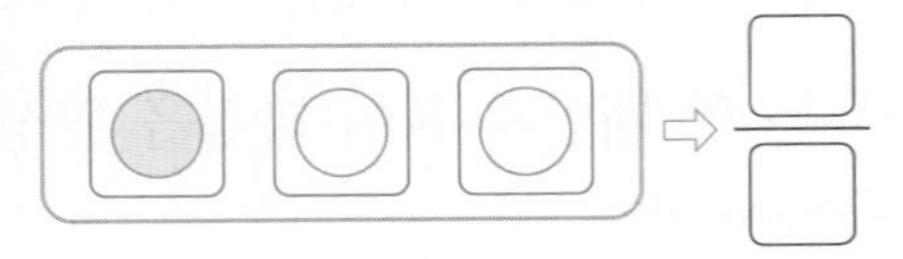

**02**

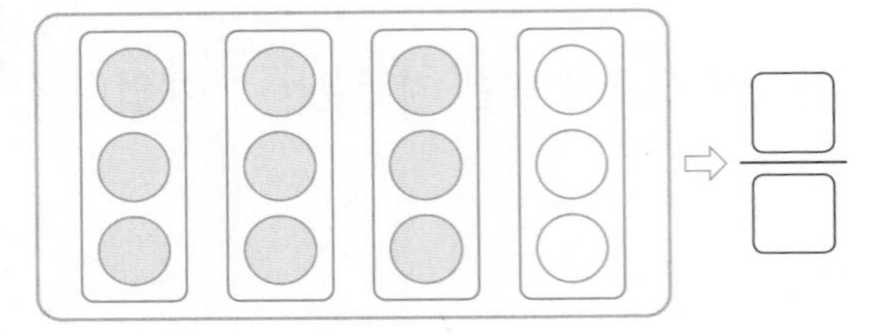

[03~04] □ 안에 알맞은 수를 써넣으시오.

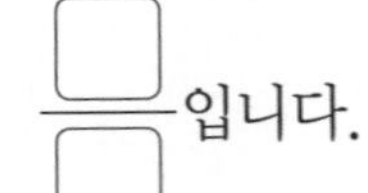

**03** 강아지를 3마리씩 묶으면 9마리는 전체의 $\frac{\square}{\square}$입니다.

**04** 강아지를 5마리씩 묶으면 10마리는 전체의 $\frac{\square}{\square}$입니다.

**05** 그림을 보고 □ 안에 알맞은 수를 써넣으시오.

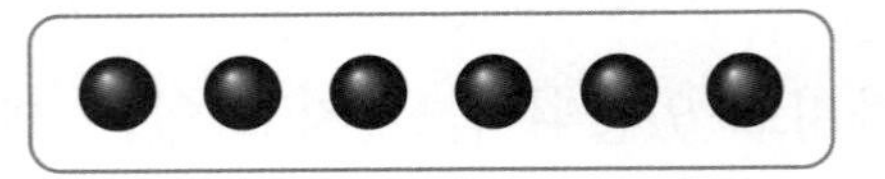

6의 $\frac{1}{2}$은 □입니다.

**06** 그림을 보고 □ 안에 알맞은 수를 써넣으시오.

(1) 8의 $\frac{1}{4}$은 □입니다.

(2) 8의 $\frac{2}{4}$는 □입니다.

**07** 그림을 보고 물음에 답하시오.

0 1 2 3 4 5 6 7 8 9 10(cm)

(1) 10 cm의 $\frac{1}{5}$은 몇 cm입니까?

( )

(2) 10 cm의 $\frac{3}{5}$은 몇 cm입니까?

( )

**08** □ 안에 알맞은 수를 써넣으시오.

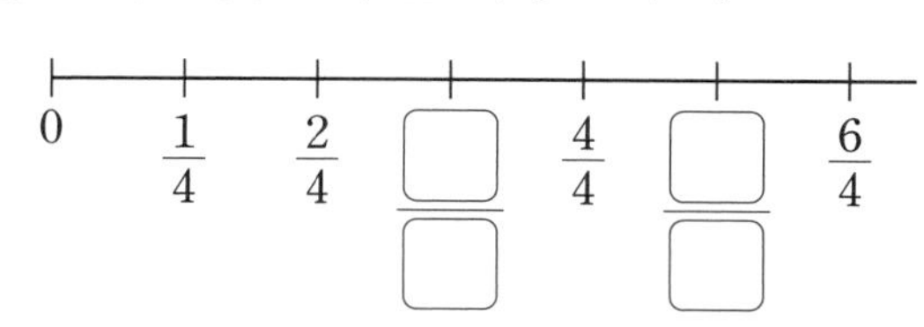


**09** 진분수에는 ○표, 가분수에는 △표 하시오.

$\frac{3}{8}$ $\frac{6}{7}$ $\frac{11}{3}$ $\frac{7}{9}$ $\frac{5}{4}$

**10** 수직선을 보고 □ 안에 알맞은 수를 써넣으시오.

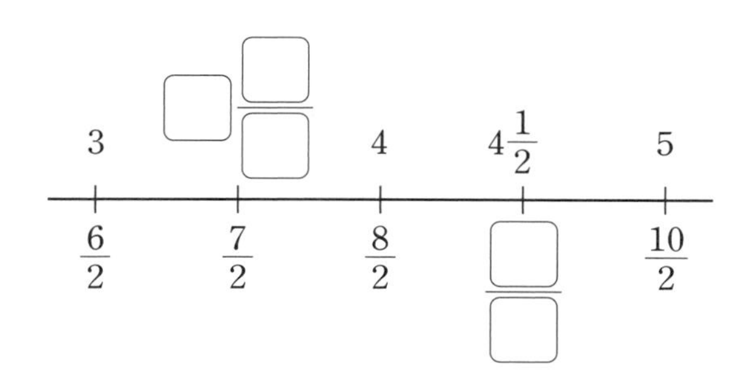


**11** 자연수 부분이 1이고 분모가 3인 대분수를 모두 쓰시오.

( )

**12** 대분수는 가분수로, 가분수는 대분수로 나타내시오.

(1) $3\frac{1}{3}$ (2) $4\frac{1}{4}$

(3) $\frac{17}{6}$ (4) $\frac{11}{9}$

**13** 분수의 크기를 비교하여 ○ 안에 >, =, < 를 알맞게 써넣으시오.

$\frac{11}{7}$ ○ $\frac{19}{7}$

**14** 분수의 크기를 비교하여 ○ 안에 >, =, < 를 알맞게 써넣으시오.

(1) $6\frac{1}{3}$ ○ $\frac{16}{3}$ (2) $\frac{11}{4}$ ○ $3\frac{3}{4}$

4 분수

**15** $\frac{★}{3}$은 가분수입니다. ★이 될 수 없는 수를 모두 고르시오. ······················(　　　　)

① 1　　② 2　　③ 3
④ 4　　⑤ 5

**16** 분모가 6인 진분수 중 $\frac{5}{6}$보다 작은 분수는 모두 몇 개입니까?

(　　　　　　　　)

합정유형
**17** ■는 1보다 큰 자연수입니다. 다음을 만족하는 ■를 모두 구하시오.

> $\frac{8}{■}$은 1보다 큰 가분수입니다.

(　　　　　　　　)

합정유형
**18** 분모가 8인 가분수 중 $\frac{12}{8}$보다 작은 분수는 모두 몇 개입니까?

(　　　　　　　　)

서술형
**19** 숙제를 다해는 $1\frac{3}{10}$시간 했고, 정순이는 $\frac{14}{10}$시간 했습니다. 다해와 정순이 중 숙제를 더 오랜 시간 동안 한 사람은 누구인지 풀이 과정을 쓰고 답을 구하시오.

풀이 ______________________

답 ______________________

서술형
**20** 지우는 쿠키 20개의 $\frac{4}{5}$를 먹었습니다. 지우가 먹은 쿠키는 몇 개인지 풀이 과정을 쓰고 답을 구하시오.

풀이 ______________________

답 ______________________

QR 코드를 찍어 단원평가 를 풀어 보세요.

# 5 들이와 무게

### 학습 계획표

계획표대로 공부했으면 ○표, 못했으면 △표 하세요.

| 내용 | 쪽수 | 날짜 | 확인 |
| --- | --- | --- | --- |
| ❶단계 핵심 개념+기초 문제 | 54~55쪽 | 월 일 | |
| ❷단계 기본 유형 | 56~59쪽 | 월 일 | |
| ❷단계 잘 틀리는 유형+서술형 유형 | 60~61쪽 | 월 일 | |
| ❸단계 유형(단원)평가 | 62~64쪽 | 월 일 | |

# 핵심 개념

개념에 대한 **자세한 동영상 강의**를 시청하세요.

## 개념 ❶ L, mL

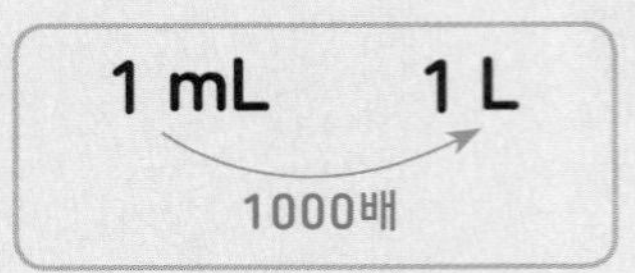


2 L 300 mL=2000 mL+300 mL (0이 3개)

=2300 mL

$$\begin{array}{rrr} & 3\,\text{L} & 300\,\text{mL} \\ + & 1\,\text{L} & 200\,\text{mL} \\ \hline & 4\,\text{L} & 500\,\text{mL} \end{array} \qquad \begin{array}{rrr} & 3\,\text{L} & 300\,\text{mL} \\ - & 1\,\text{L} & 200\,\text{mL} \\ \hline & 2\,\text{L} & 100\,\text{mL} \end{array}$$

L는 L끼리, mL는 mL끼리 계산합니다.

**핵심** 1 L=1000 mL

1 L는 ❶ [ ] mL와 같습니다.

**[전에 배운 내용]**

• 담긴 양 비교하기

왼쪽 병에 담긴 물의 양이 더 많습니다.
오른쪽 병에 담긴 물의 양이 더 적습니다.

첫째 컵에 담긴 물의 양이 가장 많습니다.
셋째 컵에 담긴 물의 양이 가장 적습니다.

## 개념 ❷ g, kg, t

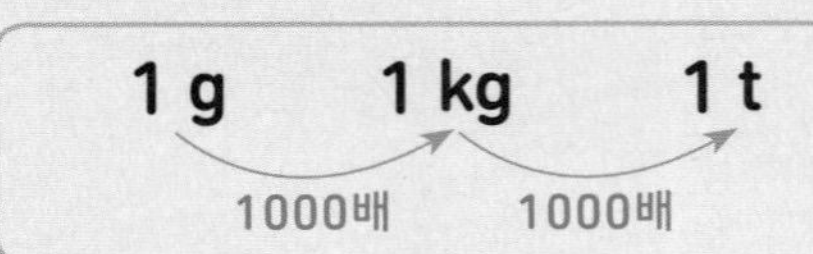


3 kg 200 g=3000 g+200 g (0이 3개)

=3200 g

$$\begin{array}{rrr} & 2\,\text{kg} & 200\,\text{g} \\ + & 1\,\text{kg} & 100\,\text{g} \\ \hline & 3\,\text{kg} & 300\,\text{g} \end{array} \qquad \begin{array}{rrr} & 2\,\text{kg} & 200\,\text{g} \\ - & 1\,\text{kg} & 100\,\text{g} \\ \hline & 1\,\text{kg} & 100\,\text{g} \end{array}$$

kg은 kg끼리, g은 g끼리 계산합니다.

**핵심** 1 kg=1000 g, 1 t=1000 kg

1 kg은 ❷ [ ] g과 같습니다.

**[전에 배운 내용]**

• 무게 비교하기

오리

코끼리

코끼리가 오리보다 더 무겁습니다.
오리가 코끼리보다 더 가볍습니다.

귤

사과

수박

수박이 가장 무겁습니다.
귤이 가장 가볍습니다.

정답 ❶ 1000 ❷ 1000

QR 코드를 찍어 보세요.
새로운 문제를 계속 풀 수 있어요.

공부한 날 월 일

● 정답 및 풀이 18쪽

**1-1** ☐ 안에 알맞은 수를 써넣으시오.

(1) 4 L=☐ mL

(2) 6 L=☐ mL

(3) 1 L 700 mL=☐ mL

(4) 2 L 300 mL=☐ mL

(5) 9 L 800 mL=☐ mL

**1-2** ☐ 안에 알맞은 수를 써넣으시오.

(1) 3 L=☐ mL

(2) 8 L=☐ mL

(3) 4 L 200 mL=☐ mL

(4) 8 L 600 mL=☐ mL

(5) 6 L 60 mL=☐ mL

체크

**2-1** ☐ 안에 알맞은 수를 써넣으시오.

(1) 4 kg=☐ g

(2) 7 kg=☐ g

(3) 3 kg 500 g=☐ g

(4) 6 kg 700 g=☐ g

(5) 2 kg 800 g=☐ g

**2-2** ☐ 안에 알맞은 수를 써넣으시오.

(1) 2 t=☐ kg

(2) 6 t=☐ kg

(3) 8 kg 400 g=☐ g

(4) 5 kg 100 g=☐ g

(5) 7 kg 30 g=☐ g

5. 들이와 무게

# 기본 유형

→ 핵심 내용 같은 단위로 비교

## 유형 01 들이 비교하기

**01** 음료수 캔과 물통에 물을 가득 채운 후 모양과 크기가 같은 그릇에 각각 모두 옮겨 담았습니다. 그림과 같이 물이 채워졌을 때 들이가 더 적은 것은 어느 것입니까?

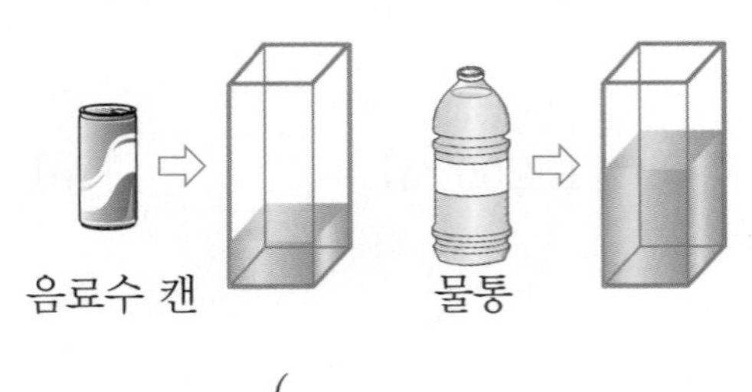


( )

**[02~03] 주전자와 보온병에 물을 가득 채운 후 모양과 크기가 같은 작은 컵에 모두 옮겨 담았습니다. 물음에 답하시오.**

익힘책 유형

**02** 주전자와 보온병에 가득 채운 물을 컵에 옮겨 담았을 때 각각 컵 몇 개만큼 들어갑니까?

주전자 ( )

보온병 ( )

익힘책 유형

**03** 주전자와 보온병 중 어느 것의 들이가 더 많습니까?

( )

→ 핵심 내용 1 L=1000 mL

## 유형 02 들이의 단위

**04** □ 안에 알맞은 수를 써넣으시오.

(1) 6720 mL=□ L □ mL

(2) 7 L 40 mL=□ mL

익힘책 유형

**05** 물의 양이 얼마인지 눈금을 읽고 □ 안에 알맞은 수를 써넣으시오.

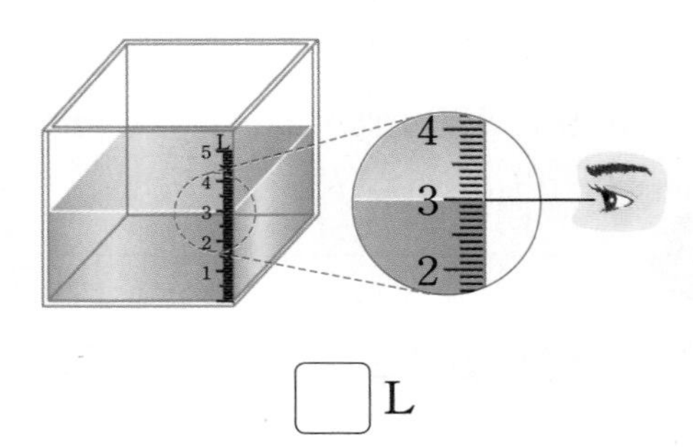


□ L

**06** 들이가 같은 것끼리 선으로 이어 보시오.

| | |
|---|---|
| 3 L 450 mL • | • 3045 mL |
| 3 L 455 mL • | • 3450 mL |
| 3 L 45 mL • | • 3455 mL |

핵심 내용 알맞은 단위를 정하여 어림하기

## 유형 03 들이를 어림하고 재어 보기

**07** 왼쪽 우유갑의 들이는 1 L입니다. 들이가 약 1 L인 것에 ○표 하시오.

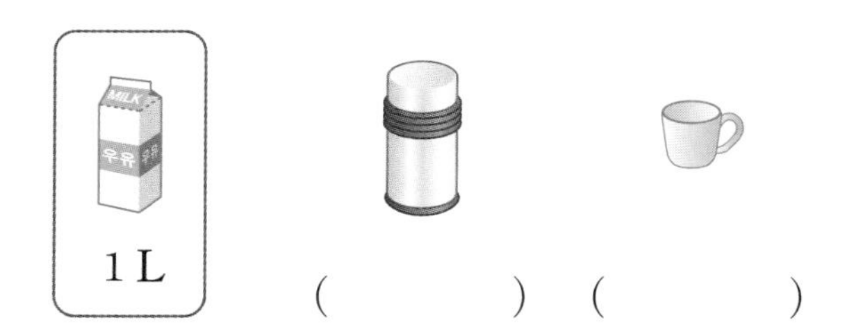


( ) ( )

교과서 유형

**08** □ 안에 L와 mL 중에서 알맞은 단위를 써넣으시오.

(1) 음료수 캔의 들이는 약 250 □입니다.

(2) 휴지통의 들이는 약 20 □입니다.

**09** □ 안에 알맞은 물건을 찾아 써넣으시오.

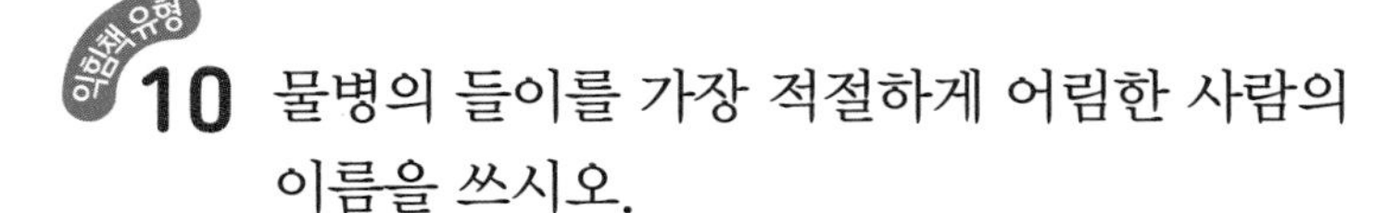


□의 들이는 약 10 mL입니다.

익힘책 유형

**10** 물병의 들이를 가장 적절하게 어림한 사람의 이름을 쓰시오.

재희: 500 mL 우유갑으로 1번, 200 mL 우유갑으로 2번 들어갈 것 같으니까 약 900 mL야.
준수: 300 mL 우유갑으로 3번쯤 들어갈 것 같으니까 약 330 mL야.
미희: 100 mL 요구르트병으로 9번쯤 들어갈 것 같으니까 약 190 mL야.

( )

핵심 내용 L는 L끼리, mL는 mL끼리 계산

## 유형 04 들이의 덧셈과 뺄셈

교과서 유형

**11** □ 안에 알맞은 수를 써넣으시오.

(1)

| | | | |
|---|---|---|---|
| | 4 L | 200 | mL |
| + | 2 L | 500 | mL |
| | □ L | □ | mL |

(2)

| | | | |
|---|---|---|---|
| | 5 L | 900 | mL |
| − | 3 L | 600 | mL |
| | □ L | □ | mL |

**12** 두 들이의 합은 몇 L 몇 mL입니까?

6 L 700 mL　　2 L 350 mL

( )

교과서 유형

**13** 두 들이의 차는 몇 L 몇 mL인지 빈칸에 써넣으시오.

| 6 L 400 mL | 4 L 600 mL |
|---|---|
| | |

**14** □ 안에 알맞은 수를 써넣으시오.

(1) 1200 mL+2600 mL
=□ L □ mL

(2) 5400 mL−3200 mL
=□ L □ mL

5 들이와 무게

핵심 내용 단위가 사용된 개수 비교

## 유형 05 무게 비교하기

**15** 볼펜, 주사위, 지우개의 무게를 다음과 같이 비교했습니다. 무게가 가벼운 것부터 차례대로 쓰시오.

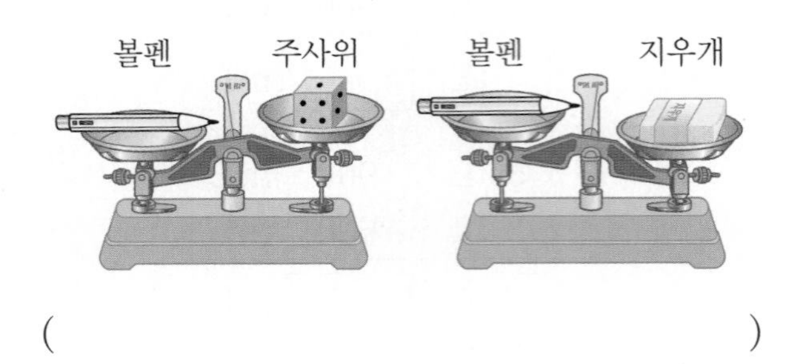


( )

익힘책 유형

**16** 연필의 무게는 10원짜리 동전으로, 사인펜의 무게는 100원짜리 동전으로 무게를 비교했습니다. 알맞은 말에 ○표 하시오.

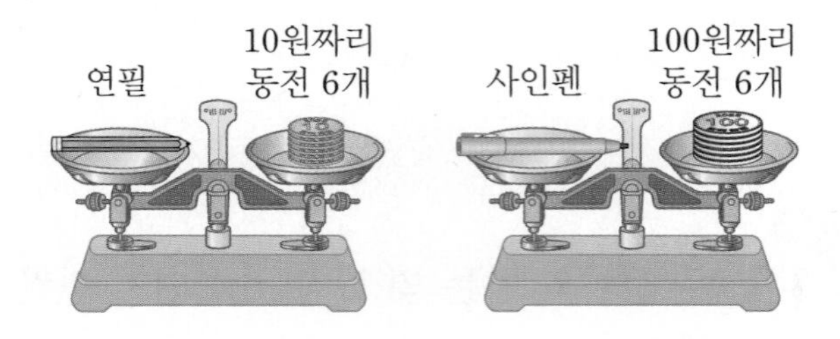


연필의 무게와 사인펜의 무게는
( 같습니다 , 다릅니다 ).

익힘책 유형

**17** 필통과 수첩 중에서 어느 것이 구슬 몇 개만큼 더 가벼운지 차례로 써 보시오.

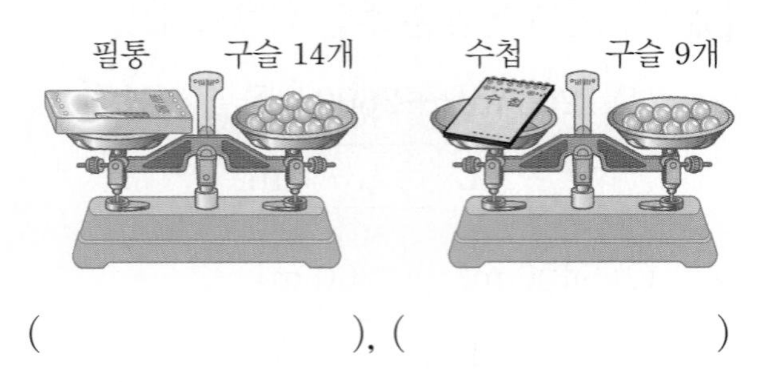


( ), ( )

핵심 내용 1 kg=1000 g, 1 t=1000 kg

## 유형 06 무게의 단위

**18** □ 안에 알맞은 수를 써넣으시오.

(1) 5800 g=□kg □g

(2) 1 kg 660 g=□g

(3) 3000 kg=□t

**19** 무게가 같은 것끼리 선으로 이어 보시오.

| 4000 g | • | • | 4000 kg |
|---|---|---|---|
| 4 t | • | • | 4 kg |

**[20~21] 저울의 눈금을 읽어 보시오.**

교과서 유형

**20**

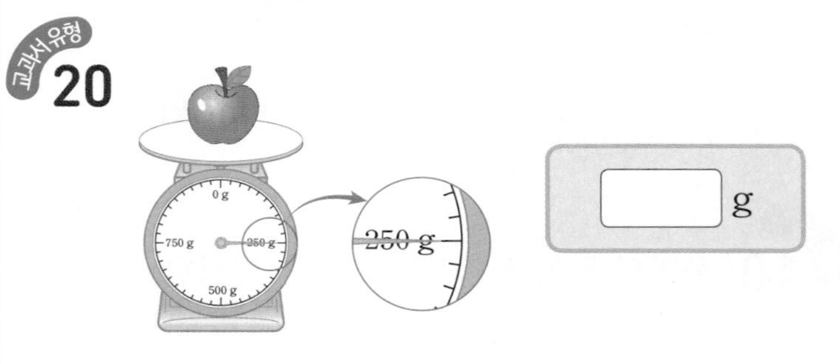


□g

교과서 유형

**21**

□kg

핵심 내용 알맞은 단위를 정하여 어림하기

## 유형 07 무게를 어림하고 재어 보기

**22** 보기 에서 알맞은 물건을 찾아 □ 안에 써넣으시오.

보기: 비행기 텔레비전 스마트폰

(1) □의 무게는 약 500 t입니다.

(2) □의 무게는 약 150 g입니다.

교과서 유형
**23** 보기 에서 알맞은 단위를 골라 □ 안에 써넣으시오.

보기: g kg t

(1) 지우개의 무게는 약 20 □입니다.

(2) 수박의 무게는 약 5 □입니다.

(3) 기린의 무게는 약 2 □입니다.

익힘책 유형
**24** 무게가 1 kg보다 무거운 것을 모두 찾아 기호를 쓰시오.

㉠ 오토바이 ㉡ 공책
㉢ 돼지 ㉣ 머리핀

( )

핵심 내용 kg은 kg끼리, g은 g끼리 계산

## 유형 08 무게의 덧셈과 뺄셈

교과서 유형
**25** □ 안에 알맞은 수를 써넣으시오.

(1)
$$\begin{array}{rrr} & 3\text{ kg} & 400\text{ g} \\ + & 6\text{ kg} & 500\text{ g} \\ \hline \end{array}$$

(2)
$$\begin{array}{rrr} & 5\text{ kg} & 600\text{ g} \\ - & 1\text{ kg} & 300\text{ g} \\ \hline \end{array}$$

**26** □ 안에 알맞은 수를 써넣으시오.

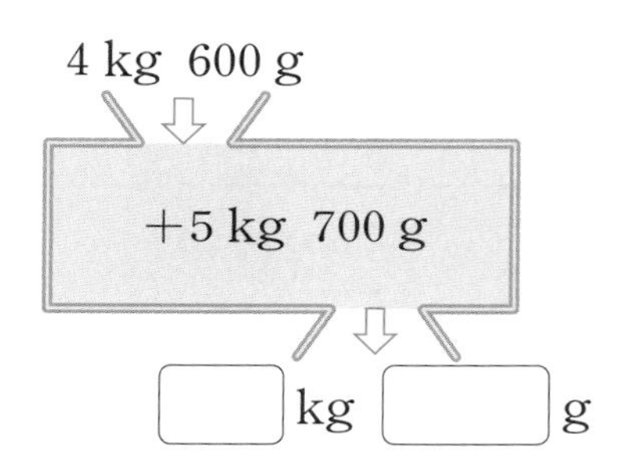


**27** 계산을 하시오.

4 kg 600 g−1 kg 900 g

**28** □ 안에 알맞은 수를 써넣으시오.

(1) 4500 g+2100 g=□ kg □ g

(2) 5700 g−2300 g=□ kg □ g

## 잘 틀리는 유형 09 단위가 다른 들이 비교하기

**29** 들이를 비교하여 ◯ 안에 >, =, <를 알맞게 써넣으시오.

(1) 5 L ◯ 5200 mL

(2) 4230 mL ◯ 40 L

**30** 들이가 더 많은 것의 기호를 쓰시오.

| ㉠ 3240 mL | ㉡ 3 L 350 mL |
|---|---|

(　　　　　　　　)

**31** (함정 유형) 들이가 더 적은 것의 기호를 쓰시오.

| ㉠ 5 L 65 mL | ㉡ 5640 mL |
|---|---|

(　　　　　　　　)

KEY 단위를 같게 하여 비교해요.

## 잘 틀리는 유형 10 단위가 다른 무게 비교하기

**32** 무게를 비교하여 ◯ 안에 >, =, <를 알맞게 써넣으시오.

(1) 4 kg 300 g ◯ 4 t

(2) 6100 g ◯ 6 kg 100 g

**33** 무게가 더 무거운 것의 기호를 쓰시오.

| ㉠ 2 kg 150 g | ㉡ 2250 g |
|---|---|

(　　　　　　　　)

**34** (함정 유형) 무게가 더 가벼운 것의 기호를 쓰시오.

| ㉠ 1 kg 25 g | ㉡ 1150 g |
|---|---|

(　　　　　　　　)

KEY 단위를 같게 하여 비교해요.

## 1-1

2700 mL와 5 L 200 mL의 합은 몇 L 몇 mL인지 풀이 과정을 완성하고 답을 구하시오.

풀이 2700 mL= □ L □ mL이므로

2700 mL+5 L 200 mL

= □ L □ mL+5 L 200 mL

= □ L □ mL입니다.

답 □ L □ mL

## 2-1

2 kg 700 g+1 kg 600 g을 잘못 계산한 것입니다. 잘못된 이유를 완성하고, 바르게 계산하시오.

$$\begin{array}{rrrr} & 2\ \text{kg} & 700\ \text{g} \\ + & 1\ \text{kg} & 600\ \text{g} \\ \hline & 3\ \text{kg} & 300\ \text{g} \end{array}$$

⇩

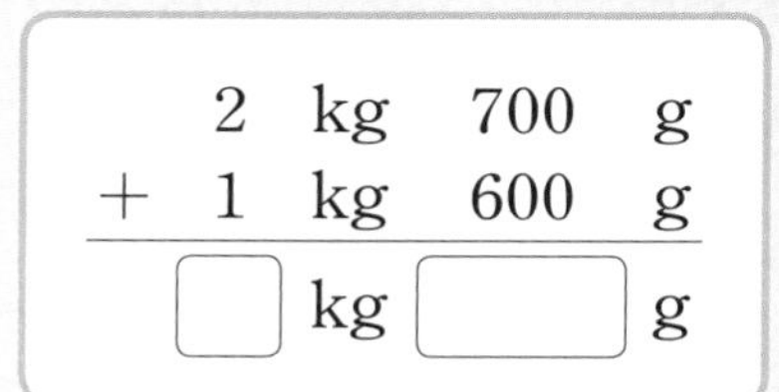

$$\begin{array}{rrrr} & 2\ \text{kg} & 700\ \text{g} \\ + & 1\ \text{kg} & 600\ \text{g} \\ \hline & \square\ \text{kg} & \square\ \text{g} \end{array}$$

이유 1000 g= □ kg으로 받아올림한 수를 ( g , kg ) 단위의 합에서 더하지 않았습니다.

## 1-2

2 L 250 mL와 4600 mL의 합은 몇 L 몇 mL인지 풀이 과정을 쓰고 답을 구하시오.

풀이

답

## 2-2

4 kg 300 g−1 kg 600 g을 잘못 계산한 것입니다. 잘못된 이유를 쓰고, 바르게 계산하시오.

$$\begin{array}{rrrr} & 4\ \text{kg} & 300\ \text{g} \\ - & 1\ \text{kg} & 600\ \text{g} \\ \hline & 3\ \text{kg} & 700\ \text{g} \end{array}$$

⇩

$$\begin{array}{rrrr} & 4\ \text{kg} & 300\ \text{g} \\ - & 1\ \text{kg} & 600\ \text{g} \\ \hline & \square\ \text{kg} & \square\ \text{g} \end{array}$$

이유

점수

**01** 보온병과 물통에 물을 가득 채운 후 모양과 크기가 같은 그릇에 각각 옮겨 담았습니다. 그림과 같이 물이 채워졌을 때 들이가 더 적은 것은 어느 것입니까?

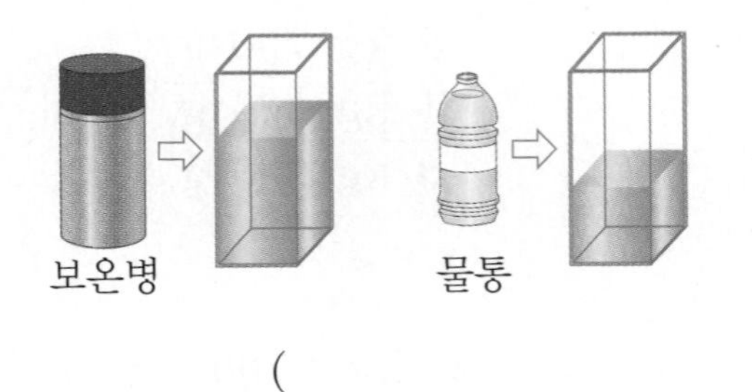


(　　　　　　　　　)

**02** □ 안에 알맞은 수를 써넣으시오.

(1) 1990 mL=□ L □ mL

(2) 4 L 340 mL=□ mL

**03** 들이가 같은 것끼리 선으로 이어 보시오.

| | |
|---|---|
| 2 L 150 mL • | • 2150 mL |
| 2 L 15 mL • | • 2115 mL |
| 2 L 115 mL • | • 2015 mL |

**04** □ 안에 L와 mL 중에서 알맞은 단위를 써넣으시오.

(1) 물병의 들이는 약 1 □입니다.

(2) 우유갑의 들이는 약 200 □입니다.

**05** □ 안에 알맞은 물건을 찾아 써넣으시오.

| 주사기　　수조 |
|---|

□의 들이는 약 30 L입니다.

**06** 두 들이의 합은 몇 L 몇 mL입니까?

| 4 L 850 mL　　1 L 250 mL |
|---|

(　　　　　　　　　)

**07** 두 들이의 차는 몇 L 몇 mL인지 빈칸에 써넣으시오.

| 4 L 150 mL | 2 L 700 mL |
|---|---|
| | |

**08** 사과와 배 중에서 어느 것이 100원짜리 동전 몇 개만큼 더 가벼운지 차례로 쓰시오.

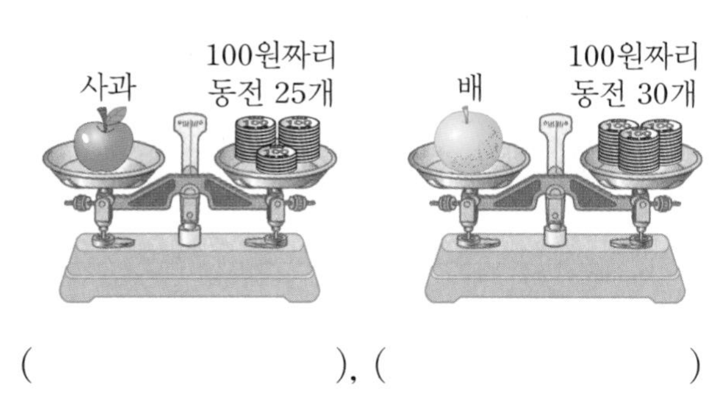


( ), ( )

**09** 무게가 같은 것끼리 선으로 이어 보시오.

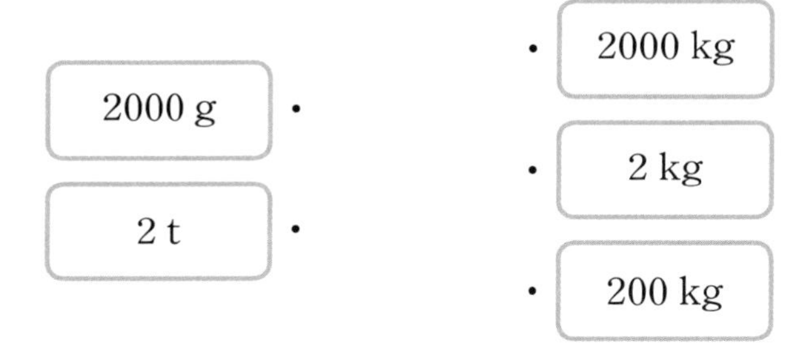


**10** 저울의 눈금을 읽어 보시오.

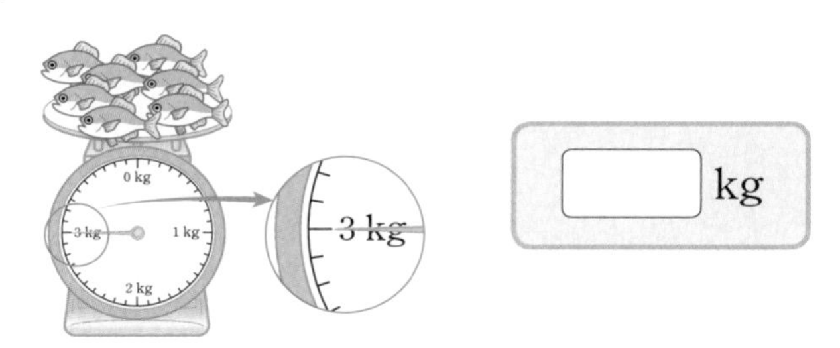


**11** 보기에서 알맞은 물건을 찾아 □ 안에 써넣으시오.

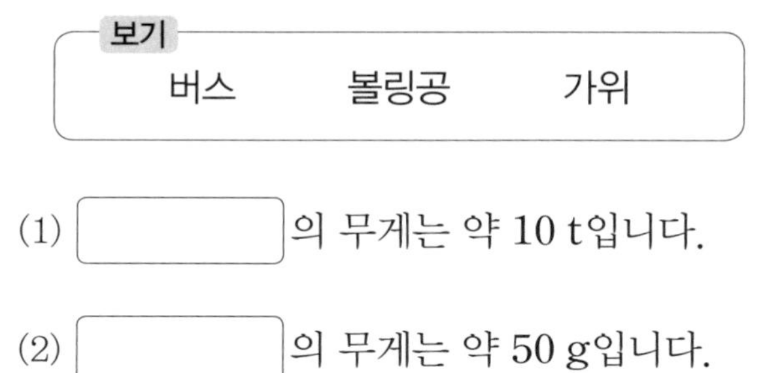


(1) □의 무게는 약 10 t입니다.

(2) □의 무게는 약 50 g입니다.

**12** 보기에서 알맞은 단위를 골라 □ 안에 써넣으시오.

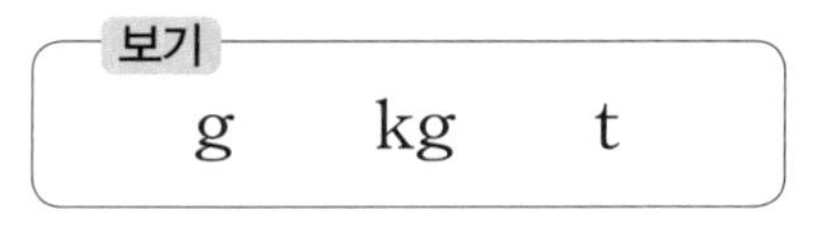


(1) 연필의 무게는 약 5 □입니다.

(2) 피아노의 무게는 약 300 □입니다.

**13** □ 안에 알맞은 수를 써넣으시오.

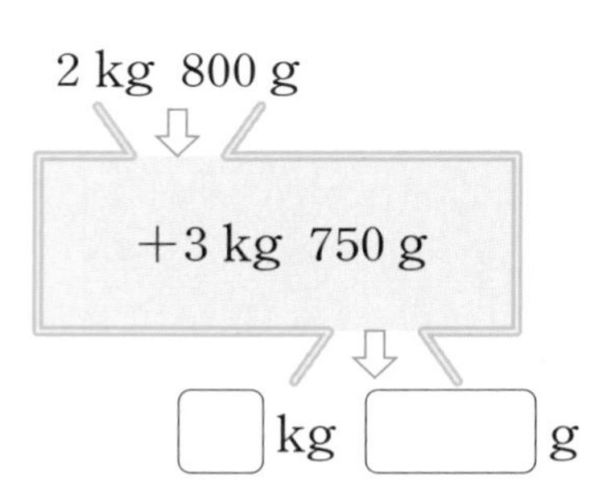


**14** 계산을 하시오.

5 kg 650 g−3 kg 700 g

**15** 들이가 더 많은 것의 기호를 쓰시오.

| ㉠ 6 L 300 mL | ㉡ 6620 mL |
|---|---|

( )

**16** 무게가 더 무거운 것의 기호를 쓰시오.

| ㉠ 3 kg 750 g | ㉡ 3200 g |
|---|---|

( )

함정 유형

**17** 들이가 더 적은 것의 기호를 쓰시오.

| ㉠ 4 L 20 mL | ㉡ 4100 mL |
|---|---|

( )

함정 유형

**18** 무게가 더 가벼운 것의 기호를 쓰시오.

| ㉠ 2 kg 55 g | ㉡ 2110 g |
|---|---|

( )

서술형

**19** 6 L 120 mL와 3250 mL의 합은 몇 L 몇 mL인지 풀이 과정을 쓰고 답을 구하시오.

풀이

답

서술형

**20** 3 kg 200 g−1 kg 900 g을 잘못 계산한 것입니다. 잘못된 이유를 쓰고, 바르게 계산하시오.

$$\begin{array}{r} 3\text{ kg } 200\text{ g} \\ -\ 1\text{ kg } 900\text{ g} \\ \hline 2\text{ kg } 300\text{ g} \end{array}$$

⇩

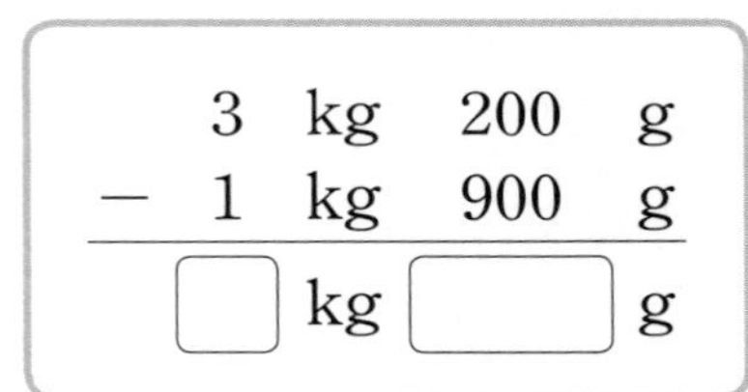

이유

QR 코드를 찍어 단원평가 를 풀어 보세요.

# 자료와 그림그래프

**학습 계획표**

계획표대로 공부했으면 ○표, 못했으면 △표 하세요.

| 내용 | 쪽수 | 날짜 | 확인 |
|---|---|---|---|
| ❶단계 핵심 개념+기초 문제 | 66~67쪽 | 월 일 | |
| ❷단계 기본 유형 | 68~71쪽 | 월 일 | |
| ❷단계 잘 틀리는 유형+서술형 유형 | 72~73쪽 | 월 일 | |
| ❸단계 유형(단원)평가 | 74~76쪽 | 월 일 | |

# 핵심 개념

개념에 대한 **자세한 동영상 강의**를 시청하세요.

## 개념 1 그림그래프 알아보기

학생들이 참여한 재능 기부 유형

| 기부 유형 | 학생 수 |
|---|---|
| 음악 | ☺☺☺☺ |
| 미술 | ☺☺ |
| 무용 | (큰 ☺)☺☺☺ |

(큰 ☺) 10명
☺ 1명

– 가장 많은 학생이 참여한 재능 기부
⇨ 큰 그림이 있는 무용입니다.

– 가장 적은 학생이 참여한 재능 기부
⇨ 작은 그림이 가장 적은 미술입니다.

**핵심** 그림이 나타내는 것

자료 또는 조사한 수를 그림으로 나타낸 그래프를 ❶ □□□□□라고 합니다.

**[전에 배운 내용]**

- 표의 내용 알아보기
- 그래프의 내용 알아보기

학생들이 좋아하는 과일별 학생 수

| 4 | | | ○ | |
|---|---|---|---|---|
| 3 | | ○ | ○ | |
| 2 | ○ | ○ | ○ | |
| 1 | ○ | ○ | ○ | ○ |
| 학생 수(명) / 과일 | 사과 | 귤 | 포도 | 바나나 |

– 가장 많은 학생이 좋아하는 과일
⇨ ○가 가장 많은 포도입니다.

**[앞으로 배울 내용]**

- 막대그래프, 꺾은선그래프

## 개념 2 그림그래프로 나타내기

학생들이 참여한 재능 기부 유형

| 기부 유형 | 음악 | 미술 | 무용 | 합계 |
|---|---|---|---|---|
| 학생 수(명) | 4 | 2 | 13 | 19 |

③ 학생들이 참여한 재능 기부 유형

②

| 기부 유형 | 학생 수 |
|---|---|
| 음악 | ☺☺☺☺ |
| 미술 | ☺☺ |
| 무용 | (큰 ☺)☺☺☺ |

①
(큰 ☺) 10명
☺ 1명

① 그림의 가짓수와 모양을 정합니다.
② 조사한 수에 맞도록 그림을 그립니다.
③ 그림그래프에 알맞은 제목을 붙입니다.

**핵심** 그림의 수

**[전에 배운 내용]**

- 자료를 보고 표로 나타내기
- 그래프로 나타내기

학생들이 좋아하는 과일

| 사과 | 귤 | 포도 | 귤 | 바나나 |
|---|---|---|---|---|
| 포도 | 사과 | 귤 | 포도 | 포도 |

학생들이 좋아하는 과일별 학생 수

| 4 | | | ○ | |
|---|---|---|---|---|
| 3 | | ○ | ○ | |
| 2 | ○ | ○ | ○ | |
| 1 | ○ | ○ | ○ | ○ |
| 학생 수(명) / 과일 | 사과 | 귤 | 포도 | 바나나 |

**[앞으로 배울 내용]**

- 막대그래프 그리기, 꺾은선그래프 그리기

정답 ❶ 그림그래프

● 정답 및 풀이 22쪽

체크

**1-1** 한 달 동안 각 가구에서 배출한 음식물 쓰레기의 무게를 나타낸 그림그래프입니다. ☐ 안에 알맞은 수를 써넣으시오.

각 가구에서 배출한 음식물 쓰레기의 무게

| 가구 | 음식물 쓰레기의 무게 |
|---|---|
| 101호 | 큰 그림 2개, 작은 그림 6개 |
| 102호 | 큰 그림 1개, 작은 그림 4개 |
| 103호 | 큰 그림 1개, 작은 그림 8개 |

(큰 그림) 10 kg
(작은 그림) 1 kg

(1) 큰 그림 (큰 그림)은 ☐ kg을, 작은 그림 (작은 그림)은 ☐ kg을 나타냅니다.

(2) 음식물 쓰레기를 가장 많이 배출한 가구는 ☐ 호입니다.

**1-2** 친구들이 줄넘기를 한 횟수를 조사하여 나타낸 그림그래프입니다. ☐ 안에 알맞은 말이나 수를 써넣으시오.

친구들이 줄넘기를 한 횟수

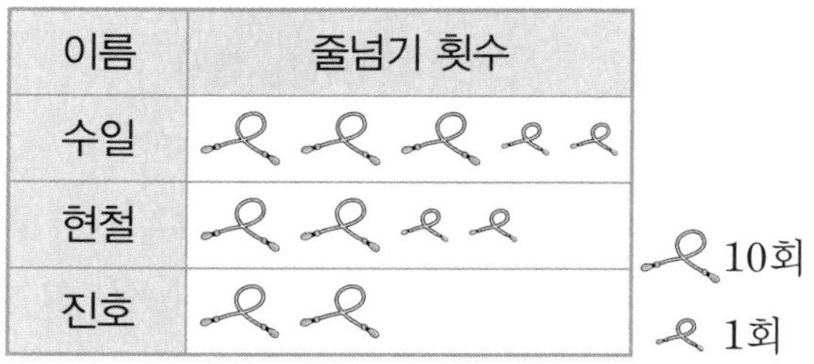

| 이름 | 줄넘기 횟수 |
|---|---|
| 수일 | 큰 그림 3개, 작은 그림 2개 |
| 현철 | 큰 그림 2개, 작은 그림 2개 |
| 진호 | 큰 그림 2개 |

(큰 그림) 10회
(작은 그림) 1회

(1) 큰 그림 (큰 그림)은 ☐ 회를, 작은 그림 (작은 그림)은 ☐ 회를 나타냅니다.

(2) 줄넘기를 가장 많이 한 친구는 ☐ 입니다.

체크

**2-1** 표를 보고 그림그래프로 나타내시오.

학생들이 읽은 동화책 수

| 이름 | 지훈 | 연경 | 슬아 | 영권 | 합계 |
|---|---|---|---|---|---|
| 동화책 수(권) | 35 | 28 | 42 | 19 | 124 |

학생들이 읽은 동화책 수

| 이름 | 동화책 수 |
|---|---|
| 지훈 | |
| 연경 | ●●○○○○○○○○ |
| 슬아 | |
| 영권 | ●○○○○○○○○○ |

● 10권
○ 1권

**2-2** 표를 보고 그림그래프로 나타내시오.

학생들이 좋아하는 과일별 학생 수

| 과일 | 사과 | 귤 | 복숭아 | 바나나 | 합계 |
|---|---|---|---|---|---|
| 학생 수(명) | 6 | 4 | 9 | 5 | 24 |

학생들이 좋아하는 과일별 학생 수

| 과일 | 학생 수 |
|---|---|
| 사과 | |
| 귤 | |
| 복숭아 | |
| 바나나 | |

● 5명
○ 1명

6. 자료와 그림그래프

# 2단계 기본 유형

핵심 내용 수를 세어 표 완성하기

## 유형 01 자료 정리하기

**[01~03] 연수네 반 학생들이 좋아하는 음식을 조사했습니다. 물음에 답하시오.**

좋아하는 음식

| 치킨버거 | 치즈버거 | 김치만두 | 고기만두 |
|---|---|---|---|
| 떡볶이 | 고기만두 | 떡볶이 | 치즈버거 |
| 김치만두 | 떡볶이 | 김치만두 | 치킨버거 |
| 떡볶이 | 김치만두 | 치킨버거 | 고기만두 |
| 치킨버거 | 떡볶이 | 김치만두 | 떡볶이 |

**01** 좋아하는 음식을 5가지 종류로 분류하여 표로 나타내시오.

좋아하는 음식

| 음식 | 치킨 버거 | 치즈 버거 | 김치 만두 | 고기 만두 | 떡볶이 | 합계 |
|---|---|---|---|---|---|---|
| 학생 수(명) | | | | | | |

교과서 유형

**02** 좋아하는 음식을 3가지 종류로 다시 분류하여 표로 나타내시오.

좋아하는 음식

| 음식 | 햄버거 | 만두 | 떡볶이 | 합계 |
|---|---|---|---|---|
| 학생 수(명) | | | | |

교과서 유형

**03** 01과 02의 표에서 가장 많은 학생이 좋아하는 음식은 각각 무엇인지 차례로 쓰시오.

( ), ( )

핵심 내용 그림그래프: 자료 또는 조사한 수를 그림으로 나타낸 그래프

## 유형 02 그림그래프 알아보기

**[04~07] 각 반별 학생 수를 조사하여 나타낸 그래프입니다. 물음에 답하시오.**

반별 학생 수

| 반 | 학생 수 |
|---|---|
| 1 | □□□ |
| 2 | □□△△△△△△ |
| 3 | □□△△△ |

□ 10명
△ 1명

익힘책 유형

**04** 위와 같이 자료 또는 조사한 수를 그림으로 나타낸 그래프를 무엇이라고 합니까?

( )

익힘책 유형

**05** □는 몇 명을 나타내고 있습니까?

( )

익힘책 유형

**06** △는 몇 명을 나타내고 있습니까?

( )

**07** 1반의 학생은 몇 명입니까?

( )

**[08~11] 여러 농장에서 기르고 있는 닭의 수를 조사하여 나타낸 그림그래프입니다. 물음에 답하시오.**

농장별 닭의 수

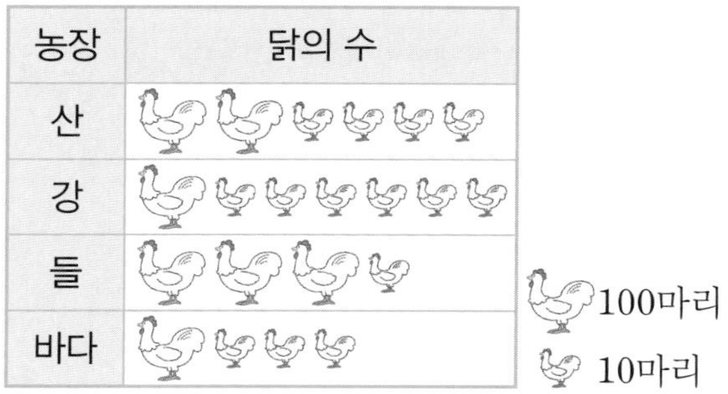

| 농장 | 닭의 수 |
|---|---|
| 산 | |
| 강 | |
| 들 | |
| 바다 | |

100마리
10마리

**08** 무엇을 조사하여 나타낸 그림그래프입니까?

( )

**09** 그림 과 은 각각 몇 마리를 나타내는지 차례로 쓰시오.

( ), ( )

**10** 산 농장에서 기르는 닭은 몇 마리입니까?

( )

**11** 닭의 수가 많은 농장부터 순서대로 쓰시오.

( )

핵심 내용 그림의 수로 나타냄

## 유형 03 그림그래프로 나타내기

**[12~13] 가게별 팔린 막대 사탕 수를 조사하여 나타낸 표입니다. 물음에 답하시오.**

가게별 팔린 막대 사탕 수

| 가게 | 해 | 달 | 별 | 구름 | 합계 |
|---|---|---|---|---|---|
| 사탕 수(개) | 23 | 12 | 32 | 25 | 92 |

교과서 유형

**12** 표를 보고 그림그래프로 나타낼 때 그림을 몇 가지로 나타내는 것이 좋겠습니까?

( )

교과서 유형

**13** 표를 보고 그림그래프를 완성하시오.

가게별 팔린 막대 사탕 수

| 가게 | 사탕 수 |
|---|---|
| 해 | |
| 달 | |
| 별 | |
| 구름 | |

10개
1개

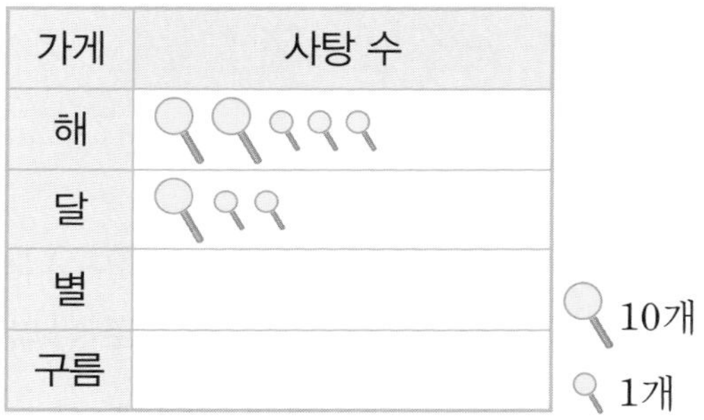

**14** 제과점별로 판매한 빵의 수를 조사하여 표로 나타내었습니다. 표를 보고 그림그래프를 완성하시오.

제과점별 판매한 빵의 수

| 제과점 | C | P | T | K | 합계 |
|---|---|---|---|---|---|
| 빵의 수(개) | 100 | 150 | 130 | 80 | 460 |

제과점별 판매한 빵의 수

| 제과점 | 빵의 수 |
|---|---|
| C | |
| P | |
| T | |
| K | |

100개
10개

**15** 과수원별 포도 생산량을 조사하여 나타낸 표입니다. 표를 보고 그림그래프로 나타내시오.

과수원별 포도 생산량

| 과수원 | 희망 | 사랑 | 기쁨 | 환희 | 합계 |
|---|---|---|---|---|---|
| 생산량(상자) | 14 | 24 | 15 | 38 | 91 |

과수원별 포도 생산량

| 과수원 | 포도 생산량 |
|---|---|
| 희망 | |
| 사랑 | |
| 기쁨 | |
| 환희 | |

◎ 10상자
○ 1상자

**16** 도시별 가로수의 수를 조사하여 나타낸 표입니다. 표를 보고 그림그래프로 나타내시오.

도시별 가로수의 수

| 도시 | 가 | 나 | 다 | 라 | 합계 |
|---|---|---|---|---|---|
| 가로수의 수(그루) | 123 | 140 | 202 | 105 | 570 |

(                    )

| 도시 | 가로수의 수 |
|---|---|
| 가 | |
| 나 | |
| 다 | |
| 라 | |

🡅 100그루
🡅 10그루
🡅 1그루

핵심 내용 그래프를 보고 알 수 있는 점

## 유형 04 그림그래프로 자료 해석하기

**[17~20] 학생들이 좋아하는 색깔을 조사하여 나타낸 그림그래프입니다. 물음에 답하시오.**

학생들이 좋아하는 색깔

| 색깔 | 학생 수 |
|---|---|
| 파란색 | ☺(10명) ☺(10명) ☺(10명) ☺(1명) ☺(1명) |
| 빨간색 | ☺(10명) ☺(10명) ☺(1명) ☺(1명) |
| 노란색 | ☺(10명) ☺(1명) ☺(1명) |
| 초록색 | ☺(10명) ☺(10명) ☺(1명) ☺(1명) ☺(1명) ☺(1명) |

☺ 10명
☺ 1명

교과서 유형 **17** 파란색을 좋아하는 학생은 몇 명입니까?

(                    )

교과서 유형 **18** 가장 많은 학생이 좋아하는 색깔은 무엇입니까?

(                    )

교과서 유형 **19** 가장 적은 학생이 좋아하는 색깔은 무엇입니까?

(                    )

**20** 초록색을 좋아하는 학생은 노란색을 좋아하는 학생의 몇 배입니까?

(                    )

**[21~23] 학생들이 좋아하는 계절을 조사하여 나타낸 그림그래프입니다. 물음에 답하시오.**

학생들이 좋아하는 계절

| 계절 | 학생 수 |
|---|---|
| 봄 | ◎◎○ |
| 여름 | ◎◎○○○ |
| 가을 | ◎◎◎○○○○○ |
| 겨울 | ◎○○○○○ |

◎ 10명
○ 1명

**21** 봄을 좋아하는 학생은 몇 명입니까?

( )

**22** 좋아하는 학생이 많은 계절부터 순서대로 쓰시오.

( )

익힘책 유형

**23** 여름을 좋아하는 학생은 겨울을 좋아하는 학생보다 몇 명 더 많습니까?

( )

핵심 내용 그림의 수로 나타냄

## 유형 05 자료를 조사하여 그림그래프로 나타내기

**[24~25] 혜선이네 반 학생들이 우주 비행사가 된다면 가 보고 싶은 곳을 조사하였습니다. 물음에 답하시오.**

**24** 조사한 자료를 보고 표로 나타내시오.

우주 비행사가 된다면 가 보고 싶은 곳

| 곳 | 달 | 금성 | 화성 | 토성 | 합계 |
|---|---|---|---|---|---|
| 학생 수(명) | | | | | |

교과서 유형

**25** 표를 보고 그림그래프로 나타내시오.

우주 비행사가 된다면 가 보고 싶은 곳

| 곳 | 학생 수 |
|---|---|
| 달 | |
| 금성 | |
| 화성 | |
| 토성 | |

▲ 10명
△ 1명

### 잘 틀리는 유형 06 그림그래프를 보고 그림의 단위 알아보기

**26** 학생들이 도서관에서 빌린 책의 수를 조사하여 나타낸 그림그래프입니다. 광석이가 빌린 책의 수가 10권이고 지웅이가 빌린 책의 수가 14권일 때 ▢ 안에 알맞은 수를 써넣으시오.

학생별 빌린 책의 수

| 이름 | 빌린 책의 수 |
|---|---|
| 광석 | ■ |
| 영재 | ■■□□ |
| 지웅 | ■□□□□ |

■ ▢권

□ ▢권

### 잘 틀리는 유형 07 그림그래프를 보고 비교하기

**28** 어느 마트에서 하루 동안 팔린 과자의 수를 조사하여 나타낸 그림그래프입니다. 하루 동안 가장 많이 팔린 과자는 무엇입니까?

하루 동안 팔린 과자의 수

| 과자 | 팔린 과자의 수 |
|---|---|
| A 과자 | 큰 그림 1개, 작은 그림 5개 |
| B 과자 | 큰 그림 2개, 작은 그림 4개 |
| C 과자 | 큰 그림 2개, 작은 그림 1개 |

(큰 그림) 100개
(작은 그림) 10개

(                    )

**합정 유형 27** 마을에서 생산한 솜의 양을 조사하여 나타낸 그림그래프입니다. 가 마을에서 생산한 솜의 양이 80 kg이고 라 마을에서 생산한 솜의 양이 46 kg일 때 ▢ 안에 알맞은 수를 써넣으시오.

마을별 생산한 솜의 양

| 마을 | 생산한 솜의 양 |
|---|---|
| 가 | ●●●● |
| 나 | ●●○○○ |
| 다 | ●●●●●○○ |
| 라 | ●●○○○ |

● ▢ kg

○ ▢ kg

KEY 가 마을에서 ● 그림이 나타내는 단위를 먼저 구해요.

**합정 유형 29** 어느 빵 가게에서 하루 동안 팔린 빵의 수를 조사하여 나타낸 그림그래프입니다. 아침에 각각의 빵을 500개씩 만들었을 때 팔린 후에 가장 적게 남은 빵은 무엇입니까?

하루 동안 팔린 빵의 수

| 빵 | 팔린 빵의 수 |
|---|---|
| 식빵 | 큰 그림 3개, 작은 그림 3개 |
| 단팥빵 | 큰 그림 2개, 작은 그림 6개 |
| 피자빵 | 큰 그림 3개, 작은 그림 1개 |

(큰 그림) 100개
(작은 그림) 10개

(                    )

KEY 많이 팔릴수록 적게 남아요.

## 서술형 유형

## 1-1

현수가 갖고 있는 색종이를 색깔별로 조사하여 나타낸 표입니다. 표를 보고 알 수 있는 내용 2가지를 완성해 보시오.

갖고 있는 색종이 수

| 색깔 | 빨간색 | 노란색 | 초록색 | 파란색 | 합계 |
|---|---|---|---|---|---|
| 색종이 수(장) | 21 | 13 | 16 | 18 | 68 |

알 수 있는 내용

(1) ☐ 색종이를 가장 많이 갖고 있습니다.

(2) 파란색 색종이가 초록색 색종이보다 ☐장 더 많습니다.

## 2-1

각 마을에 있는 자동차 수를 조사하여 나타낸 그림그래프입니다. 가 마을과 나 마을에 있는 자동차는 모두 몇 대인지 풀이 과정을 완성하고 답을 구하시오.

각 마을에 있는 자동차 수

| 마을 | 자동차 수 |
|---|---|
| 가 | 🚗🚗🚙🚙🚙🚙🚙🚙 |
| 나 | 🚗🚗🚗🚗🚙 |
| 다 | 🚗🚗🚗🚙🚙🚙🚙 |

🚗 10대 🚙 1대

풀이 가 마을: ☐대, 나 마을: ☐대이므로

모두 ☐ + ☐ = ☐(대)입니다.

답 ☐대

## 1-2

위 **1-1**의 표에서 더 알 수 있는 내용을 2가지 쓰시오.

알 수 있는 내용 1

알 수 있는 내용 2

## 2-2

위 **2-1**의 그림그래프에서 나 마을은 다 마을보다 자동차가 몇 대 더 많은지 풀이 과정을 쓰고 답을 구하시오.

풀이

답

# 단원 유형 평가



점수 /

**[01~02] 학생들이 좋아하는 음료를 조사했습니다. 분류하여 표로 나타내시오.**

좋아하는 음료

| 사과주스 | 포도주스 | 딸기우유 | 사과주스 |
|---|---|---|---|
| 초코우유 | 포도주스 | 초코우유 | 사과주스 |
| 딸기우유 | 딸기우유 | 초코우유 | 딸기우유 |

**01**

좋아하는 음료

| 음료 | 사과 주스 | 포도 주스 | 딸기 우유 | 초코 우유 | 합계 |
|---|---|---|---|---|---|
| 학생 수(명) | | | | | |

**02**

좋아하는 음료

| 음료 | 주스 | 우유 | 합계 |
|---|---|---|---|
| 학생 수(명) | | | |

**[03~05] 각 반별 학생 수를 조사하여 나타낸 그림그래프입니다. 물음에 답하시오.**

반별 학생 수

| 반 | 학생 수 |
|---|---|
| 1 | ▲▲△△ |
| 2 | ▲▲△ |
| 3 | ▲△△△△△△△△ |

▲ 10명
△ 1명

**03** ▲는 몇 명을 나타내고 있습니까?

( )

**04** △는 몇 명을 나타내고 있습니까?

( )

**05** 3반의 학생은 몇 명입니까?

( )

**06** 현지 옷의 종류를 조사하여 나타낸 표입니다. 표를 보고 그림그래프로 나타내시오.

종류별 옷의 수

| 옷 | 윗옷 | 아래옷 | 겉옷 | 합계 |
|---|---|---|---|---|
| 옷 수(벌) | 34 | 26 | 12 | 72 |

종류별 옷의 수

| 옷 | 옷 수 |
|---|---|
| 윗옷 | |
| 아래옷 | |
| 겉옷 | |

(큰 옷) 10벌
(작은 옷) 1벌

**[07~10] 학생들이 좋아하는 도형을 조사하여 나타낸 그림그래프입니다. 물음에 답하시오.**

학생들이 좋아하는 도형

| 도형 | 학생 수 |
|---|---|
| 삼각형 | ♥♥♥♥♥♥ |
| 사각형 | ♥♥♥♥ |
| 원 | (큰 ♥)♥♥ |

(큰 ♥) 10명
♥ 1명

**07** 사각형을 좋아하는 학생은 몇 명입니까?

( )

**08** 가장 많은 학생이 좋아하는 도형은 무엇입니까?

( )

**09** 가장 적은 학생이 좋아하는 도형은 무엇입니까?

( )

**10** 원을 좋아하는 학생은 사각형을 좋아하는 학생의 몇 배입니까?

( )

[11~13] **학생들이 좋아하는 개를 조사하여 나타낸 그림그래프입니다. 물음에 답하시오.**

학생들이 좋아하는 개

| 개 | 학생 수 |
|---|---|
| 진돗개 | 🐶🐶🐕🐕🐕 |
| 삽살개 | 🐶🐕🐕 |
| 풍산개 | 🐶🐕🐕🐕 |

🐶 10명
🐕 1명

**11** 진돗개를 좋아하는 학생은 몇 명입니까?

( )

**12** 좋아하는 학생이 많은 개부터 순서대로 쓰시오.

( )

**13** 진돗개를 좋아하는 학생은 삽살개를 좋아하는 학생보다 몇 명 더 많습니까?

( )

**14** 학생들이 가 보고 싶은 나라를 조사하였습니다. 그림그래프로 나타내시오.

가 보고 싶은 나라

| 나라 | 학생 수 |
|---|---|
| 미국 | |
| 중국 | |
| 일본 | |

◆10명
◇1명

**15** 학생들이 도서관에서 빌린 책의 수를 조사하여 나타낸 그림그래프입니다. 선희가 빌린 책의 수가 10권이고 은지가 빌린 책의 수가 21권일 때 □ 안에 알맞은 수를 써넣으시오.

학생별 빌린 책의 수

| 이름 | 빌린 책의 수 |
|---|---|
| 다솜 | ■■■ |
| 은지 | ■■□ |
| 선희 | ■ |

■ □권
□ □권

**16** 어느 편의점에서 하루 동안 팔린 과자의 수를 조사하여 나타낸 그림그래프입니다. 하루 동안 가장 많이 팔린 과자는 무엇입니까?

하루 동안 팔린 과자의 수

| 과자 | 팔린 과자의 수 |
|---|---|
| A 과자 | (큰 그림 4개) |
| B 과자 | (큰 그림 3개, 작은 그림 4개) |
| C 과자 | (큰 그림 4개, 작은 그림 2개) |

(큰 그림) 10개
(작은 그림) 1개

( )

함정 유형

**17** 마을에서 생산한 솜의 양을 조사하여 나타낸 그림그래프입니다. 가 마을에서 생산한 솜의 양이 100 kg이고 다 마을에서 생산한 솜의 양이 180 kg일 때 □ 안에 알맞은 수를 써넣으시오.

마을별 생산한 솜의 양

| 마을 | 생산한 솜의 양 |
|---|---|
| 가 | ●● |
| 나 | ●●●●○ |
| 다 | ●●●○○○ |
| 라 | ●●○○ |

● □ kg

○ □ kg

함정 유형

**18** 어느 빵 가게에서 하루 동안 팔린 빵의 수를 조사하여 나타낸 그림그래프입니다. 아침에 각각의 빵을 100개씩 만들었을 때 팔린 후에 가장 적게 남은 빵은 무엇입니까?

하루 동안 팔린 빵의 수

| 빵 | 팔린 빵의 수 |
|---|---|
| 식빵 | (10개 그림 4개, 1개 그림 2개) |
| 단팥빵 | (10개 그림 4개, 1개 그림 3개) |
| 피자빵 | (10개 그림 3개, 1개 그림 6개) |

(큰 그림) 10개
(작은 그림) 1개

(                )

서술형

**19** 정수네 학교 3학년 학생들이 좋아하는 과목을 조사하여 나타낸 표입니다. 표를 보고 알 수 있는 내용을 2가지 쓰시오.

좋아하는 과목

| 과목 | 국어 | 수학 | 사회 | 과학 | 합계 |
|---|---|---|---|---|---|
| 학생 수(명) | 56 | 79 | 44 | 55 | 234 |

알 수 있는 내용 1

알 수 있는 내용 2

서술형

**20** 어느 미술관에 전시되어 있는 작품 수를 조사하여 나타낸 그림그래프입니다. 회화 작품은 조각 작품보다 몇 점 더 많이 전시되어 있는지 풀이 과정을 쓰고 답을 구하시오.

미술관에 전시되어 있는 작품

| 종류 | 작품 수 |
|---|---|
| 회화 | ■■■□□□□□ |
| 조각 | ■□□ |
| 판화 | ■■■□□ |

■ 100점
□ 10점

풀이

답

QR 코드를 찍어 단원평가 를 풀어 보세요.

# 유형 해결의 법칙 BOOK 2 QR 활용 안내

## 오답 노트

### 오답노트 저장! 출력!

학습을 마칠 때에는 **오답노트**에 어떤 문제를 틀렸는지 표시해.
나중에 틀린 문제만 모아서 다시 풀면 **실력도 쑥쑥** 늘겠지?

① 오답노트 앱을 설치 후 로그인
② 책 표지의 QR 코드를 스캔하여 내 교재 등록
③ 오답 노트를 작성할 교재 아래에 있는 를 터치하여 문항 번호를 선택하기

틀린 문제는 모르는 채 넘어가지 말자구!

## 모든 문제의 **풀이 동영상 강의 제공**

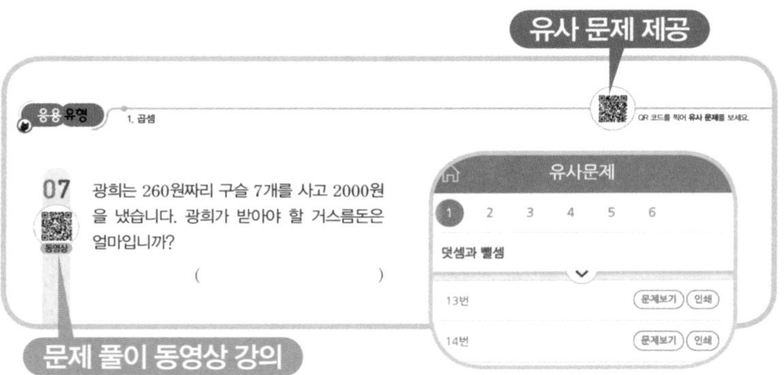


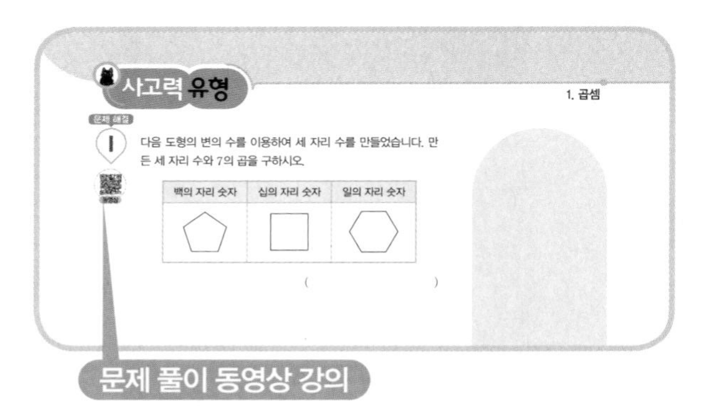

사고력 유형
1. 곱셈
다음 도형의 변의 수를 이용하여 세 자리 수를 만들었습니다. 만든 세 자리 수와 7의 곱을 구하시오.
백의 자리 숫자
십의 자리 숫자
일의 자리 숫자
문제 풀이 동영상 강의


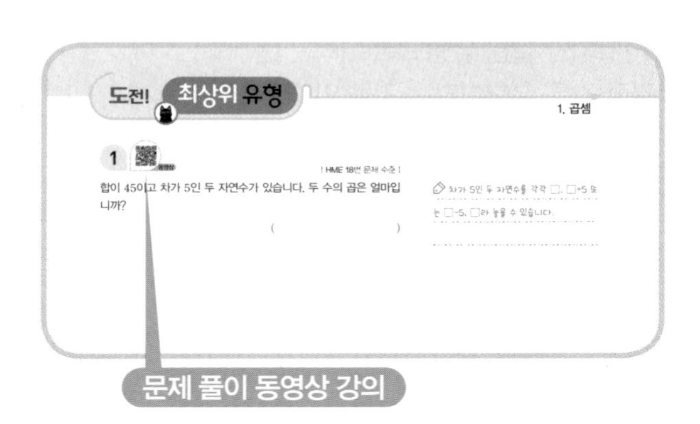

도전! 최상위 유형
1. 곱셈
합이 450이고 차가 5인 두 자연수가 있습니다. 두 수의 곱은 얼마입니까?
문제 풀이 동영상 강의

**Book 2 실력** 난이도 중, 상과 최상위 문제로 구성하였습니다.

## 잘 틀리는 실력 유형

잘 틀리는 실력 유형으로 오답을 피할 수 있도록 연습하고 새 교과서에 나온 활동 유형으로 다른 교과서에 나오는 잘 틀리는 문제를 연습합니다.

동영상 강의 제공

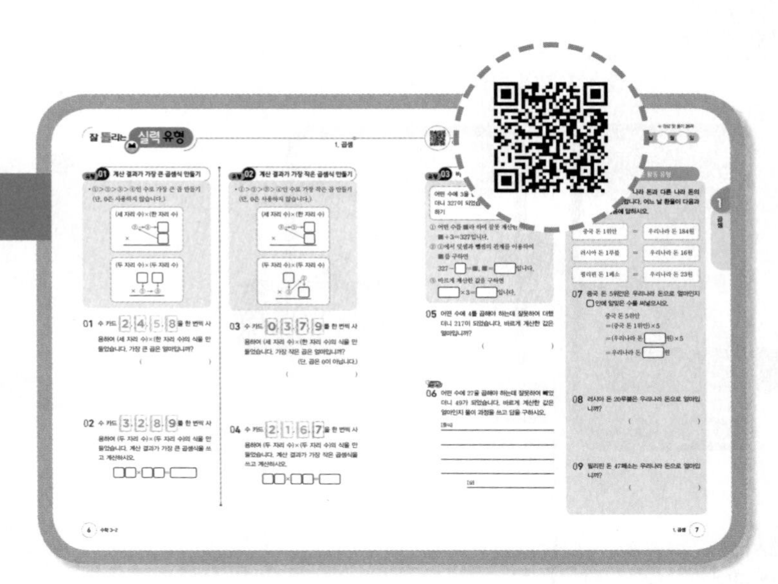

## 다르지만 같은 유형

다르지만 같은 유형으로 어려운 문제도 결국 같은 유형이라는 것을 안다면 쉽게 해결할 수 있습니다.

동영상 강의 제공

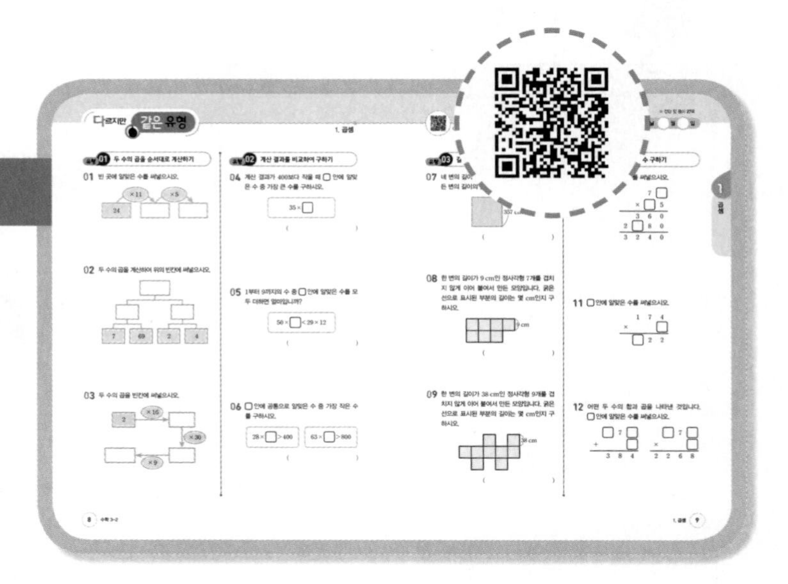

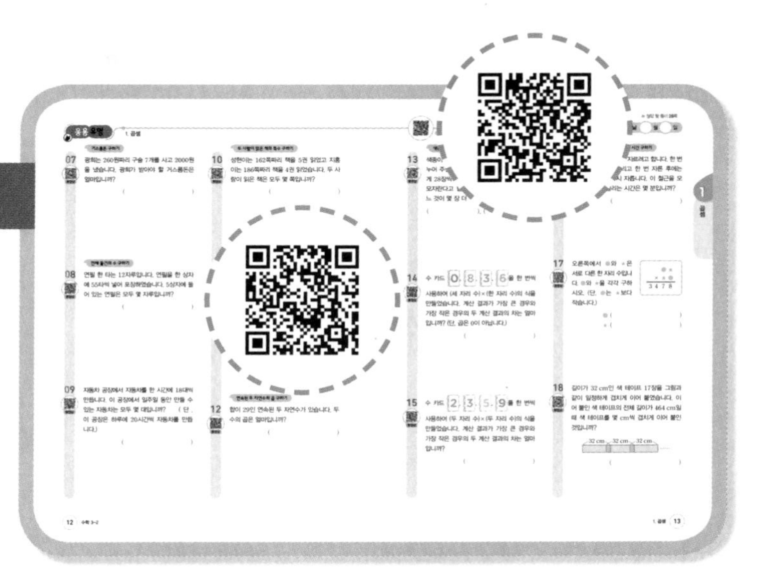

## 응용 유형

응용 유형 문제를 풀면서 어려운 문제도 풀 수 있는 힘을 키워 보세요.

동영상 강의 제공

유사 문제 제공

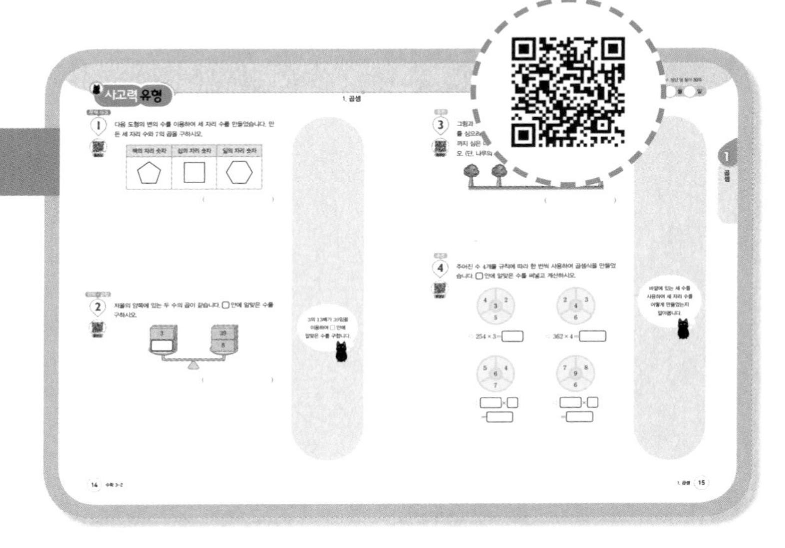

## 사고력 유형

평소 쉽게 접하지 않은 사고력 유형도 연습할 수 있습니다.

동영상 강의 제공

## 최상위 유형

도전! 최상위 유형~ 가장 어려운 최상위 문제를 풀려고 도전해 보세요.

동영상 강의 제공

Book2
차례

# 곱셈

### 학습 계획표

계획표대로 공부했으면 ○표, 못했으면 △표 하세요.

| 내용 | 쪽수 | 날짜 | 확인 |
|---|---|---|---|
| 잘 틀리는 실력 유형 | 6~7쪽 | 월 일 | |
| 다르지만 같은 유형 | 8~9쪽 | 월 일 | |
| 응용 유형 | 10~13쪽 | 월 일 | |
| 사고력 유형 | 14~15쪽 | 월 일 | |
| 최상위 유형 | 16~17쪽 | 월 일 | |

## 유형 01 계산 결과가 가장 큰 곱셈식 만들기

• ①>②>③>④인 수로 가장 큰 곱 만들기
(단, 0은 사용하지 않습니다.)

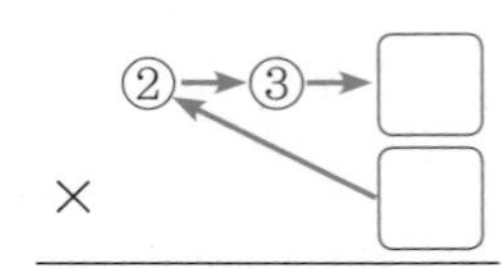


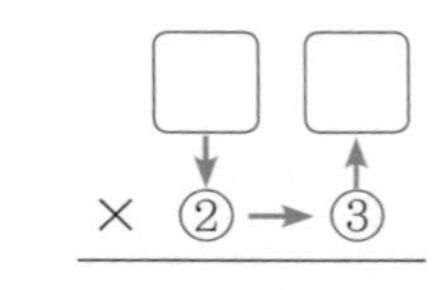


**01** 수 카드 2, 4, 5, 8을 한 번씩 사용하여 (세 자리 수)×(한 자리 수)의 식을 만들었습니다. 가장 큰 곱은 얼마입니까?

(　　　　　　　　)

**02** 수 카드 3, 2, 8, 9를 한 번씩 사용하여 (두 자리 수)×(두 자리 수)의 식을 만들었습니다. 계산 결과가 가장 큰 곱셈식을 쓰고 계산하시오.

## 유형 02 계산 결과가 가장 작은 곱셈식 만들기

• ①>②>③>④인 수로 가장 작은 곱 만들기
(단, 0은 사용하지 않습니다.)

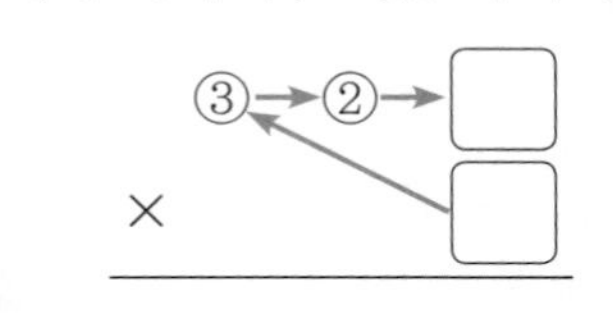


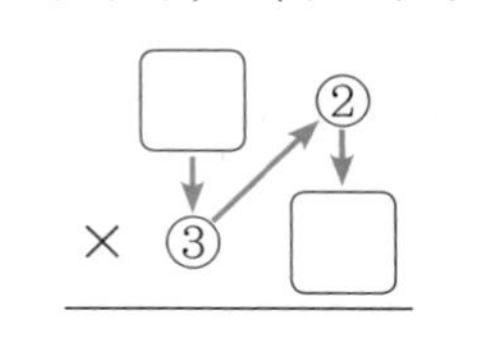


**03** 수 카드 0, 3, 7, 9를 한 번씩 사용하여 (세 자리 수)×(한 자리 수)의 식을 만들었습니다. 가장 작은 곱은 얼마입니까?
(단, 곱은 0이 아닙니다.)

(　　　　　　　　)

**04** 수 카드 2, 1, 6, 7을 한 번씩 사용하여 (두 자리 수)×(두 자리 수)의 식을 만들었습니다. 계산 결과가 가장 작은 곱셈식을 쓰고 계산하시오.

QR 코드를 찍어 **동영상 특강**을 보세요.

공부한 날 월 일

## 유형 03 바르게 계산한 값 구하기

어떤 수에 3을 곱해야 할 것을 잘못하여 더했더니 327이 되었습니다. 바르게 계산한 값 구하기

① 어떤 수를 ■라 하여 잘못 계산한 식을 만들면 ■+3=327입니다.

② ①에서 덧셈과 뺄셈의 관계를 이용하여 ■를 구하면

327−□=■, ■=□입니다.

③ 바르게 계산한 값을 구하면

□×3=□입니다.

**05** 어떤 수에 4를 곱해야 하는데 잘못하여 더했더니 217이 되었습니다. 바르게 계산한 값은 얼마입니까?

( )

서술형

**06** 어떤 수에 27을 곱해야 하는데 잘못하여 빼었더니 49가 되었습니다. 바르게 계산한 값은 얼마인지 풀이 과정을 쓰고 답을 구하시오.

[풀이]

[답]

## 유형 04 새 교과서에 나온 활동 유형

**[07~09]** 환율은 자기 나라 돈과 다른 나라 돈의 교환 비율을 말합니다. 어느 날 환율이 다음과 같을 때 물음에 답하시오.

| 중국 돈 1위안 | = | 우리나라 돈 184원 |
|---|---|---|
| 러시아 돈 1루블 | = | 우리나라 돈 16원 |
| 필리핀 돈 1페소 | = | 우리나라 돈 23원 |

**07** 중국 돈 5위안은 우리나라 돈으로 얼마인지 □ 안에 알맞은 수를 써넣으시오.

중국 돈 5위안
=(중국 돈 1위안)×5
=(우리나라 돈 □원)×5
=우리나라 돈 □원

**08** 러시아 돈 20루블은 우리나라 돈으로 얼마입니까?

( )

**09** 필리핀 돈 47페소는 우리나라 돈으로 얼마입니까?

( )

1 곱셈

## 유형 01 두 수의 곱을 순서대로 계산하기

**01** 빈 곳에 알맞은 수를 써넣으시오.

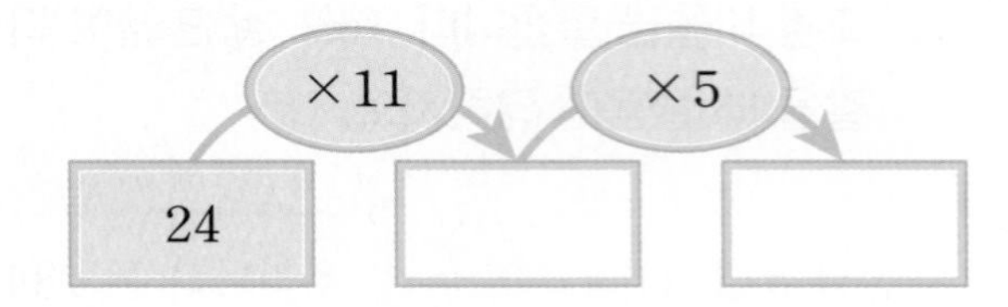


**02** 두 수의 곱을 계산하여 위의 빈칸에 써넣으시오.

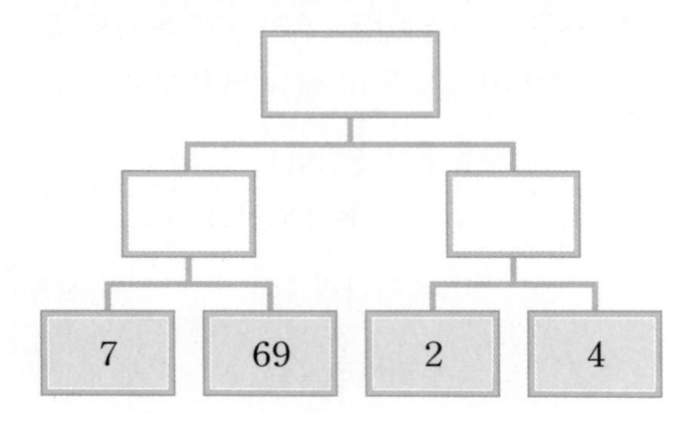


**03** 두 수의 곱을 빈칸에 써넣으시오.

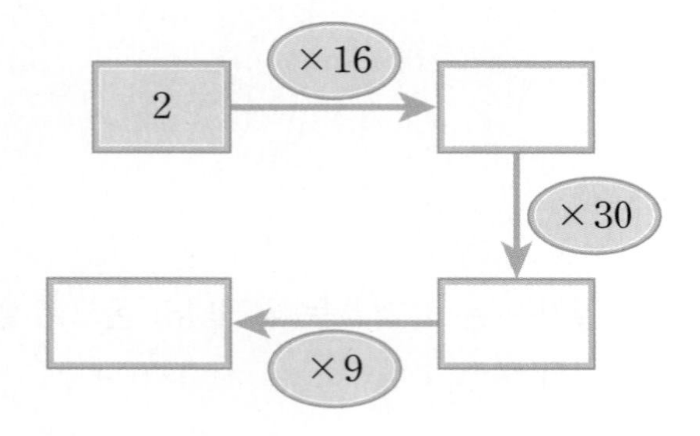


## 유형 02 계산 결과를 비교하여 구하기

**04** 계산 결과가 400보다 작을 때 □ 안에 들어갈 수 있는 수 중 가장 큰 수를 구하시오.

$35 \times \square$

(　　　　　　　　)

**05** 1부터 9까지의 수 중 □ 안에 들어갈 수 있는 수를 모두 더하면 얼마입니까?

$50 \times \square < 29 \times 12$

(　　　　　　　　)

**06** □ 안에 공통으로 들어갈 수 있는 수 중 가장 작은 수를 구하시오.

$28 \times \square > 400$　　$63 \times \square > 800$

(　　　　　　　　)

## 유형 03 길이 구하기

**07** 네 변의 길이가 모두 같은 정사각형입니다. 모든 변의 길이의 합은 몇 cm인지 구하시오.

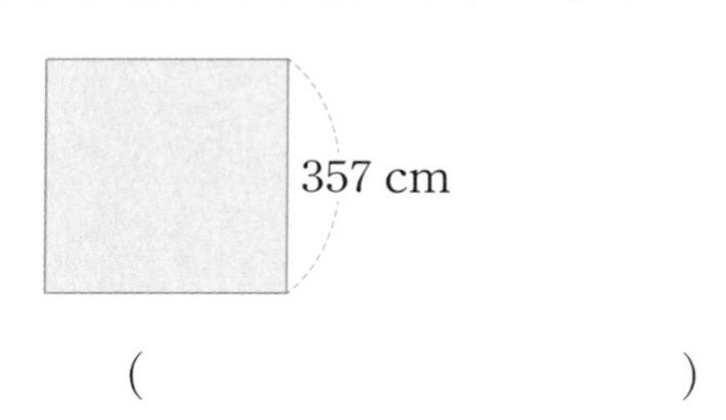


(　　　　　　　　)

**08** 한 변의 길이가 9 cm인 정사각형 7개를 겹치지 않게 이어 붙여서 만든 모양입니다. 굵은 선으로 표시된 부분의 길이는 몇 cm인지 구하시오.

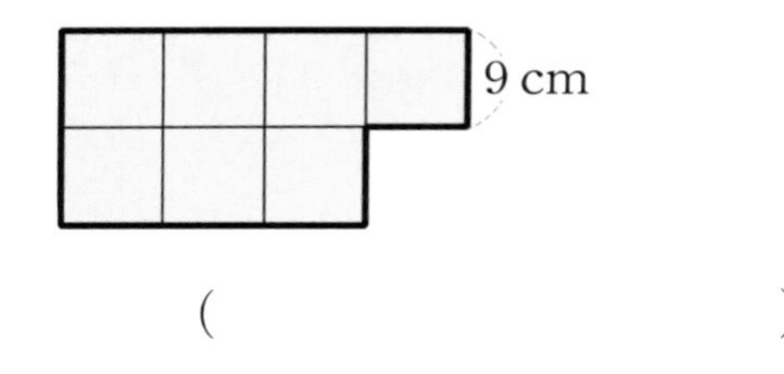


(　　　　　　　　)

**09** 한 변의 길이가 38 cm인 정사각형 9개를 겹치지 않게 이어 붙여서 만든 모양입니다. 굵은 선으로 표시된 부분의 길이는 몇 cm인지 구하시오.

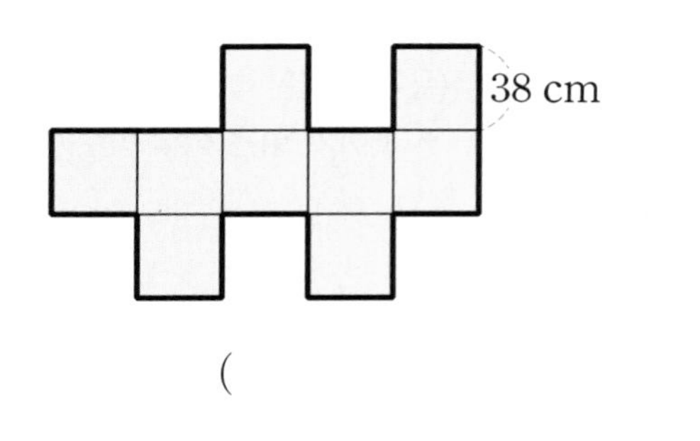


(　　　　　　　　)

## 유형 04 □ 안에 알맞은 수 구하기

**10** □ 안에 알맞은 수를 써넣으시오.

```
      7 □
  ×   □ 5
  -------
    3 6 0
  2 □ 8 0
  -------
  3 2 4 0
```

**11** □ 안에 알맞은 수를 써넣으시오.

```
    1 7 4
  ×     □
  -------
    □ 2 2
```

**12** 어떤 두 수의 합과 곱을 나타낸 것입니다. □ 안에 알맞은 수를 써넣으시오.

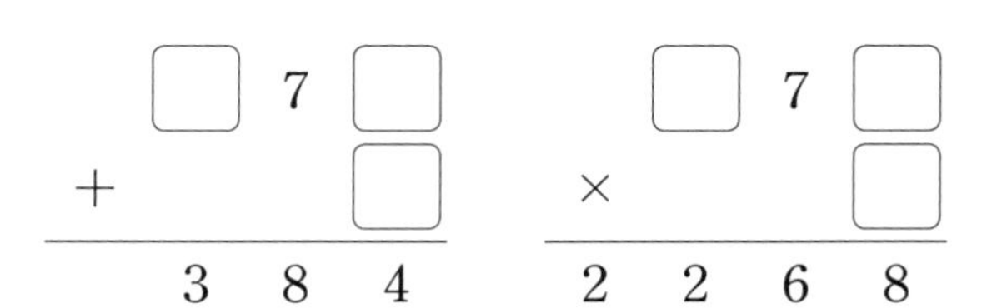

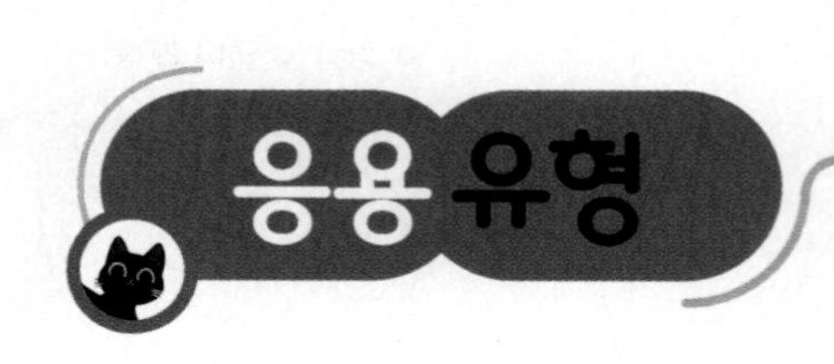




### 거스름돈 구하기

**01** ❶종현이는 350원짜리 색연필 2자루를 사고 / ❷1000원을 냈습니다. 종현이가 받아야 할 거스름돈은 얼마입니까?

(                    )

❶ (색연필 2자루의 값)
=(색연필 1자루의 값)×2
❷ (거스름돈)
=(낸 돈)−(색연필 2자루의 값)

### 전체 물건의 수 구하기

**02** ❶연필 한 타는 12자루입니다. 연필을 한 상자에 40타씩 넣어 포장하였습니다. / ❷3상자에 들어 있는 연필은 모두 몇 자루입니까?

(                    )

❶ (한 상자에 들어 있는 연필 수)
=(연필 한 타의 연필 수)×(타수)
❷ (전체 연필 수)
=(한 상자에 들어 있는 연필 수)
×(상자 수)

### 두 사람이 읽은 책의 쪽수 구하기

**03** ❶은주는 148쪽짜리 책을 3권 읽었고 윤아는 156쪽짜리 책을 2권 읽었습니다. / ❷두 사람이 읽은 책은 모두 몇 쪽입니까?

(                    )

❶ (읽은 책의 쪽수)
=(책 한 권의 쪽수)×(책의 수)
❷ (두 사람이 읽은 책의 쪽수)
=(은주가 읽은 책의 쪽수)
+(윤아가 읽은 책의 쪽수)

### 연속된 두 자연수의 곱 구하기

1, 2, 3……과 같은 수

**04** ❷합이 23인 / ❶연속된 두 자연수가 있습니다. / ❸두 수의 곱은 얼마입니까?

( )

❶ 연속된 두 자연수를 각각 □, □+1이라 합니다.
❷ 두 자연수 □와 □+1의 합이 23입니다.
❸ ❷에서 구한 두 자연수를 곱합니다.

1 곱셈

### 색종이 수와 도화지 수 비교하기

**05** ❶색종이를 한 사람에게 299장씩 4명에게 나누어 주면 9장이 남고, / ❷도화지를 한 사람에게 126장씩 9명에게 나누어 주려면 17장이 모자란다고 합니다. / ❸색종이와 도화지 중 어느 것이 몇 장 더 적은지 차례로 써 보시오.

( ), ( )

❶ 색종이의 수는 한 사람에게 299장씩 4명에게 나누어 주려는 색종이의 수보다 9장 더 많습니다.
❷ 도화지의 수는 한 사람에게 126장씩 9명에게 나누어 주려는 도화지의 수보다 17장 더 적습니다.
❸ 색종이의 수와 도화지의 수를 비교해 봅니다.

### 철근을 모두 자르는 데 걸리는 시간 구하기

**06** ❶긴 철근을 33도막으로 자르려고 합니다. 한 번 자르는 데 12분 걸리고 / ❷한 번 자른 후에는 2분씩 쉰 다음 다시 자릅니다. / ❸이 철근을 모두 자르는 데 걸리는 시간은 몇 분입니까?

( )

❶ (철근을 자르는 횟수)=(도막 수)−1,
(철근을 자르기만 하는 데 걸리는 시간)
=(한 번 자르는 데 걸리는 시간)
×(자르는 횟수)
❷ (쉬는 횟수)=(철근을 자르는 횟수)−1,
(총 쉬는 시간)
=(한 번 자른 후 쉬는 시간)×(쉬는 횟수)
❸ (철근을 모두 자르는 데 걸리는 시간)
=❶+❷

거스름돈 구하기

**07** 광희는 260원짜리 구슬 7개를 사고 2000원을 냈습니다. 광희가 받아야 할 거스름돈은 얼마입니까?

동영상

(　　　　　　　　　　)

전체 물건의 수 구하기

**08** 연필 한 타는 12자루입니다. 연필을 한 상자에 55타씩 넣어 포장하였습니다. 5상자에 들어 있는 연필은 모두 몇 자루입니까?

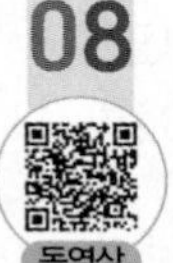

동영상

(　　　　　　　　　　)

**09** 자동차 공장에서 자동차를 한 시간에 18대씩 만듭니다. 이 공장에서 일주일 동안 만들 수 있는 자동차는 모두 몇 대입니까? (단, 이 공장은 하루에 20시간씩 쉬는 날 없이 자동차를 만듭니다.)

동영상

(　　　　　　　　　　)

두 사람이 읽은 책의 쪽수 구하기

**10** 성현이는 162쪽짜리 책을 5권 읽었고 지홍이는 186쪽짜리 책을 4권 읽었습니다. 두 사람이 읽은 책은 모두 몇 쪽입니까?

동영상

(　　　　　　　　　　)

**11** 석희네 반 학생들이 나무를 한 사람당 3그루씩 심었더니 심은 나무는 모두 81그루였습니다. 석희네 반 학생은 몇 명입니까?

동영상

(　　　　　　　　　　)

연속된 두 자연수의 곱 구하기

**12** 합이 29인 연속된 두 자연수가 있습니다. 두 수의 곱은 얼마입니까?

동영상

(　　　　　　　　　　)

QR 코드를 찍어 **유사 문제**를 보세요.

공부한 날 월 일

**색종이 수와 도화지 수 비교하기**

**13** 색종이를 한 사람에게 35장씩 23명에게 나누어 주면 24장이 남고, 도화지를 한 사람에게 28장씩 37명에게 나누어 주려면 12장이 모자란다고 합니다. 색종이와 도화지 중 어느 것이 몇 장 더 적은지 차례로 써 보시오.

동영상

( ), ( )

**14** 수 카드 0, 8, 3, 6을 한 번씩 사용하여 (세 자리 수)×(한 자리 수)의 식을 만들었습니다. 계산 결과가 가장 큰 경우와 가장 작은 경우의 두 계산 결과의 차는 얼마입니까? (단, 곱은 0이 아닙니다.)

동영상

( )

**15** 수 카드 2, 3, 5, 9를 한 번씩 사용하여 (두 자리 수)×(두 자리 수)의 식을 만들었습니다. 계산 결과가 가장 큰 경우와 가장 작은 경우의 두 계산 결과의 차는 얼마입니까?

동영상

( )

**철근을 모두 자르는 데 걸리는 시간 구하기**

**16** 긴 철근을 25도막으로 자르려고 합니다. 한 번 자르는 데 16분 걸리고 한 번 자른 후에는 5분씩 쉰 다음 다시 자릅니다. 이 철근을 모두 자르는 데 걸리는 시간은 몇 분입니까?

동영상

( )

**17** 오른쪽에서 ●와 ★은 서로 다른 한 자리 수입니다. ●와 ★을 각각 구하시오. (단, ●는 ★보다 작습니다.)

동영상

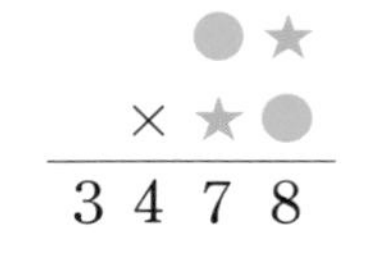


● ( )

★ ( )

**18** 길이가 32 cm인 색 테이프 17장을 그림과 같이 일정하게 겹치게 이어 붙였습니다. 이어 붙인 색 테이프의 전체 길이가 464 cm일 때 색 테이프를 몇 cm씩 겹치게 이어 붙인 것입니까?

동영상

32 cm 32 cm 32 cm ……

( )

1 곱셈

문제 해결

1 다음 도형의 변의 수를 이용하여 세 자리 수를 만들었습니다. 만든 세 자리 수와 7의 곱을 구하시오.

| 백의 자리 숫자 | 십의 자리 숫자 | 일의 자리 숫자 |
|---|---|---|
| (오각형) | (사각형) | (육각형) |

( )

창의 · 융합

2 저울의 양쪽에 있는 두 수의 곱이 같습니다. □ 안에 알맞은 수를 구하시오.

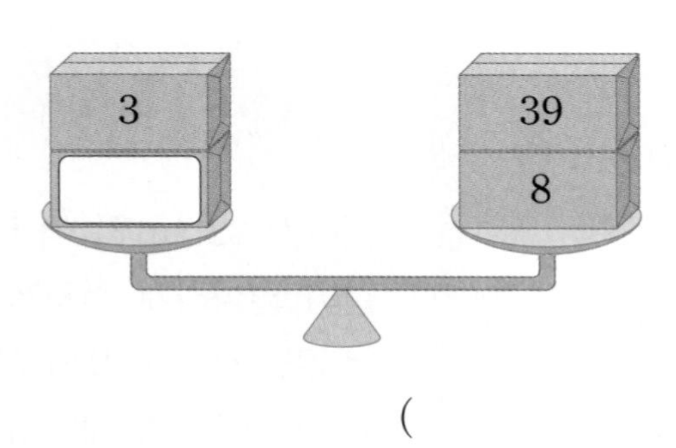


( )

3의 13배가 39임을 이용하여 □ 안에 알맞은 수를 구합니다.

**추론 3**

그림과 같이 도로의 한쪽에 같은 간격으로 처음부터 끝까지 나무를 심으려고 합니다. 나무 사이의 간격이 15 m이고 처음부터 끝까지 심은 나무가 31그루일 때 도로의 길이는 몇 m인지 구하시오. (단, 나무의 두께는 생각하지 않습니다.)

( )

**추론 4**

주어진 수 4개를 규칙에 따라 한 번씩 사용하여 곱셈식을 만들었습니다. □ 안에 알맞은 수를 써넣고 계산하시오.

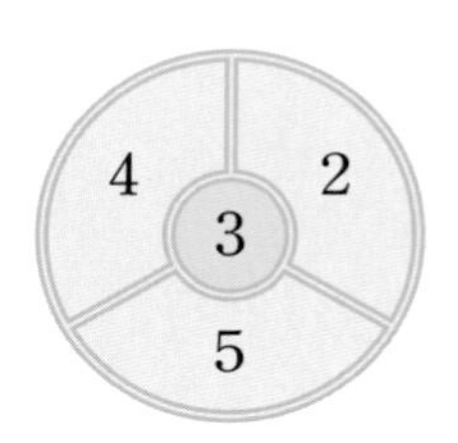



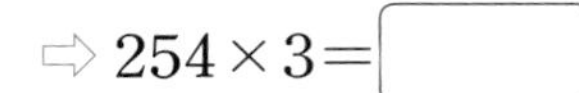

⇨ $254 \times 3 =$ □

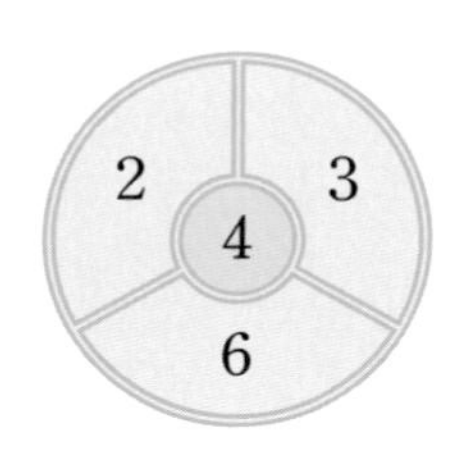



⇨ $362 \times 4 =$ □

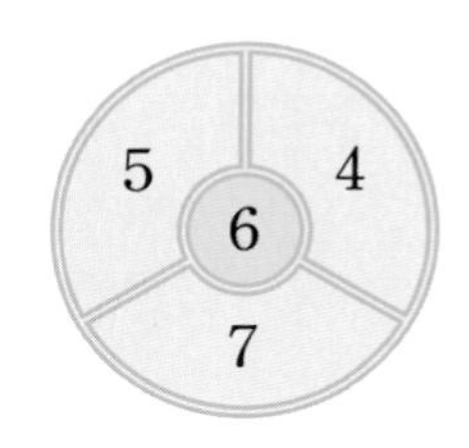



⇨ □ × □ = □

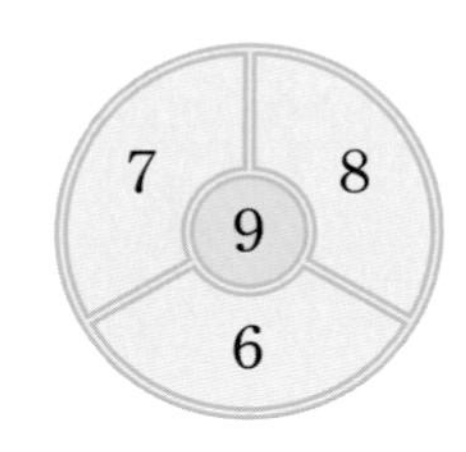



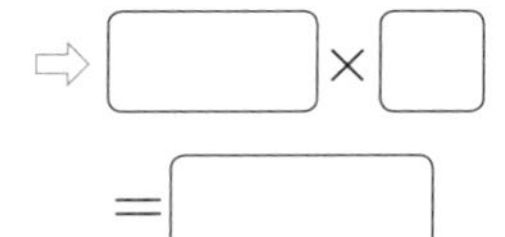

⇨ □ × □ = □

바깥에 있는 세 수를 사용하여 세 자리 수를 어떻게 만들었는지 알아봅니다.

1 곱셈

## 1

동영상

| HME 18번 문제 수준 |

합이 45이고 차가 5인 두 자연수가 있습니다. 두 수의 곱은 얼마입니까?

(　　　　　　　　　　)

차가 5인 두 자연수를 각각 □, □+5 또는 □−5, □라 놓을 수 있습니다.

## 2

동영상

| HME 20번 문제 수준 |

서로 다른 수가 적혀 있는 수 카드 4장이 있습니다. 수 카드를 한 번씩 모두 사용하여 두 자리 수를 2개 만들었습니다. 만든 두 자리 수의 합은 80이고 차는 26입니다. 이 수 카드 4장을 한 번씩 모두 사용하여 (세 자리 수)×(한 자리 수)를 만들었을 때 가장 작은 값을 구하시오.

(　　　　　　　　　　)

## 3

| HME 21번 문제 수준 |

다음 \조건/을 만족하는 ㉠, ㉡에 대하여 ㉠$\times$㉡은 얼마인지 구하시오.

\조건/
- ㉠은 세 자리 수, ㉡은 한 자리 수입니다.
- ㉠은 각 자리 숫자의 합이 15인 가장 큰 수이고 (백의 자리 숫자)$<$(십의 자리 숫자)$<$(일의 자리 숫자) 입니다.
- ㉡은 합이 13이고 곱이 42인 두 수 중 작은 수입니다.

( )



## 4

| HME 22번 문제 수준 |

2, 3, 4……와 같이 1씩 커지는 자연수를 연속된 자연수라고 합니다. 연속된 자연수 29개의 합이 $28 \times 29$입니다. 이 29개의 연속된 자연수 중 가장 큰 수와 가장 작은 수의 곱을 구하시오.

( )

연속된 자연수 29개 중 한가운데 있는 수를 □라 놓고 계산합니다.

## 러시아 농부의 곱셈

우리는 곱셈구구를 외워 곱셈을 합니다.
그런데 누구나 이런 방법으로 곱셈을 하는 것은 아니에요.
곱셈의 여러 가지 다른 방법을 알아볼까요?
러시아 농부들은 곱해지는 수는 반으로 나누고(÷2), 곱하는 수는 2를 곱해(×2) 답을 얻었대요.

35×18을 예로 들어볼까요?

2단원에서 나눗셈을 배워요!

| (÷2) | (×2) |
|---|---|
| *35 | 18 |
| *17 | 36 |
| 8 | 72 |
| 4 | 144 |
| 2 | 288 |
| *1 | 576 |

① 35와 18을 그대로 씁니다.
② 35는 2로 계속 나눕니다. 이때 나머지는 버리고 몫만 씁니다.
(35÷2=17…1 → 17÷2=8…1 → 8÷2=4 → 4÷2=2 → 2÷2=1)
③ 18은 2를 계속 곱합니다.
④ 2로 나누었을 때의 몫이 홀수(35, 17, 1)인 경우 그에 대응하는 수(18, 36, 576)을 찾습니다.
⑤ 찾은 대응하는 수를 모두 더하면 곱셈의 답입니다.
⇨ 18+36+576=630

35×18=630

# 나눗셈

## 학습 계획표

계획표대로 공부했으면 ○표, 못했으면 △표 하세요.

| 내용 | 쪽수 | 날짜 | 확인 |
|---|---|---|---|
| 잘 틀리는 실력 유형 | 20~21쪽 | 월 일 | |
| 다르지만 같은 유형 | 22~23쪽 | 월 일 | |
| 응용 유형 | 24~27쪽 | 월 일 | |
| 사고력 유형 | 28~29쪽 | 월 일 | |
| 최상위 유형 | 30~31쪽 | 월 일 | |

## 유형 01 나누어지는 수 구하기

어떤 수를 4로 나누었더니 몫이 16이고 나머지가 3이 되었을 때 어떤 수 구하기

① 어떤 수를 ■라 하고 나눗셈식 만들기

■÷4=□…3

② 맞게 계산했는지 확인하여 ■ 구하기

[확인] 4×□=□

⇨ □+3=■, ■=□

**01** 어떤 수를 7로 나누었더니 몫이 8이고 나머지가 5가 되었습니다. 어떤 수는 얼마입니까?

(　　　　　　　)

**02** 어떤 수를 3으로 나누었더니 몫이 25이고 나머지가 2가 되었습니다. 어떤 수는 얼마입니까?

(　　　　　　　)

**03** 초콜릿을 한 명에게 6개씩 나누어 주었더니 13명에게 나누어 주고 2개가 남았습니다. 나누어 주기 전의 초콜릿은 몇 개입니까?

(　　　　　　　)

## 유형 02 나누어떨어지는 나눗셈

오른쪽 나눗셈이 나누어떨어질 때 ■에 알맞은 수 구하기

$$\begin{array}{r} 1\,▲ \\ 7\overline{)8\,■} \\ 7\phantom{\,■} \\ \hline 1\,■ \end{array}$$

① 나누는 수와 몫으로 곱셈식 만들기

7×1=7, 7×▲=1■

② ▲와 ■에 알맞은 수 구하기

7×□=14, 7×□=21

⇨ ▲=□, ■=□

**[04~05]** 다음 나눗셈을 나누어떨어지게 하려고 합니다. 0부터 9까지의 수 중 □ 안에 들어갈 수 있는 수를 모두 구하시오.

**04** $6\overline{)8\square}$

(　　　　　　　)

**05** $4\overline{)7\square}$

(　　　　　　　)

**06** 오른쪽 나눗셈을 나누어떨어지게 하려고 합니다. 0부터 9까지의 수 중 □ 안에 들어갈 수 있는 수는 모두 몇 개입니까?

8□÷3

(　　　　　　　)

QR 코드를 찍어 **동영상 특강**을 보세요.

공부한 날 월 일

## 유형 03 □ 안에 알맞은 수 구하기

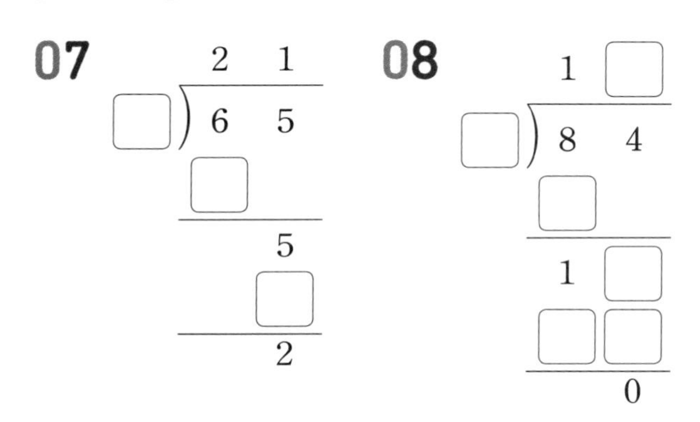

오른쪽 나눗셈에서 □ 안에 알맞은 수 구하기

① ㉠에 알맞은 수 구하기

㉠×1=4 ⇨ ㉠=□

② ㉡, ㉢에 알맞은 수 구하기

㉠×3=㉡㉢, 12−㉡㉢=0

⇨ ㉡=□, ㉢=□

[07~08] □ 안에 알맞은 수를 써넣으시오.

**07**

**08**

**09** □ 안에 알맞은 수를 써넣으시오.

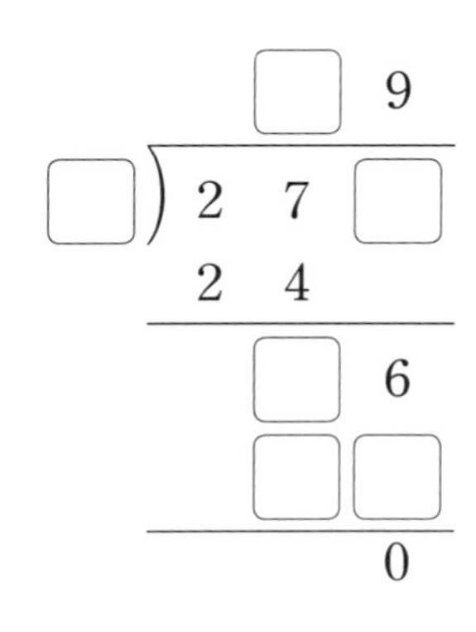

## 유형 04 새 교과서에 나온 활동 유형

**[10~12]** 올해 개천절은 화요일, 한글날은 월요일입니다. 내년은 4년마다 한 번씩 돌아오는 윤년이라서 2월이 29일까지 있을 때 물음에 답하시오.

10월

| 일 | 월 | 화 | 수 | 목 | 금 | 토 |
|---|---|---|---|---|---|---|
| 1 | 2 | 3 | 4 | 5 | 6 | 7 |
| 8 | 9 | 10 | 11 | 12 | 13 | 14 |
| 15 | 16 | 17 | 18 | 19 | 20 | 21 |
| 22 | 23 | 24 | 25 | 26 | 27 | 28 |
| 29 | 30 | 31 | | | | |

**10** 내년 한글날은 무슨 요일인지 구하시오.

( )

**11** 작년 한글날은 무슨 요일이었는지 구하시오.

( )

**12** 내후년(→ 2년 뒤) 개천절은 무슨 요일인지 구하시오.

( )

2 나눗셈

## 유형 01 길이 구하기

**01** 수직선을 똑같은 간격으로 나누었습니다. 작은 눈금 한 칸의 길이는 몇 cm입니까?

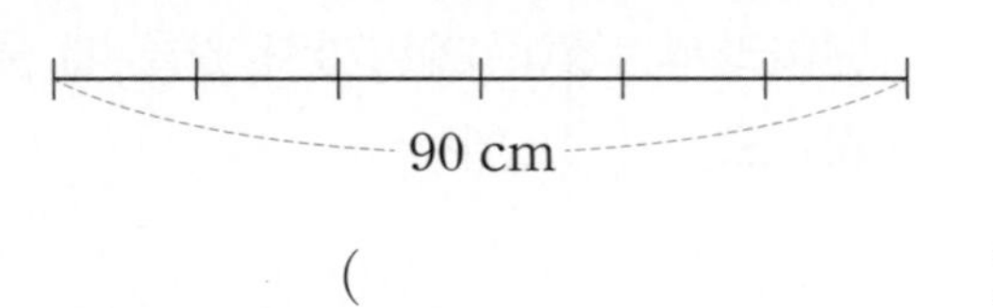


( )

**02** 둘레가 78 m인 둥근 호수의 가장자리를 따라 6 m 간격으로 가로등을 세우려고 합니다. 필요한 가로등은 몇 개입니까? (단, 가로등의 두께는 생각하지 않습니다.)

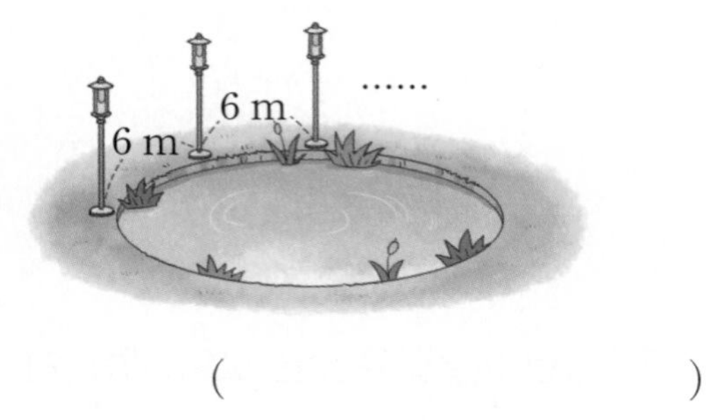


( )

**03** 길이가 288 cm인 색 테이프를 남는 것 없이 모두 사용하여 그림과 같이 크기가 같은 정사각형을 3개 만들었습니다. 만든 정사각형의 한 변의 길이는 몇 cm입니까?

( )

## 유형 02 몫의 활용(1)

**04** 굴비는 20마리를 묶어 한 두름이라고 합니다. 굴비 3두름을 2명이 똑같이 나누어 가지려고 합니다. 한 명이 굴비를 몇 마리씩 가질 수 있습니까?

( )

**05** 곶감이 10개씩 묶음 8개와 낱개 4개가 있습니다. 이 곶감을 한 상자에 3개씩 옮겨 담으려면 필요한 상자는 모두 몇 상자입니까?

( )

**06** 머리띠를 한 개 만드는 데 보석이 4개 필요합니다. 보석 94개로 머리띠를 몇 개까지 만들 수 있습니까?

( )

**07** 연필 16타를 학생 5명에게 최대한 많은 수로 똑같이 나누어 주려고 합니다. 학생 한 명이 가지는 연필은 몇 자루입니까? (단, 연필 1타는 12자루입니다.)

( )

QR 코드를 찍어 **동영상 특강**을 보세요.

## 유형 03 나누어떨어지게 하는 수 구하기

**08** 나눗셈식을 보고 2부터 9까지의 수 중 56을 나누어떨어지게 하는 수를 모두 찾아 쓰시오.

| | |
|---|---|
| $56 \div 2 = 28$ | $56 \div 3 = 18 \cdots 2$ |
| $56 \div 4 = 14$ | $56 \div 5 = 11 \cdots 1$ |
| $56 \div 6 = 9 \cdots 2$ | $56 \div 7 = 8$ |
| $56 \div 8 = 7$ | $56 \div 9 = 6 \cdots 2$ |

( )

**09** 나눗셈을 계산하고, 3부터 6까지의 수 중 204를 나누어떨어지게 하는 수를 모두 찾아 쓰시오.

| | |
|---|---|
| $204 \div 3$ | $204 \div 4$ |
| $204 \div 5$ | $204 \div 6$ |

( )

서술형

**10** 5부터 9까지의 수 중 84를 나누어떨어지게 하는 수를 모두 구하려고 합니다. 풀이 과정을 쓰고 답을 구하시오.

[풀이]

[답]

## 유형 04 몫의 활용(2)

**11** 길이가 80 m인 곧게 뻗은 도로의 한쪽에 처음부터 끝까지 5 m 간격으로 가로등을 세우려고 합니다. 필요한 가로등은 모두 몇 개입니까? (단, 가로등의 두께는 생각하지 않습니다.)

( )

**12** 필통 한 개에 연필을 6자루씩 넣을 수 있습니다. 연필 93자루를 필통에 남는 것 없이 모두 넣으려면 필통은 최소한 몇 개 필요합니까?

( )

서술형

**13** 140쪽짜리 동화책과 176쪽짜리 위인전이 있습니다. 책에 상관없이 하루에 8쪽씩 읽는다면 동화책과 위인전을 모두 읽는 데 최소한 며칠이 걸리는지 풀이 과정을 쓰고 답을 구하시오.

[풀이]

[답]

2 나눗셈

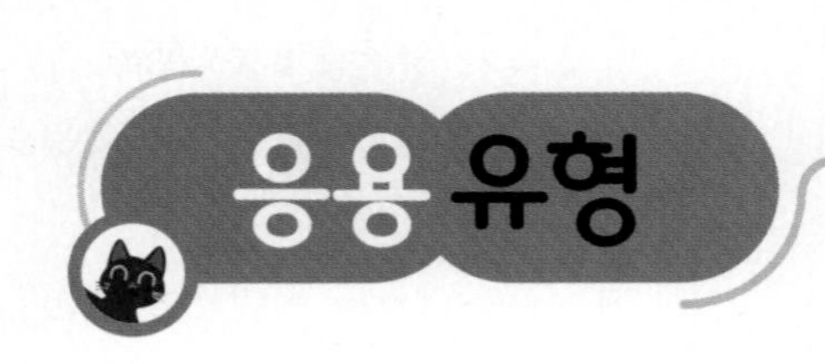



### 몫이 가장 큰 나눗셈식 만들기

**01** ❶수 카드 2, 5, 9 중 2장을 골라 한 번씩 사용하여 두 자리 수를 만들었습니다. / ❷만든 수를 남은 한 장의 수로 나누었을 때 / ❸나올 수 있는 가장 큰 몫은 얼마입니까?

(　　　　　　　　)

❶ 만들 수 있는 두 자리 수는 □□입니다.
❷ ❶에서 만든 두 자리 수를 남은 카드의 수로 나눕니다.
❸ 나눗셈의 몫이 크려면 나누어지는 수는 크게, 나누는 수는 작게 만들어야 합니다.

### 물건을 다시 나누어 담기

**02** ❶수건이 한 상자에 7장씩 들어 있습니다. 4상자에 들어 있는 수건을 / ❷한 상자에 2장씩 다시 담으려면 / ❸더 필요한 상자는 최소한 몇 상자입니까?

(　　　　　　　　)

❶ (전체 수건의 수)
=(한 상자에 들어 있는 수건의 수)
×(상자 수)
❷ (필요한 상자 수)
=(전체 수건의 수)
÷(한 상자에 담는 수건의 수)
❸ 처음에 4상자가 있었습니다.

### 어떤 수를 구하여 바르게 계산하기

**03** ❷어떤 수를 9로 나누어야 할 것을 / ❶잘못하여 3으로 나누었더니 몫이 37이고 나머지가 2가 되었습니다. / ❷바르게 계산했을 때의 몫과 나머지를 각각 구하시오.

몫 (　　　　　　), 나머지 (　　　　　　)

❶ 잘못 계산한 식에서 맞게 계산했는지 확인하는 식을 이용하여 어떤 수를 구합니다.
❷ 바른 계산을 하여 몫과 나머지를 구합니다.

## 다리 수를 이용하여 곤충 수 구하기

**04** ❶장수풍뎅이와 사마귀의 다리가 모두 78개입니다. / ❷이 중에서 장수풍뎅이의 다리가 18쌍이라면 / ❸사마귀는 몇 마리입니까? (단, ❸장수풍뎅이와 사마귀는 다리가 각각 3쌍씩이고, / ❶다리 한 쌍은 다리가 2개입니다.)

( )

❶ (전체 곤충의 다리 쌍의 수)
=(전체 다리 수)÷(한 쌍의 다리 수)
❷ (전체 사마귀의 다리 쌍의 수)
=(전체 곤충의 다리 쌍의 수)
−(전체 장수풍뎅이의 다리 쌍의 수)
❸ (사마귀 수)
=(전체 사마귀의 다리 쌍의 수)
÷(사마귀 한 마리의 다리 쌍의 수)

## 필요한 타일 수 구하기

**05** ❶직사각형 모양의 벽에 한 변의 길이가 5 cm인 정사각형 모양의 타일을 겹치지 않게 이어 붙이려고 합니다. / ❷필요한 타일은 모두 몇 장입니까?

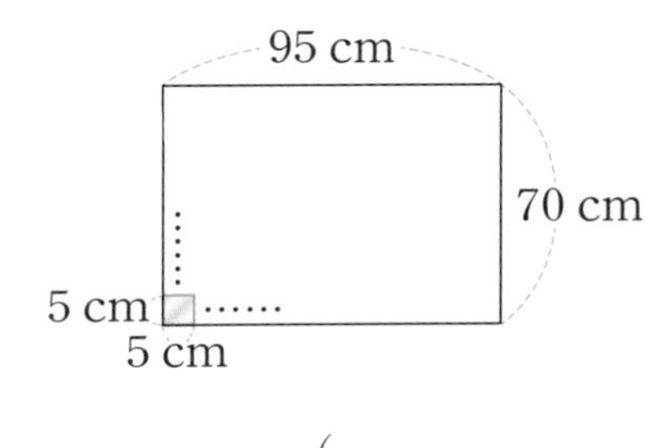


( )

❶ (벽의 가로 한 줄에 붙일 수 있는 타일 수)
=(벽의 가로)÷(타일의 한 변의 길이)
(타일의 세로 줄 수)
=(벽의 세로)÷(타일의 한 변의 길이)
❷ (필요한 타일 수)
=(벽의 가로 한 줄에 붙일 수 있는 타일 수)
×(타일의 세로 줄 수)

## 수 카드로 나눗셈식 만들기

**06** ❶수 카드 2, 3, 7 을 한 번씩 모두 사용하여 다음 나눗셈식을 완성하려고 합니다. / ❷□ 안에 알맞은 수를 써넣으시오.

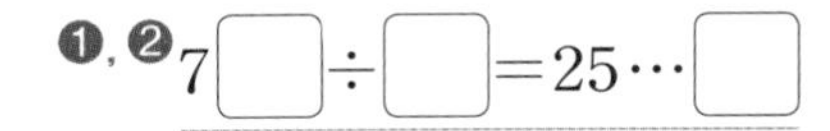


❶ 나머지는 나누는 수보다 작아야 하므로 나누는 수의 자리에는 가장 작은 수가 들어갈 수 없고, 나머지의 자리에는 가장 큰 수가 들어갈 수 없습니다.
❷ 나누는 수 또는 나머지에 수를 하나씩 넣어 식이 맞는지 알아봅니다.

**07** 길이가 96 cm인 철사를 두 도막으로 똑같이 나누고, 그중 한 도막을 모두 사용하여 가장 큰 정사각형 하나를 만들었습니다. 만든 정사각형의 한 변의 길이는 몇 cm입니까?

( )

몫이 가장 큰 나눗셈식 만들기

**08** 

수 카드 3, 6, 7 중 2장을 골라 한 번씩 사용하여 두 자리 수를 만들었습니다. 만든 수를 남은 한 장의 수로 나누었을 때 나올 수 있는 가장 큰 몫은 얼마입니까?

( )

물건을 다시 나누어 담기

**09** 인형이 한 상자에 8개씩 들어 있습니다. 9상자에 들어 있는 인형을 한 상자에 6개씩 다시 담으려면 더 필요한 상자는 최소한 몇 상자입니까?

( )

**10** 길이가 84 m인 곧게 뻗은 산책로의 양쪽에 처음부터 끝까지 4 m 간격으로 가로수를 심으려고 합니다. 필요한 가로수는 모두 몇 그루입니까? (단, 가로수의 두께는 생각하지 않습니다.)

( )

어떤 수를 구하여 바르게 계산하기

**11** 어떤 수를 7로 나누어야 할 것을 잘못하여 3으로 나누었더니 몫이 54이고, 나머지가 2가 되었습니다. 바르게 계산했을 때의 몫과 나머지를 각각 구하시오.

몫 ( ), 나머지 ( )

**12** 

당근이 한 봉지에 6개씩 들어 있습니다. 16봉지에 들어 있는 당근을 토끼에게 남지 않게 똑같이 나누어 주려고 합니다. 토끼 몇 마리에게 당근을 나누어 줄 수 있는지 모두 구하시오. (단, 토끼 수는 5마리부터 9마리까지입니다.)

( )

QR 코드를 찍어 **유사 문제**를 보세요.



**다리 수를 이용하여 곤충 수 구하기**

**13** 동영상

장수하늘소와 무당벌레의 다리가 모두 96개입니다. 이 중에서 장수하늘소의 다리가 12쌍이라면 무당벌레는 몇 마리입니까?
(단, 장수하늘소와 무당벌레는 다리가 각각 3쌍씩이고, 다리 한 쌍은 다리가 2개입니다.)

( )

**필요한 타일 수 구하기**

**14**  동영상

다음과 같은 직사각형 모양의 벽에 한 변의 길이가 4 cm인 정사각형 모양의 타일을 겹치지 않게 이어 붙이려고 합니다. 필요한 타일은 모두 몇 장입니까?

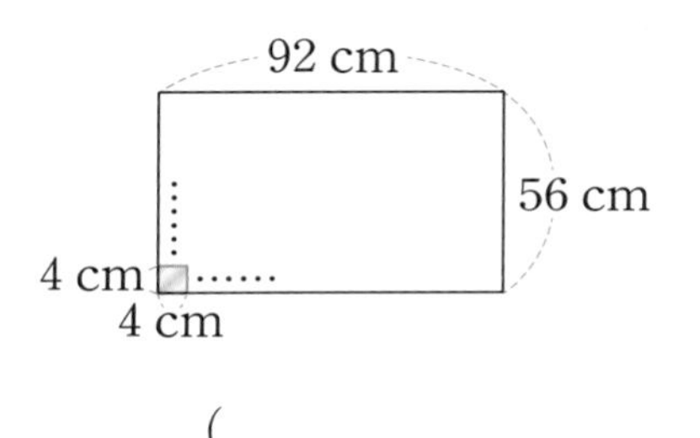


( )

**15** 동영상

오른쪽 나눗셈에서 ㉠에 들어갈 수 있는 수를 모두 구하시오.

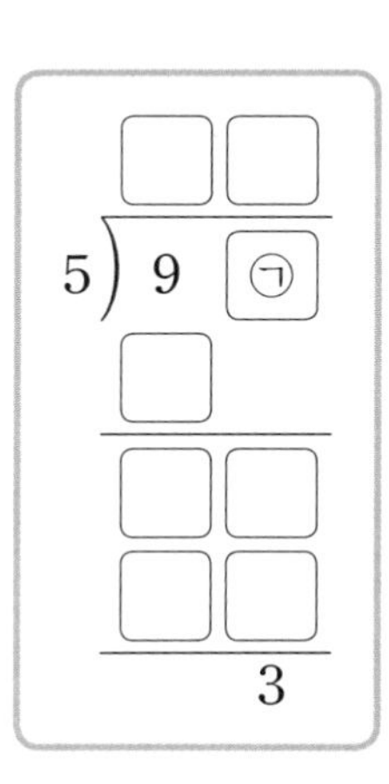


( )

**16**  동영상

어떤 세 자리 수를 9로 나누었더니 몫이 47이었습니다. 어떤 세 자리 수 중 가장 작은 수와 가장 큰 수의 합은 얼마입니까?

( )

**수 카드로 나눗셈식 만들기**

**17** 동영상

수 카드 1, 3, 4를 한 번씩 모두 사용하여 다음 나눗셈식을 완성하려고 합니다. □ 안에 알맞은 수를 써넣으시오.

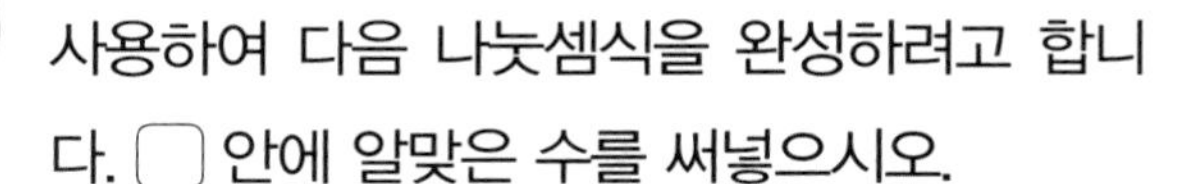

7□÷□=17…□

**18** 동영상

부산역에서는 아침 8시부터 4분마다 안내 방송이 나옵니다. 아침 8시 정각에 부산역에 도착한다면, 동대구역으로 가는 기차가 출발할 때까지 안내 방송을 몇 번 들을 수 있습니까?

열차 시간표 현재 시각 08:00

| 출발지 | 도착지 | 출발 시각 | 도착 시각 |
|---|---|---|---|
| 부산역 | 동대구역 | 10:36 | 11:24 |
| 부산역 | 서울역 | 09:25 | 12:35 |

( )

2 나눗셈

## 사고력 유형

코딩

**1** 시작에 어떤 수를 넣었을 때 나오는 몫은 67이고 나머지는 3입니다. 어떤 수를 구하시오.

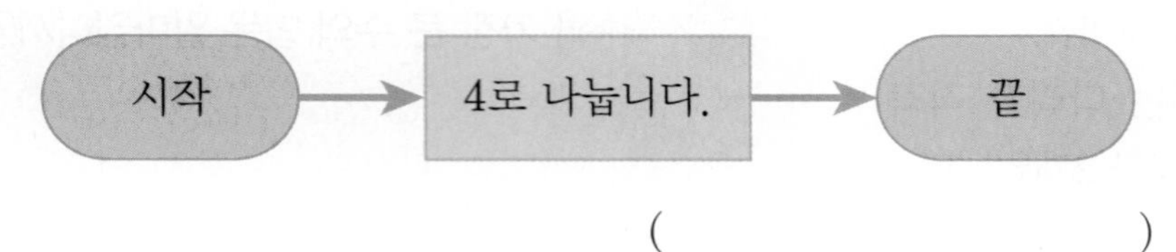


(                    )

창의・융합

**2** 상혁이는 가지고 있는 끈을 남는 것 없이 모두 사용하여 세 변의 길이가 모두 같은 삼각형을 1개 만들었고 같은 길이의 끈을 사용하여 정사각형을 1개 만들었습니다. 만든 삼각형의 한 변의 길이가 24 cm일 때 만든 정사각형의 한 변의 길이는 몇 cm인지 구하시오.

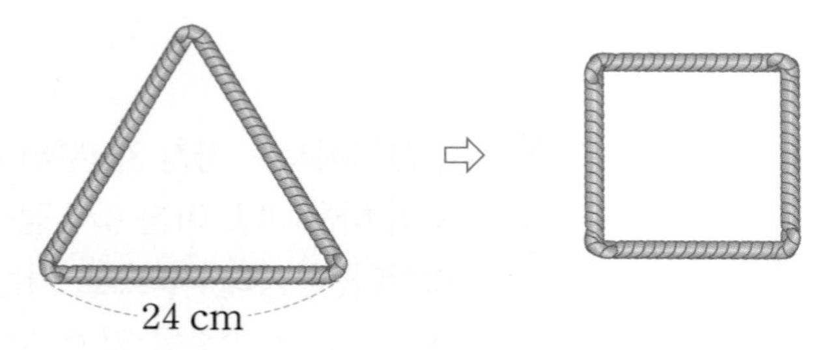


만든 정사각형의 네 변의 길이의 합은 만든 삼각형의 세 변의 길이의 합과 같아!

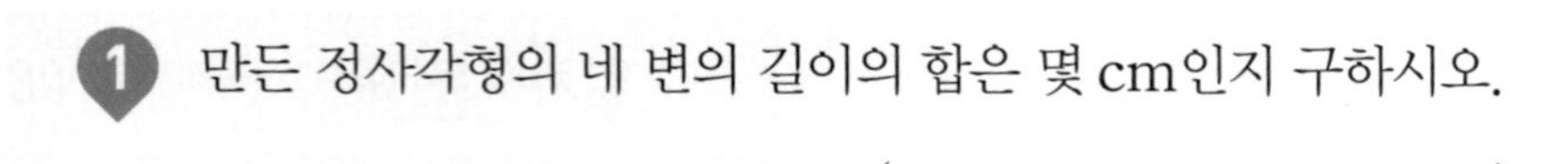

❶ 만든 정사각형의 네 변의 길이의 합은 몇 cm인지 구하시오.

(                    )

❷ 만든 정사각형의 한 변의 길이는 몇 cm인지 구하시오.

(                    )

문제 해결

### 3

과일 수가 다음과 같을 때 바구니에 똑같이 나누어 담았습니다. 물음에 답하시오.

**1** 귤을 바구니 3개에 똑같이 나누어 담았습니다. 나눗셈식을 완성하고, 바구니 1개에 담은 귤 수를 구하시오.

[나눗셈식] 48÷□=□

⇨ (바구니 1개에 담은 귤 수)=□개

**2** 사과를 바구니 4개에 똑같이 나누어 담았습니다. 나눗셈식을 완성하고, 바구니 1개에 담은 사과 수와 바구니에 담지 못한 사과 수를 각각 구하시오.

[나눗셈식] 70÷□=□…□

⇨ (바구니 1개에 담은 사과 수)=□개

(바구니에 담지 못한 사과 수)=□개

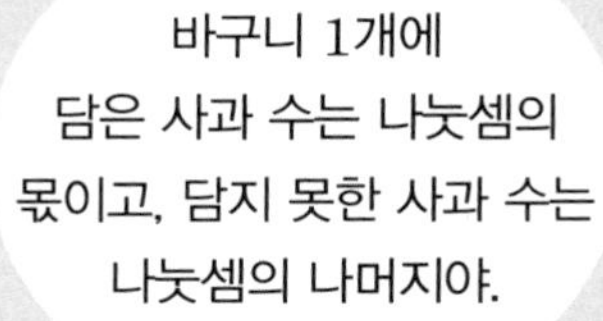

바구니 1개에
담은 사과 수는 나눗셈의
몫이고, 담지 못한 사과 수는
나눗셈의 나머지야.

**3** 배를 바구니 7개에 똑같이 나누어 담았습니다. 남는 것 없이 바구니 7개에 같은 수의 배를 담으려고 할 때 나눗셈식을 완성하고, 더 필요한 최소한의 배 수를 구하시오.

[나눗셈식] 369÷□=□…□

⇨ (더 필요한 최소한의 배 수)=□개

## 1

동영상

| HME 20번 문제 수준 |

1부터 9까지의 수를 일정한 규칙으로 수를 늘어놓았습니다. 385번째에 놓일 수를 구하시오.

8 5 4 6 9 2 3 7 1 8
5 4 6 9 2 3 7 1 8 5
4 6 9 2 3 7 1 ……

(                    )

## 2

동영상

| HME 22번 문제 수준 |

두 자리 수 중 6으로 나누었을 때 나머지가 3인 수는 ㉠개, 세 자리 수 중 7로 나누었을 때 나머지가 4인 수는 ㉡개입니다. ㉠+㉡은 얼마인지 구하시오.

(                    )

두 자리 수는 10부터 99까지이고
세 자리 수는 100부터 999까지이므로
나눗셈식을 세워서 구합니다.

## 3

| HME 23번 문제 수준 |

수 카드 4장 중 3장을 골라 한 번씩 사용하여 (두 자리 수)÷(한 자리 수)의 나눗셈을 만들었습니다. 만든 나눗셈 중 나누어떨어지는 경우는 모두 몇 개인지 구하시오.

( )

## 4

| HME 24번 문제 수준 |

[㉮]는 ㉮를 5로 나누었을 때의 나머지, 〈㉮〉는 ㉮를 3으로 나누었을 때의 나머지입니다. 다음 값을 구하시오.

$[50]+\langle 51\rangle+[52]+\langle 53\rangle\cdots\cdots\langle 121\rangle+[122]+\langle 123\rangle+[124]$

( )

[㉮]끼리 계산하여 규칙을 찾고 〈㉮〉끼리 계산하여 규칙을 찾습니다.

## '구거법'을 아시나요?

옛날 인도 아라비아 사람들은 '구거법'으로 확인을 했대요.
'구거법'이 무엇인지 자세히 알아볼까요?
'구거법'은 한자로 '九(아홉 구) 去(버릴 거) 法(법 법)'이에요.
말 그대로 9를 버리고 남은 수로 계산하는 방법이지요.

4532－2978＝1554를 예로 들어 볼게요.
4, 5, 3, 2를 모두 더하면 14, 이 수의 각 자리의 숫자를 또 더하면 1＋4＝5입니다.
이 5를 검사수라고 하죠.
뒤의 숫자 2, 9, 7, 8을 모두 더하면 26, 2＋6＝8, 즉 검사수는 8입니다.
검사수끼리 빼면 5－8은 계산할 수 없죠?
이렇게 계산할 수 없을 때에는 두 수의 차인 3을 기준이 되는 9에서 또 뺍니다.
9－3＝6
자, 답의 검사수를 구해 볼까요?
1, 5, 5, 4도 모두 더하면 15, 1＋5＝6, 검사수는 6입니다.
계산식의 검사수 6과 답의 검사수 6이 똑같으므로 계산을 바르게 한 것이랍니다.

나눗셈을 맞게 계산했는지 확인하는 방법은 어떻게 할까요?
87÷6＝14…3을 맞게 계산했는지 구거법으로 확인하면
14의 검사수는 5이므로 6×5＝30 ⇨ 30＋3＝33이고
33의 검사수는 6이지요.
8, 7을 더하면 8＋7＝15, 1＋5＝6입니다.
87의 검사수도 6이므로 바르게 계산했어요.

# 3 원

## 학습 계획표

계획표대로 공부했으면 ○표, 못했으면 △표 하세요.

| 내용 | 쪽수 | 날짜 | 확인 |
| --- | --- | --- | --- |
| 잘 틀리는 실력 유형 | 34~35쪽 | 월 일 | |
| 다르지만 같은 유형 | 36~37쪽 | 월 일 | |
| 응용 유형 | 38~41쪽 | 월 일 | |
| 사고력 유형 | 42~43쪽 | 월 일 | |
| 최상위 유형 | 44~45쪽 | 월 일 | |

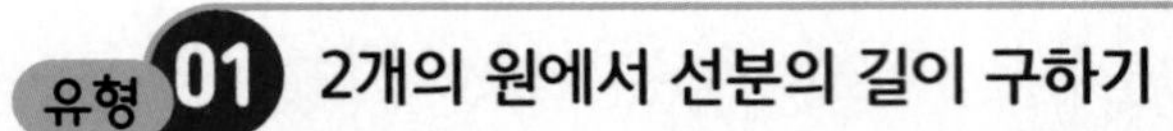




## 유형 01 2개의 원에서 선분의 길이 구하기

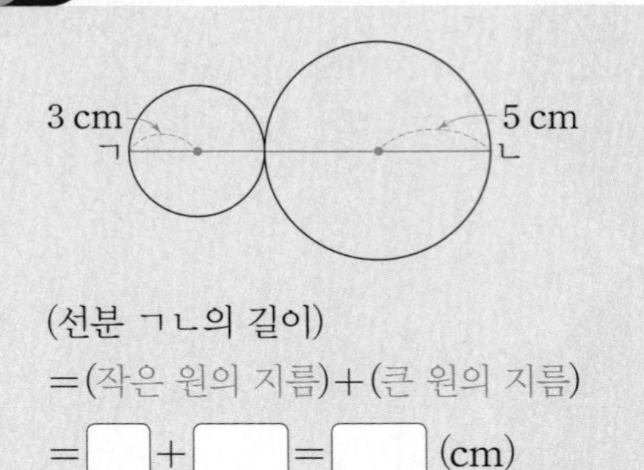


(선분 ㄱㄴ의 길이)

=(작은 원의 지름)+(큰 원의 지름)

=☐+☐=☐ (cm)

[01~03] 선분 ㄱㄴ의 길이는 몇 cm인지 구하시오.

**01**

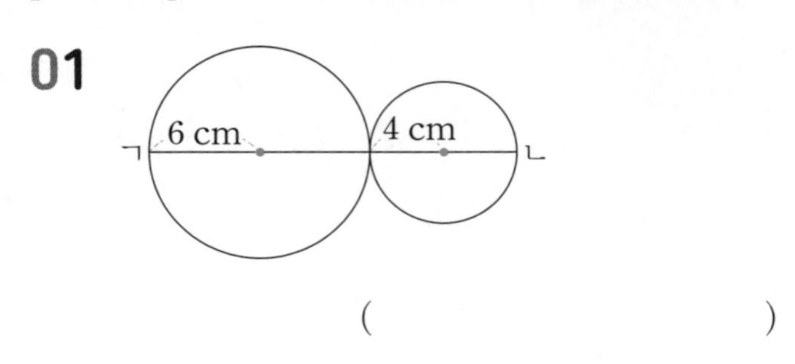


(                    )

**02**

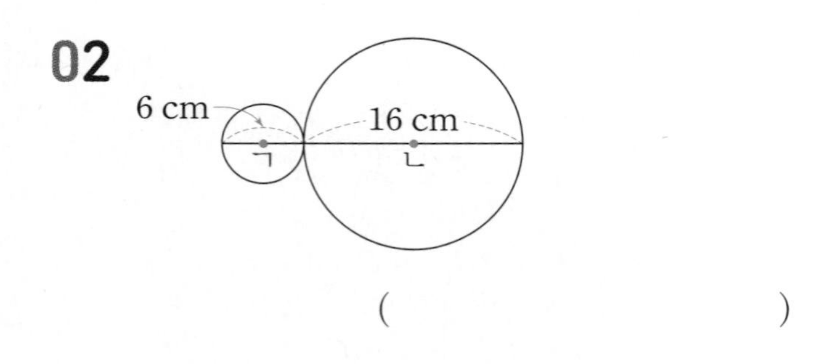


(                    )

**03**

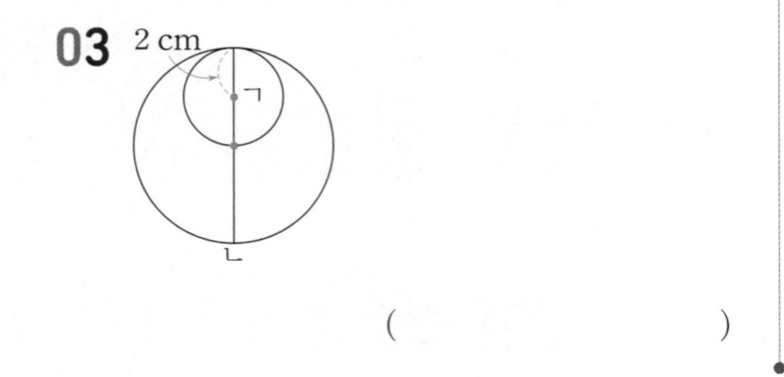


(                    )

## 유형 02 겹친 원에서 반지름 구하기

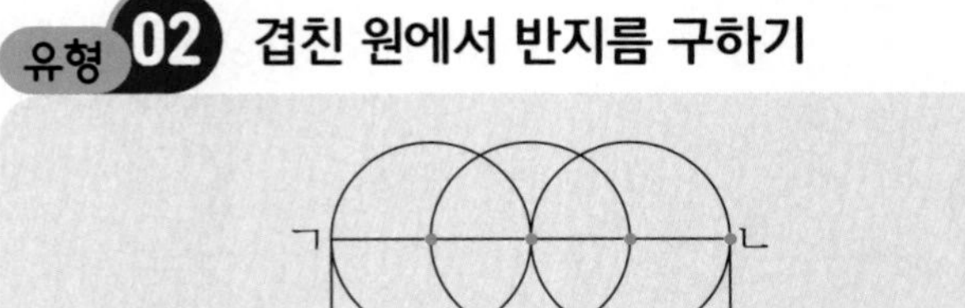


선분 ㄱㄴ의 길이는 원의 반지름의 ☐배입니다.

⇨ (원의 반지름)=(선분 ㄱㄴ의 길이)÷☐

=24÷☐=☐ (cm)

**04** 크기가 같은 원 5개를 서로 원의 중심을 지나도록 겹쳐서 그렸습니다. 원의 반지름은 몇 cm입니까?

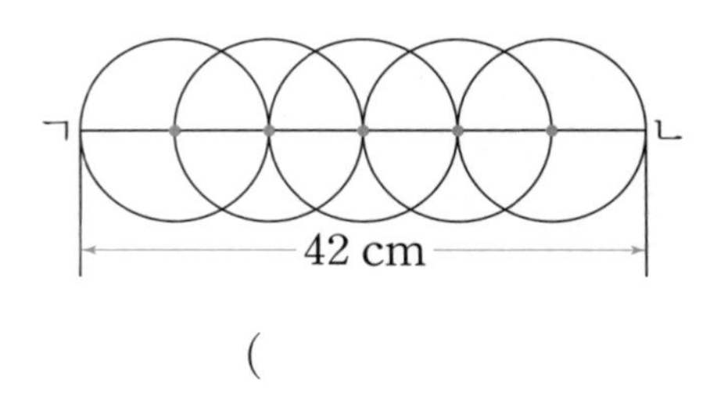


(                    )

**05** 크기가 같은 원 7개를 서로 원의 중심을 지나도록 겹쳐서 그렸습니다. 원의 반지름은 몇 cm입니까?

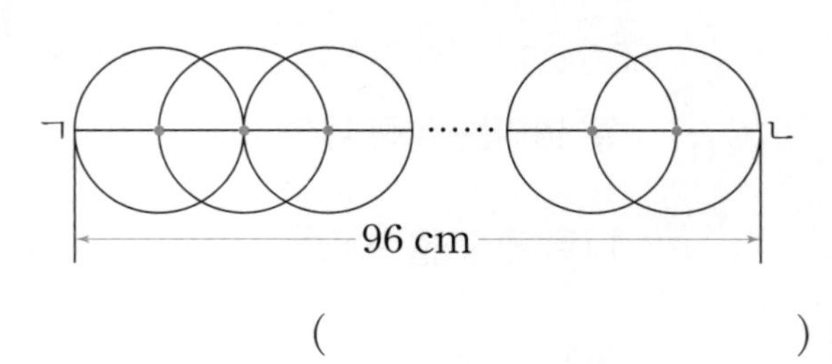


(                    )

## 유형 03 한 변의 길이 구하기

정사각형 안에 가장 큰 원을 1개 그렸더니 원의 반지름은 2 cm가 되었습니다.

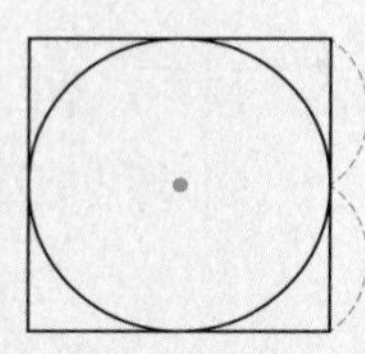

⇨ (정사각형의 한 변의 길이)

=(원의 □)

=(원의 반지름)×□

=2×□=□ (cm)

**06** 직사각형 안에 크기가 같은 원 2개를 맞닿게 그렸습니다. □ 안에 알맞은 수를 써넣으시오.

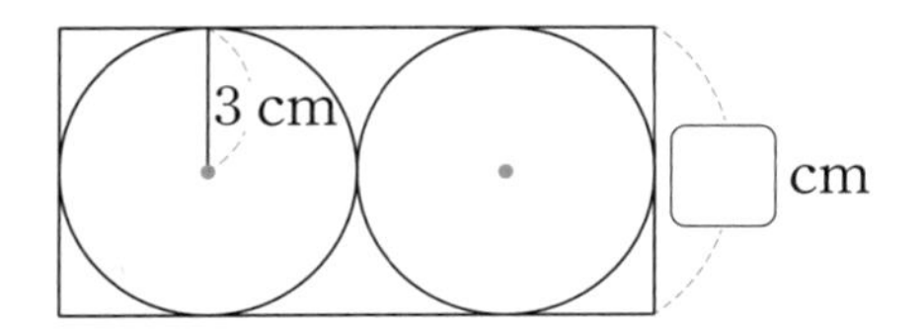


**07** 직사각형 안에 크기가 같은 원 3개를 맞닿게 그렸습니다. 원의 반지름이 5 cm일 때 □ 안에 알맞은 수를 써넣으시오.

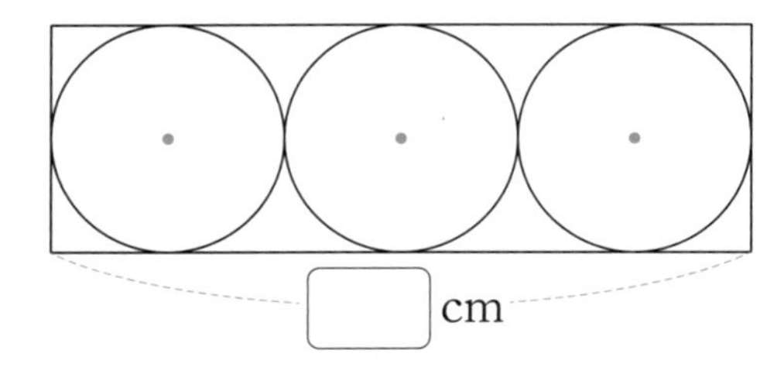


## 유형 04 새 교과서에 나온 활동 유형

**08** 원 모양을 이용하여 나비를 그리고 있습니다. 얼굴에는 눈과 입을 그리고, 날개를 그려서 완성하시오.

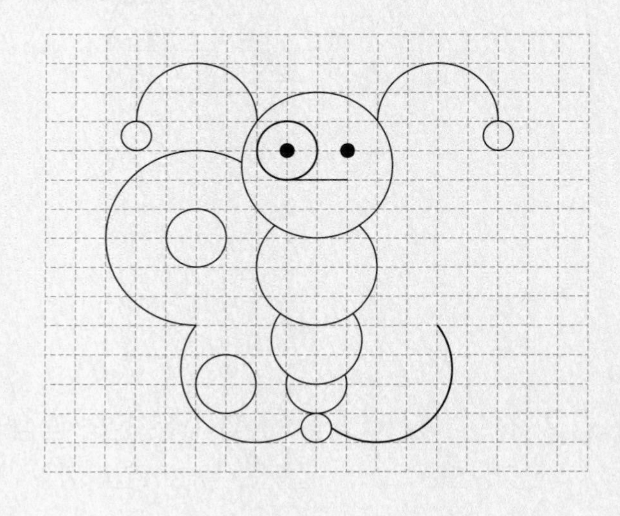

**09** 꼭짓점 ㄱ, 꼭짓점 ㄴ, 꼭짓점 ㄷ, 꼭짓점 ㄹ의 순서로 각 꼭짓점에서 원의 일부를 2개씩 그립니다. 원의 반지름은 모눈 1칸씩 늘어나도록 사각형 안쪽에 그리시오.

3 원

## 유형 01 여러 가지 모양에서 선분의 길이 구하기

**01** 선분 ㄱㄴ의 길이는 몇 cm입니까?

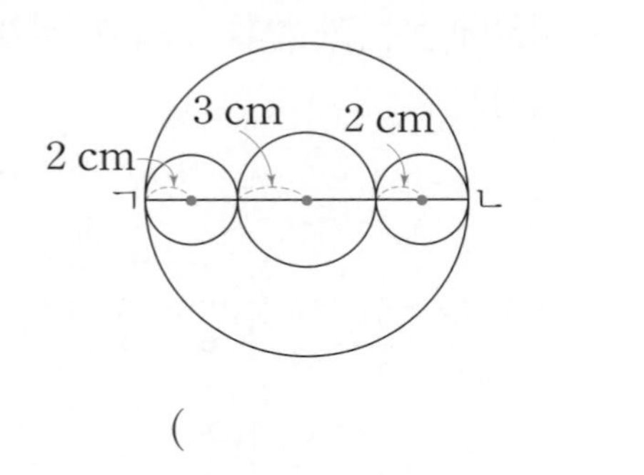


( )

**02** 점 ㄴ, 점 ㄷ, 점 ㄹ, 점 ㅁ은 원의 중심입니다. 선분 ㄱㅂ의 길이는 몇 cm입니까?

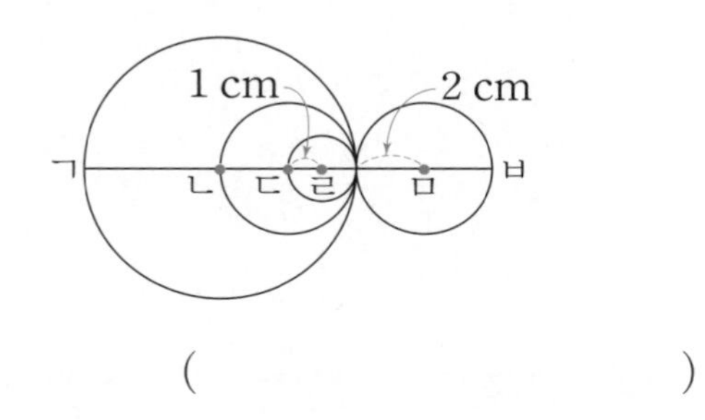


( )

**03** 크기가 같은 원 4개를 서로 원의 중심을 지나도록 겹쳐서 그렸습니다. 선분 ㄷㄹ의 길이가 14 cm일 때 선분 ㄱㄴ의 길이는 몇 cm입니까?

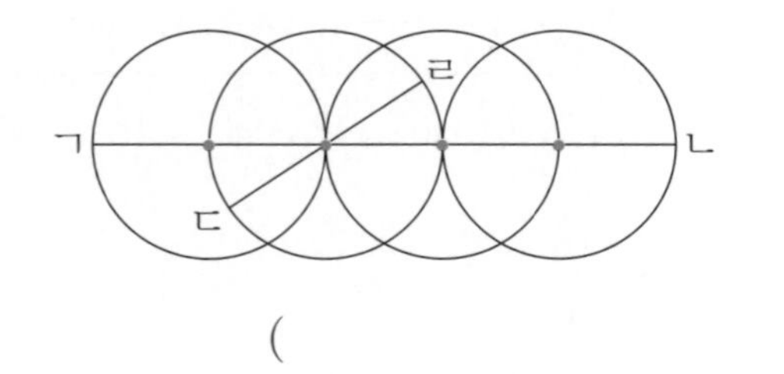


( )

## 유형 02 모든 변의 길이의 합 구하기

**04** 점 ㄱ, 점 ㄷ은 원의 중심입니다. 삼각형 ㄱㄴㄷ의 세 변의 길이의 합은 몇 cm입니까?

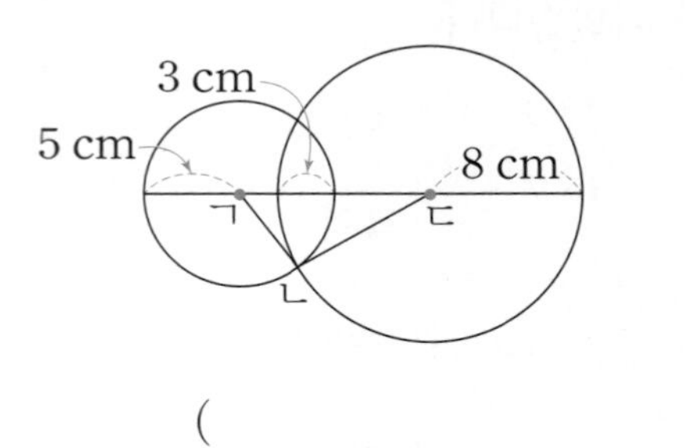


( )

**05** 반지름이 12 mm인 원 4개를 맞닿게 그린 후 네 원의 중심을 이었습니다.
사각형 ㄱㄴㄷㄹ의 네 변의 길이의 합은 몇 mm입니까?

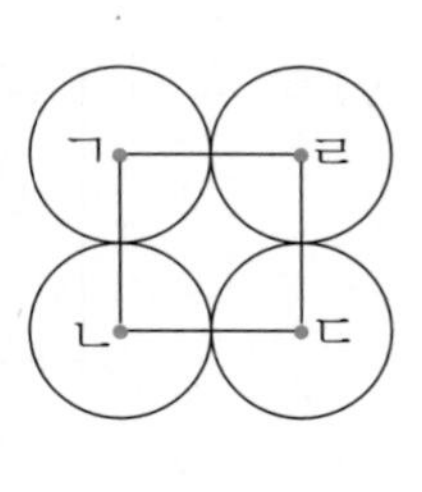


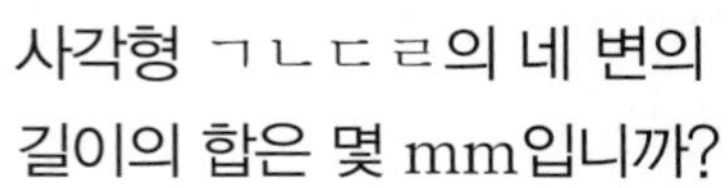

( )

**06** 반지름이 7 cm인 원 6개를 맞닿게 그린 후 여섯 원의 중심을 이었습니다. 사각형 ㄱㄴㄷㄹ의 네 변의 길이의 합은 몇 cm입니까?

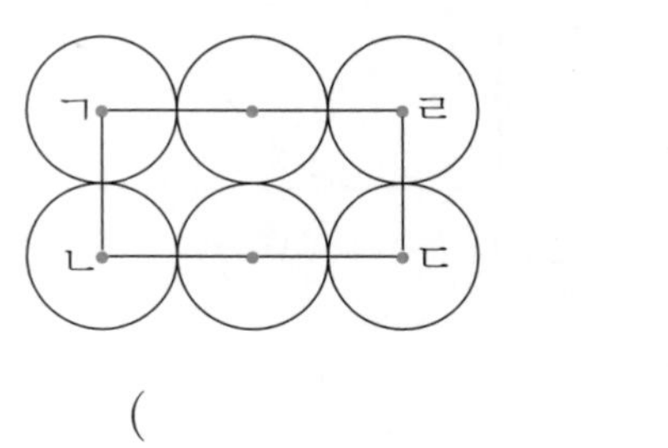


( )

QR 코드를 찍어 **동영상 특강**을 보세요.

공부한 날 월 일

## 유형 03 세 변의 길이의 합을 알 때 원의 반지름 구하기

**07** 크기가 같은 원 3개를 서로 원의 중심을 지나도록 겹쳐서 그린 후 세 원의 중심을 이었습니다. 삼각형 ㄱㄴㄷ의 세 변의 길이의 합이 12 cm일 때 □ 안에 알맞은 수를 써넣으시오.

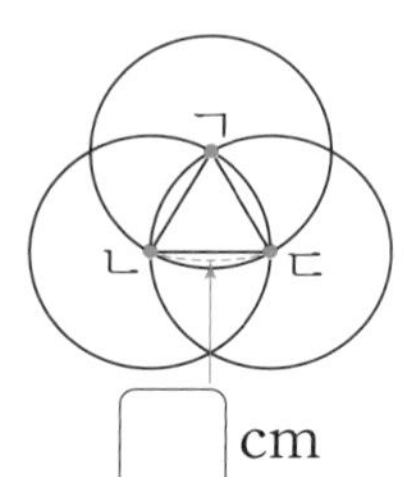


**08** 크기가 같은 원 3개를 맞닿게 그린 후 세 원의 중심을 이었습니다. 삼각형 ㄱㄴㄷ의 세 변의 길이의 합이 42 cm일 때 원의 반지름은 몇 cm입니까?

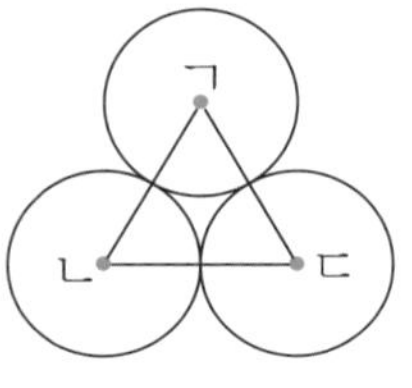


( )

**09** 크기가 같은 원 6개를 맞닿게 그린 후 여섯 원의 중심을 이었습니다. 삼각형 ㄱㄴㄷ의 세 변의 길이의 합이 96 cm일 때 원의 반지름은 몇 cm입니까?

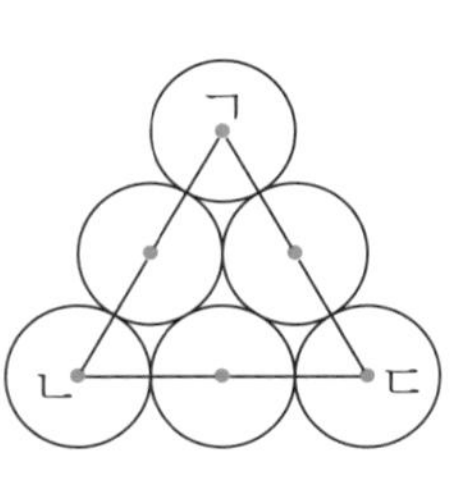


( )

## 유형 04 네 변의 길이의 합을 알 때 원의 반지름 구하기

**10** 크기가 같은 원 2개를 서로 원의 중심을 지나도록 겹친 후 사각형을 그렸습니다.
사각형 ㄱㄴㄷㄹ의 네 변의 길이의 합이 60 cm일 때 원의 반지름은 몇 cm입니까?

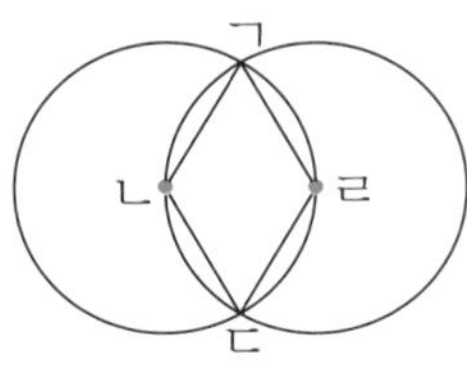


( )

**11** 크기가 같은 원 4개를 맞닿게 그린 후 네 원의 중심을 이었습니다.
사각형 ㄱㄴㄷㄹ의 네 변의 길이의 합이 40 cm일 때 원의 반지름은 몇 cm입니까?

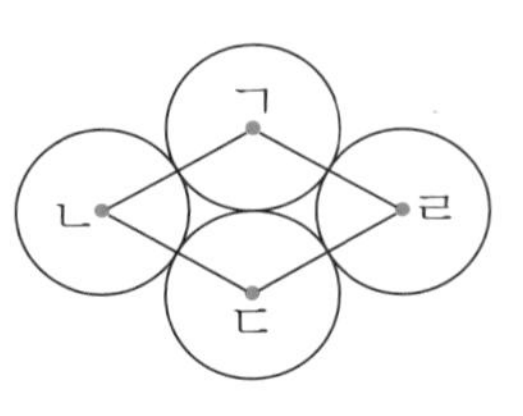


( )

**12** 오른쪽 정사각형의 네 변의 길이의 합은 56 cm입니다. □ 안에 알맞은 수를 써넣으시오.

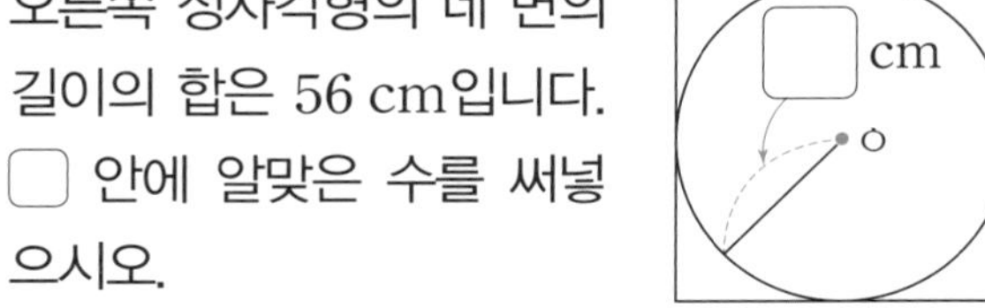


3
원

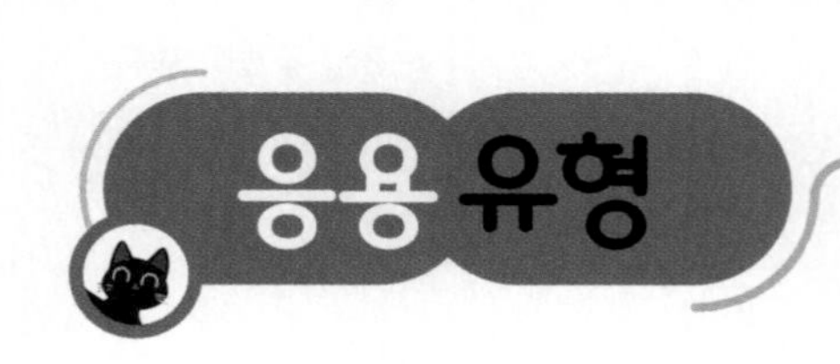




### 도형을 보고 원의 반지름 구하기(1)

**01** ❶크기가 같은 원 2개를 서로 원의 중심을 지나도록 겹친 후 삼각형을 그렸습니다. / ❷삼각형 ㄱㄴㄷ의 세 변의 길이의 합이 27 cm일 때 원의 반지름은 몇 cm입니까?

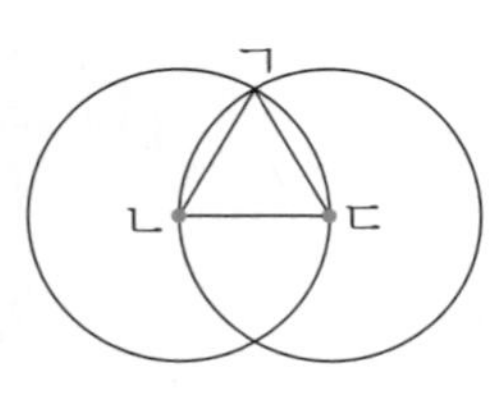


(　　　　　　　　)

❶ 삼각형 ㄱㄴㄷ의 세 변은 모두 원의 반지름입니다.
❷ (원의 반지름)+(원의 반지름)+(원의 반지름)=27 cm

### 도형을 보고 원의 반지름 구하기(2)

**02** ❶삼각형 ㅇㄱㄴ의 세 변의 길이의 합이 19 cm일 때 / ❷원의 반지름은 몇 cm입니까?

(　　　　　　　　)

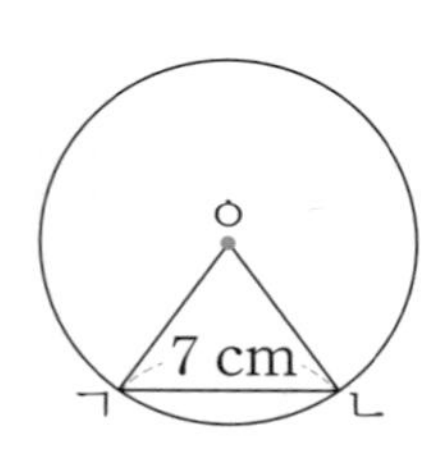


❶ (변 ㅇㄱ의 길이)+(변 ㅇㄴ의 길이)+(변 ㄱㄴ의 길이)=19 cm
❷ 변 ㅇㄱ과 변 ㅇㄴ은 원의 반지름입니다.

### 삼각형의 세 변의 길이의 합 구하기

**03** ❶세 원을 맞닿게 그린 후 세 원의 중심을 이었습니다. 삼각형 ㄱㄴㄷ의 세 변의 길이의 / ❷합은 몇 cm입니까?

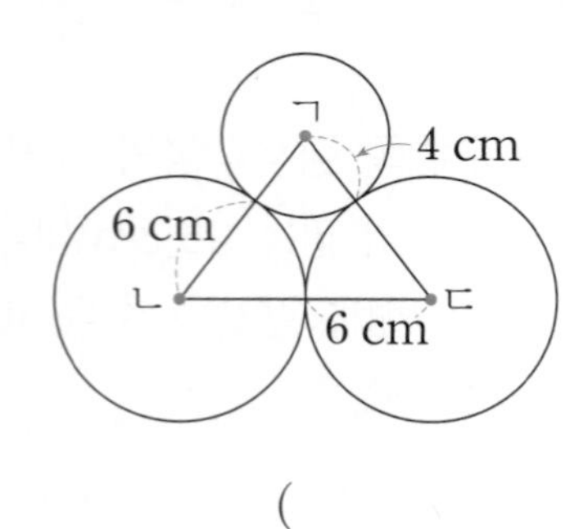


(　　　　　　　　)

❶ 변 ㄱㄴ, 변 ㄴㄷ, 변 ㄷㄱ의 길이는 각 원의 반지름을 이용하여 구할 수 있습니다.
❷ ❶에서 구한 세 변의 길이를 모두 더합니다.

## 선분의 길이 구하기

**04** ❶점 ㄴ, 점 ㄷ, 점 ㄹ은 원의 중심이고 원의 지름을 2배로 늘여 가며 원을 그린 것입니다. / ❷선분 ㄱㅁ의 길이는 몇 cm입니까?

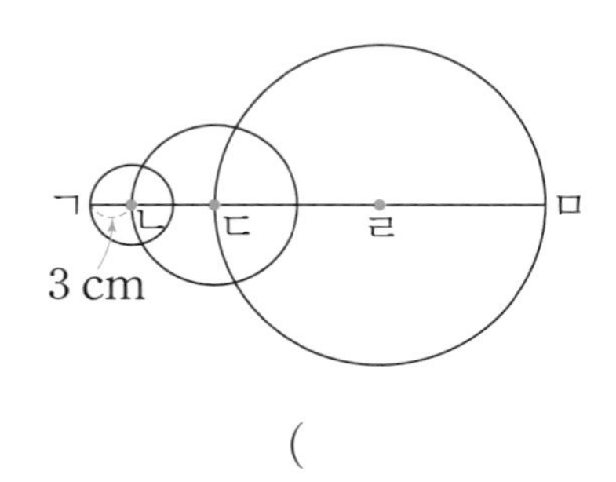


( )

❶ 원의 반지름이 2배로 늘어납니다.
❷ (선분 ㄱㅁ의 길이)
=(가장 작은 원의 반지름)
+(중간 원의 반지름)
+(가장 큰 원의 반지름)
+(가장 큰 원의 반지름)

## 둘러싼 선분의 길이 구하기

**05** ❶지름이 10 cm인 원 5개를 맞닿게 그린 후 선분으로 둘러쌌습니다. / ❷둘러싼 선분의 길이의 합은 몇 cm입니까?

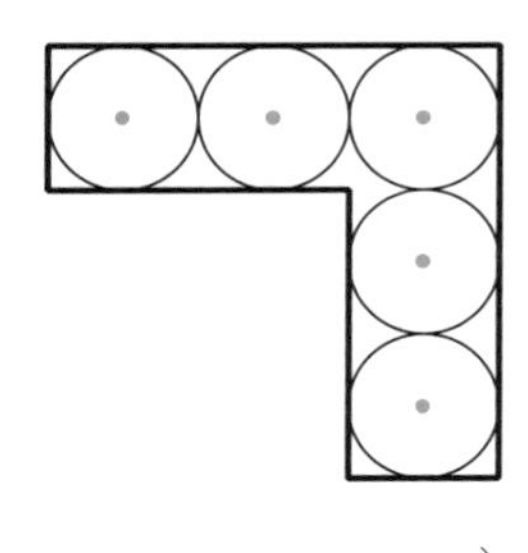

( )

❶ 둘러싼 선분에서 각 선분의 길이와 원의 지름을 비교해 봅니다.
❷ 둘러싼 선분의 길이의 합은 원의 지름의 몇 배인지 알아봅니다.

## 직사각형의 네 변의 길이의 합 구하기

**06** ❶원의 반지름을 1 cm씩 늘여 가며 원을 그렸더니 직사각형 안에 원 5개가 그려졌습니다. / ❷직사각형의 네 변의 길이의 합은 몇 cm입니까?

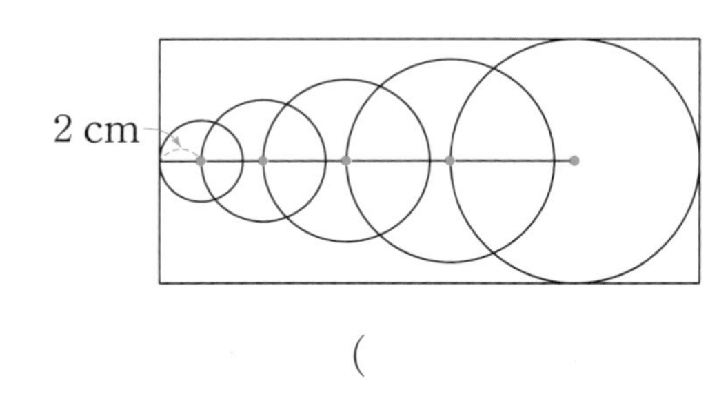


( )

❶ 원의 반지름은 왼쪽 원부터 각각 2 cm, $2+1=3$ (cm), $3+1=4$ (cm) ……입니다.
❷ (직사각형의 네 변의 길이의 합)
=(긴 변의 길이)+(짧은 변의 길이)
+(긴 변의 길이)+(짧은 변의 길이)

도형을 보고 원의 반지름 구하기(1)

**07** 크기가 같은 원 2개를 서로 원의 중심을 지나도록 겹친 후 삼각형을 그렸습니다.
삼각형 ㄱㄴㄷ의 세 변의 길이의 합이 18 cm일 때 원의 반지름은 몇 cm입니까?

동영상

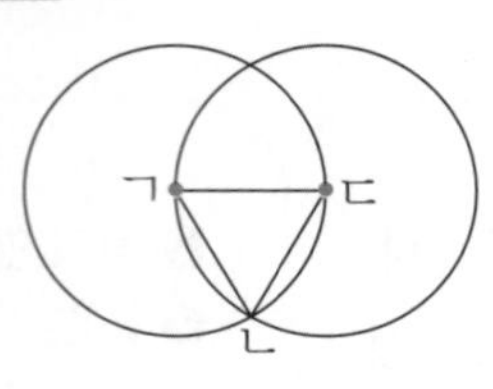


(                    )

**08** 점 ㄷ을 원의 중심으로 하는 가장 큰 원 안에 점 ㄱ, 점 ㄴ, 점 ㄹ을 각 원의 중심으로 하고 반지름이 각각 3 cm, 4 cm, 5 cm인 원을 맞닿게 그렸습니다. 가장 큰 원의 반지름은 몇 cm입니까?

동영상

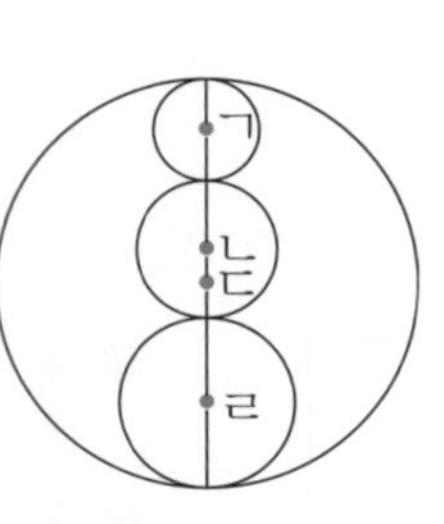


(                    )

도형을 보고 원의 반지름 구하기(2)

**09** 삼각형 ㅇㄱㄴ의 세 변의 길이의 합이 26 cm일 때 원의 반지름은 몇 cm입니까?

동영상

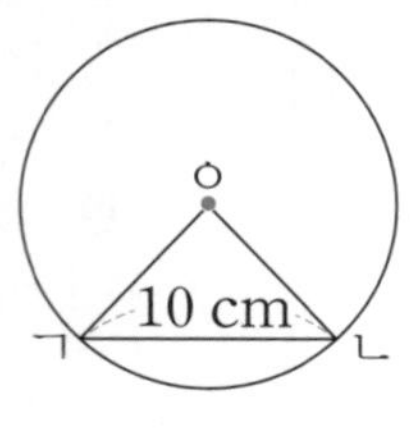


(                    )

삼각형의 세 변의 길이의 합 구하기

**10** 세 원을 맞닿게 그린 후 세 원의 중심을 이었습니다. 삼각형 ㄱㄴㄷ의 세 변의 길이의 합은 몇 cm입니까?

동영상

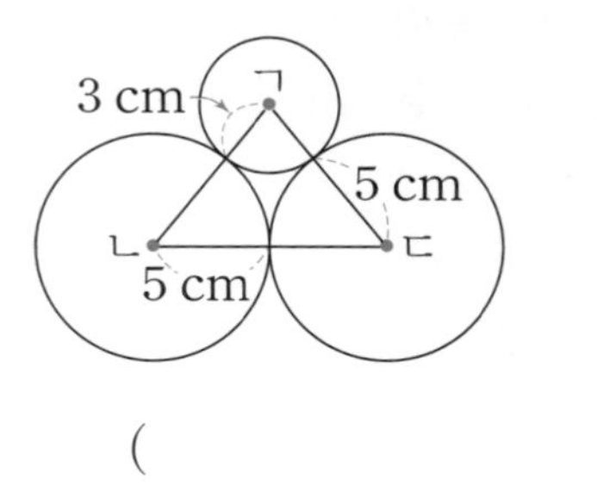


(                    )

**11** 점 ㄴ, 점 ㄹ은 원의 중심입니다. 사각형 ㄱㄴㄷㄹ의 네 변의 길이의 합이 20 cm일 때 □ 안에 알맞은 수를 써넣으시오.

동영상

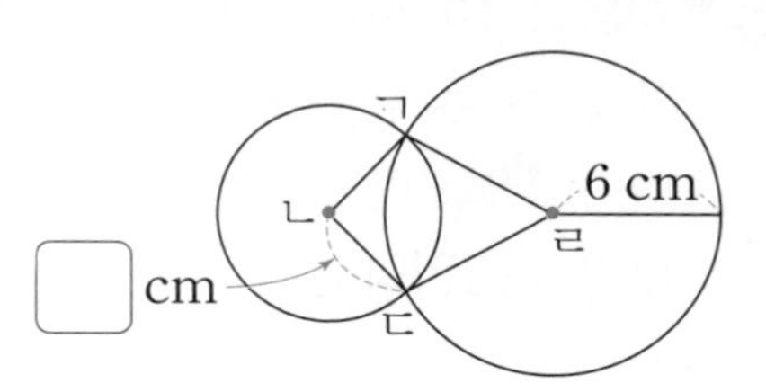


**12** 네 원을 맞닿게 그린 후 네 원의 중심을 이었습니다. 사각형 ㄱㄴㄷㄹ의 네 변의 길이의 합은 몇 cm입니까?

동영상

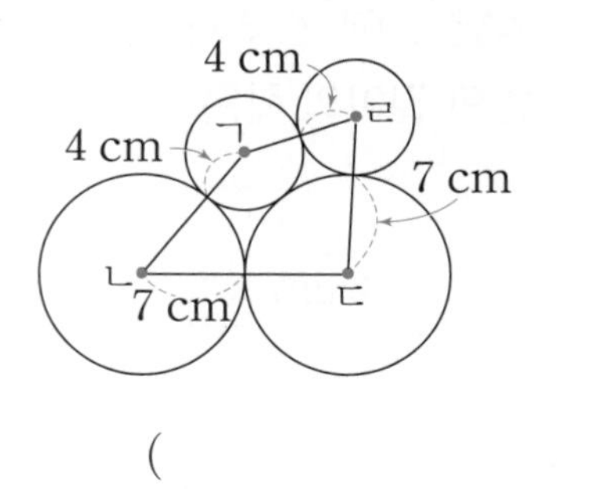


(                    )

**13** 동영상

반지름이 4 cm인 원 8개를 맞닿게 그린 후 선분으로 둘러쌌습니다. 직사각형 ㄱㄴㄷㄹ의 네 변의 길이의 합은 몇 cm입니까?

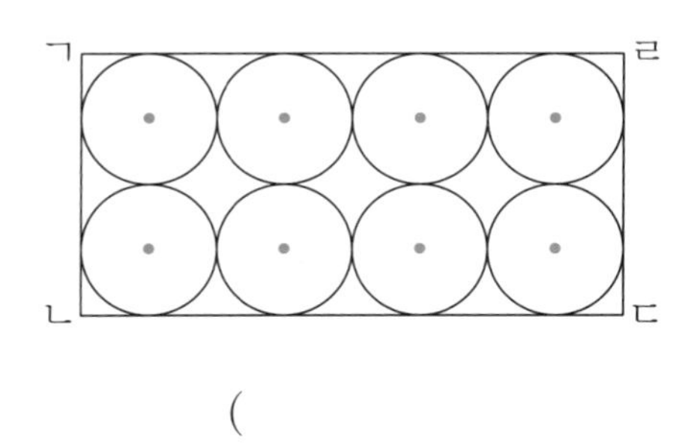


( )

선분의 길이 구하기

**14** 동영상

점 ㄴ, 점 ㄷ, 점 ㄹ은 원의 중심이고 원의 지름을 2배로 늘여 가며 원을 그린 것입니다. 선분 ㄱㅁ의 길이는 몇 cm입니까?

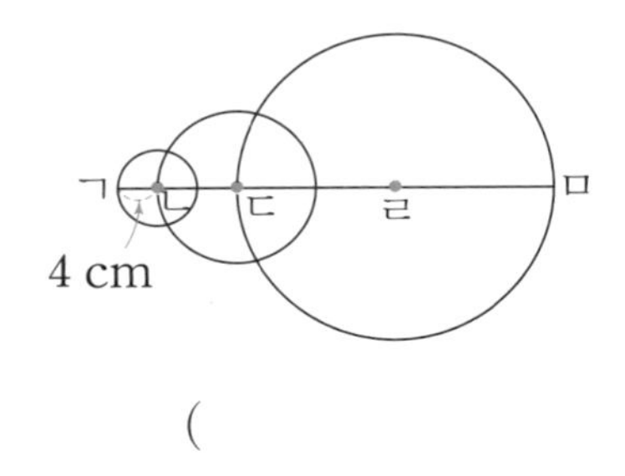


( )

**15** 동영상

크기가 같은 작은 원 2개와 반지름이 6 cm인 큰 원 2개를 맞닿게 그린 후 네 원의 중심을 이었습니다. 사각형 ㄱㄴㄷㄹ의 네 변의 길이의 합이 36 cm일 때 작은 원의 반지름은 몇 cm입니까?

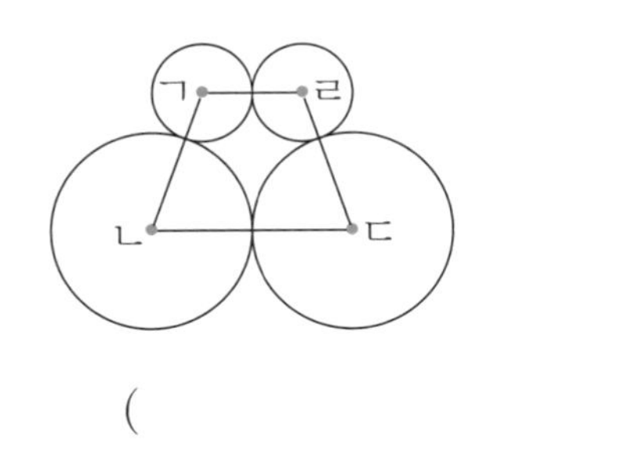


( )

둘러싼 선분의 길이 구하기

**16** 동영상

지름이 18 cm인 원 7개를 맞닿게 그린 후 선분으로 둘러쌌습니다. 둘러싼 선분의 길이의 합은 몇 cm입니까?

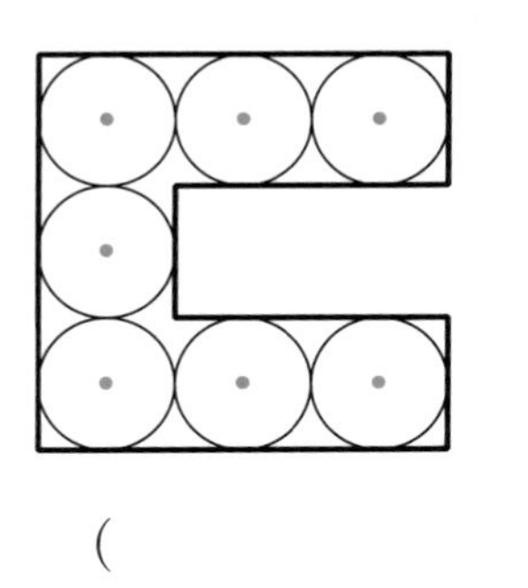

( )

직사각형의 네 변의 길이의 합 구하기

**17** 동영상

원의 반지름을 2 cm씩 늘여 가며 원을 그렸더니 직사각형 안에 원 5개가 그려졌습니다. 직사각형의 네 변의 길이의 합은 몇 cm입니까?

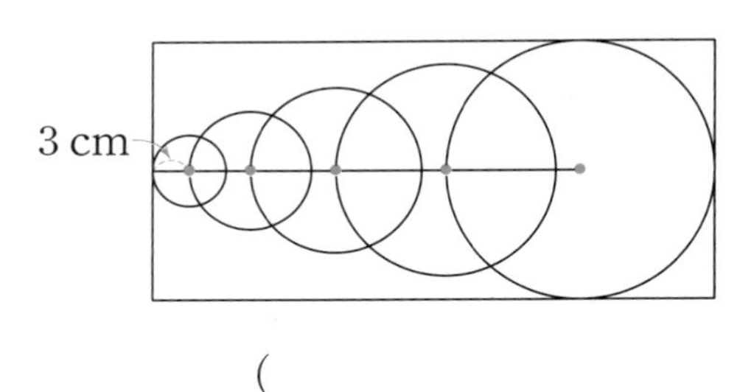


( )

**18** 동영상

직사각형 ㄱㄴㄷㄹ의 네 변의 길이의 합은 52 cm입니다. 점 ㄱ, 점 ㄴ, 점 ㄷ을 각 원의 중심으로 하는 원 3개의 일부를 그렸을 때 선분 ㄱㅁ의 길이는 몇 cm입니까?

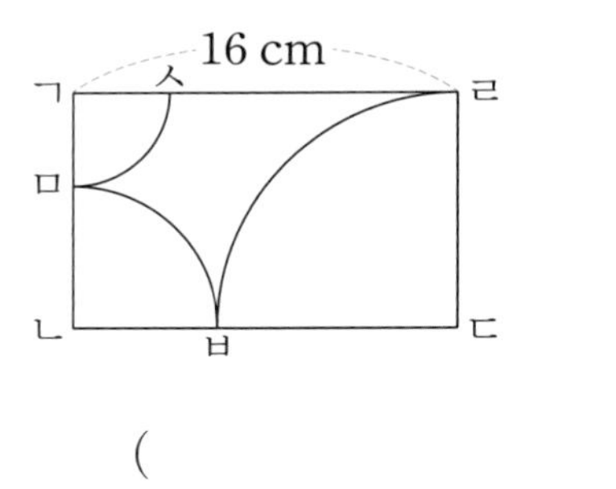


( )

문제 해결

**1** 반지름이 30 cm인 굴렁쇠를 그림과 같이 굴렸습니다. 굴렁쇠가 움직인 거리는 몇 cm입니까?

(　　　　　　　　　　)

창의 · 융합

**2** 원 모양의 피자 2판을 담을 정사각형 모양의 상자가 3상자 있습니다. 피자의 반지름, 지름과 피자를 담을 상자의 네 변의 길이의 합이 다음과 같을 때 피자 2판을 각각 담을 알맞은 상자를 찾아 선으로 이어 보시오. (단, 한 상자에 피자 1판만 담습니다.)

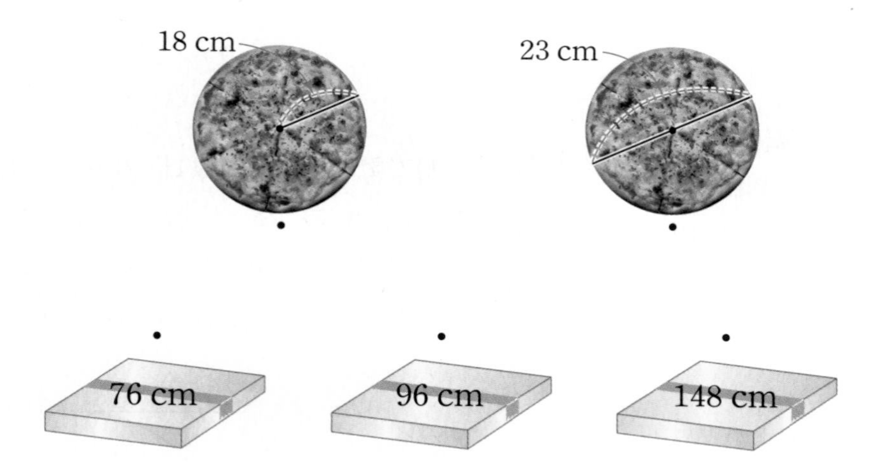


피자가 상자 안에 딱 맞게 들어갈 때 상자의 네 변의 길이의 합을 먼저 계산합니다.

바닥이 직사각형 모양인 상자 안에 반지름이 8 cm인 원 모양의 접시 5개가 딱 맞게 들어 있습니다. 변 ㄱㄹ의 길이는 변 ㄱㄴ의 길이보다 몇 cm 더 깁니까?

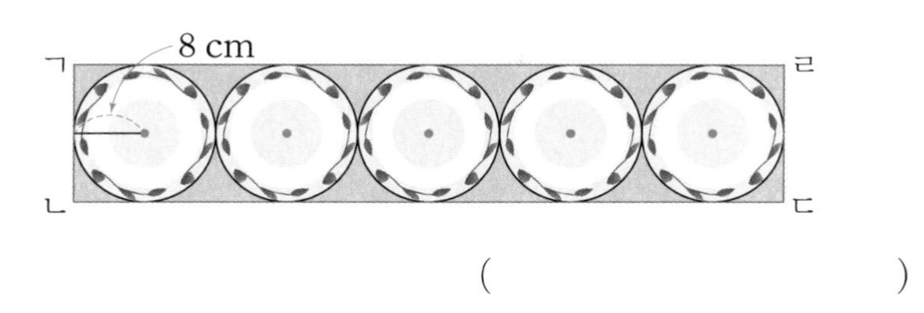


( )

10원짜리 동전의 지름은 18 mm이고 100원짜리 동전의 지름은 24 mm입니다. 세 동전을 맞닿게 놓은 후 세 동전의 중심을 이었습니다. 삼각형 ㄱㄴㄷ의 세 변의 길이의 합은 몇 mm입니까?

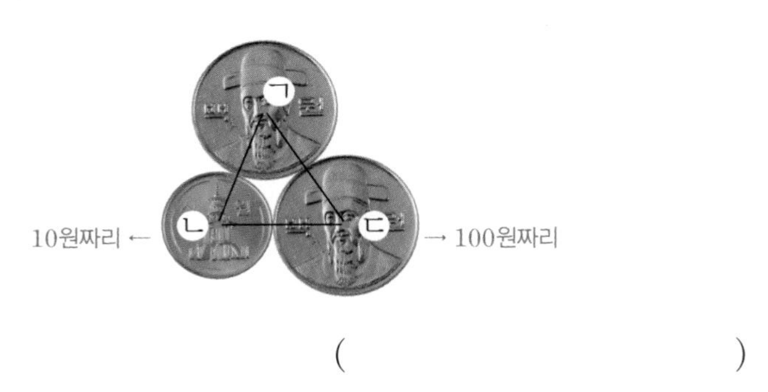


( )

세 변의 길이를 동전의 지름 또는 반지름을 이용하여 구합니다.

## 1

동영상

| HME 18번 문제 수준 |

규칙에 따라 직사각형 안에 반지름이 3 cm인 원 16개를 그렸습니다. 변 ㄴㄷ의 길이는 몇 cm입니까?

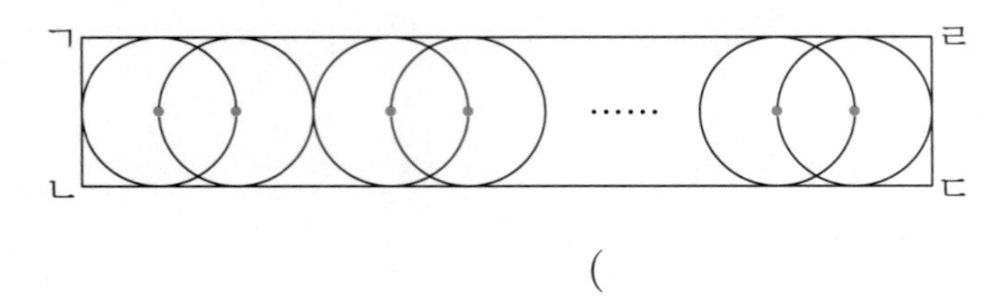


( )

반복되는 원 모양을 찾습니다.

## 2

동영상

| HME 19번 문제 수준 |

크기가 같은 원을 서로의 중심이 지나도록 겹쳐서 15개 그리려고 합니다. 원이 만나서 생기는 점은 모두 몇 개인지 구하시오.

( )

원이 2개, 3개, 4개일 때 원이 만나서 생기는 점의 수를 알아봅니다.

## 3

| HME 21번 문제 수준 |

반지름이 3 cm인 원을 겹치지 않게 이어 붙인 뒤 바깥쪽에 있는 원의 중심을 이어 정사각형을 만들었습니다. 만든 정사각형의 네 변의 길이의 합이 168 cm일 때 사용한 원은 모두 몇 개인지 구하시오.

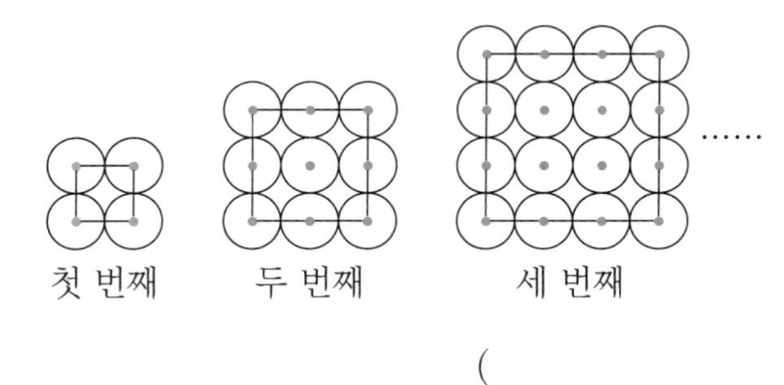


( )

## 4

| HME 22번 문제 수준 |

반지름이 4 cm인 원을 겹치지 않게 이어 붙인 뒤 바깥쪽에 있는 원의 중심을 이어 삼각형을 만들었습니다. 만든 삼각형의 세 변의 길이의 합이 192 cm일 때 사용한 원은 모두 몇 개인지 구하시오.

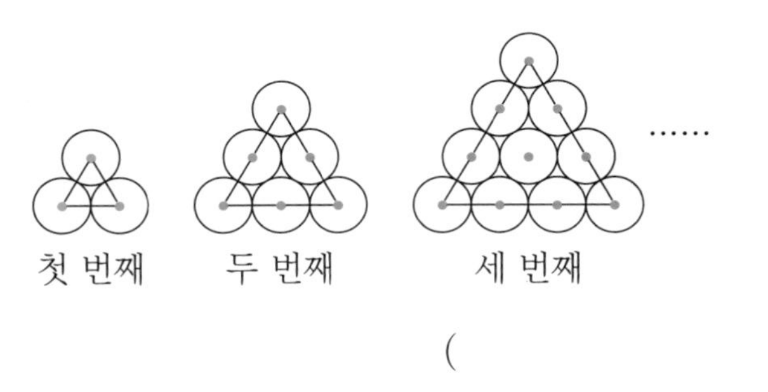


( )

## 맨홀 뚜껑이 원 모양인 까닭은?

맨홀은 상수관이나 하수관이 꺾이는 곳이나 굵기가 다른 관이 연결된 곳에 설치하는 물체를 말해요. 이 맨홀을 덮는 뚜껑이 대부분 원 모양인데 그 까닭이 무엇인지 알아볼까요?

맨홀 뚜껑이 둥근 까닭은 첫 번째, 사람 몸이 원통 모양이기 때문이죠.
'맨홀'은 사람을 뜻하는 맨(man)에 구멍(hole)을 합쳐 만들어진 단어예요.
즉, 맨홀에 사람이 드나들며 작업하는데 원통 모양의 사람이 작업하기 좋게 맨홀도 둥근 모양이 된 거예요. 만약 맨홀이 다른 모양이라면 한쪽은 너무 가깝고 한쪽은 너무 멀어서 불편한 경우가 생기겠죠?
땅을 팔 때도 원 모양이 가장 쉽고 튼튼하대요.
맨홀 뚜껑은 안전을 위해서도 원 모양이 좋아요.
맨홀 뚜껑 위로는 자동차들이 자주 지나다니죠. 이때 자동차들이 맨홀 모서리를 누르면 다른 쪽이 들뜨게 됩니다.
만약 맨홀 뚜껑이 사각형이나 삼각형이라면 들뜬 부분의 모서리가 날카롭게 되겠죠.
맨홀 뚜껑의 날카로운 모서리는 자동차 바퀴를 찢을 수도 있고 큰 사고를 일으킬 수도 있어요.
모서리가 없는 둥글둥글한 원이 맨홀 뚜껑에는 안성맞춤이겠죠?

→ 맨홀 뚜껑은 이와 같이 거의 원 모양입니다.

# 분수

**학습 계획표**

계획표대로 공부했으면 ○표, 못했으면 △표 하세요.

| 내용 | 쪽수 | 날짜 | 확인 |
| --- | --- | --- | --- |
| 잘 틀리는 실력 유형 | 48~49쪽 | 월 일 | |
| 다르지만 같은 유형 | 50~51쪽 | 월 일 | |
| 응용 유형 | 52~55쪽 | 월 일 | |
| 사고력 유형 | 56~57쪽 | 월 일 | |
| 최상위 유형 | 58~59쪽 | 월 일 | |

## 유형 01 단위 바꾸어 길이 구하기

1 m의 $\frac{1}{2}$은 몇 cm인지 구하기

① m를 cm로 바꿉니다.

⇨ 1 m= ☐ cm

② ①에서 구한 길이의 분수만큼을 구합니다.

⇨ ☐ cm의 $\frac{1}{2}$은 ☐ cm입니다.

**01** ☐ 안에 알맞은 수를 써넣으시오.

2 m의 $\frac{3}{5}$은 ☐ cm입니다.

**02** 4 km의 $\frac{5}{8}$는 몇 m입니까?

(　　　　　　　　)

**03** 6 cm의 $\frac{7}{12}$은 몇 mm입니까?

(　　　　　　　　)

## 유형 02 단위 바꾸어 시간 구하기

1시간의 $\frac{1}{2}$은 몇 분인지 구하기

① 시간을 분으로 바꿉니다.

⇨ 1시간= ☐ 분

② ①에서 구한 시간의 분수만큼을 구합니다.

⇨ ☐ 분의 $\frac{1}{2}$은 ☐ 분입니다.

**04** ☐ 안에 알맞은 수를 써넣으시오.

6시간의 $\frac{1}{4}$은 ☐ 분입니다.

**05** 1분의 $\frac{1}{6}$은 몇 초입니까?

(　　　　　　　　)

**06** 2일의 $\frac{1}{3}$은 몇 시간입니까?

(　　　　　　　　)

## 유형 03 가분수를 대분수로 나타내기

**07** 다음이 나타내는 수를 대분수로 나타내어 보시오.

$\frac{1}{9}$이 47개인 수

( )

**08** 크기가 다른 분수 하나를 찾아 ○표 하시오.

$2\frac{5}{7}$ $\frac{15}{7}$ $2\frac{1}{7}$

서술형

**09** $\frac{43}{12}$을 대분수로 나타내면 ㉠$\frac{㉡}{㉢}$과 같습니다. ㉠+㉡+㉢의 값은 얼마인지 풀이 과정을 쓰고 답을 구하시오.

[풀이]

[답]

## 유형 04 크기 비교하기

**10** 더 큰 것의 기호를 쓰시오.

㉠ 40의 $\frac{2}{5}$ ㉡ 40의 $\frac{3}{8}$

( )

**11** 수가 큰 순서대로 기호를 쓰시오.

㉠ 28의 $\frac{1}{2}$만큼인 수
㉡ 28의 $\frac{3}{4}$만큼인 수
㉢ 28의 $\frac{5}{7}$만큼인 수

( )

서술형

**12** 혜린이는 사탕 16개의 $\frac{3}{4}$만큼 갖고 있고, 안나는 사탕 24개의 $\frac{5}{8}$만큼 갖고 있습니다. 누가 사탕을 더 많이 갖고 있는지 풀이 과정을 쓰고 답을 구하시오.

[풀이]

[답]

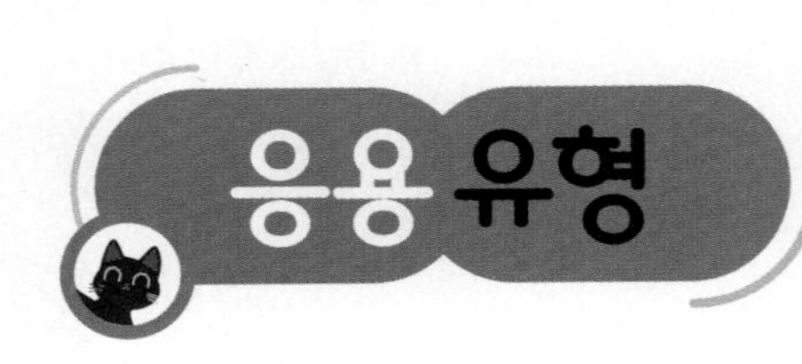




## 남은 수 구하기

**01** ❶쿠키가 18개 있습니다. 보라가 전체의 $\frac{4}{9}$만큼 먹었다면 / ❷남은 쿠키는 몇 개입니까?

(　　　　　　　　　　)

❶ 보라는 18개를 똑같이 9묶음으로 나눈 것 중의 4묶음을 먹었습니다.
❷ (전체 쿠키 수)−❶을 구합니다.

## 조건을 만족하는 분수 구하기

**02** ❸조건을 모두 만족하는 분수를 구하시오.

조건
- ❶진분수입니다.
- ❷분모와 분자의 합은 17이고, 차는 3입니다.

(　　　　　　　　　　)

❶ ▲<■인 $\frac{▲}{■}$입니다.
❷ ■+▲=17, ■−▲=3
❸ ❶, ❷를 모두 만족하는 분수를 구합니다.

## □ 안에 들어갈 분수 구하기

**03** ❸□ 안에 들어갈 수 있는 수 중에서 / ❷분모가 7인 가분수를 모두 구하시오.

❶ $4\frac{5}{7}<\square<5\frac{1}{7}$

(　　　　　　　　　　)

❶ 분모가 같은 분수의 크기 비교입니다.
❷ ❶의 대분수를 가분수로 나타내어 봅니다.
❸ 분모가 같은 분수의 크기를 비교합니다.

## 전체 학생 수 구하기

**04** ❶정희네 반에서 안경을 쓴 학생은 반 전체 학생 수의 $\frac{1}{3}$입니다. / ❷안경을 쓴 학생이 7명일 때 반 전체 학생은 몇 명입니까?

( )

❶ 안경을 쓴 학생은 반 전체 학생 수를 3묶음으로 똑같이 나눈 것 중의 1묶음과 같습니다.

❷ ❶에서 (1묶음의 학생 수)=7명이므로
(반 전체 학생 수)
=(1묶음의 학생 수)×(나눈 전체 묶음 수)
입니다.

## 튀어 오르는 공의 높이 구하기

**05** ❶떨어뜨린 높이의 $\frac{2}{3}$만큼 튀어 오르는 공이 있습니다. 18 m 높이에서 이 공을 떨어뜨린다면 / ❷두 번째로 튀어 오르는 공의 높이는 몇 m입니까?

( )

❶ 공이 첫 번째로 튀어 오르는 높이는 공을 떨어뜨린 높이의 $\frac{2}{3}$입니다.

❷ 공이 두 번째로 튀어 오르는 높이는 ❶의 높이의 $\frac{2}{3}$입니다.

## 수 카드로 조건에 맞는 분수 만들기

**06** ❷다음과 같은 수 카드가 각각 2장씩 있습니다. / ❶이 중 7을 포함한 수 카드 3장을 골라 한 번씩 사용하여 분모가 7인 대분수를 만들었을 때 / ❸$\frac{53}{7}$보다 큰 분수를 모두 구하시오.

3 5 7 9

( )

❶ ●$\frac{▲}{7}$인 대분수를 만듭니다.

❷ ●$\frac{●}{7}$, 7$\frac{●}{7}$인 대분수도 만들 수 있습니다.

❸ $\frac{53}{7}$을 대분수로 나타내어 ❶, ❷에서 만든 대분수와 크기를 비교합니다.

4 분수

**07** 
동영상

$\square$ 안에 들어갈 수 있는 자연수는 모두 몇 개입니까?

$$\frac{39}{12} > 3\frac{\square}{12}$$

(                    )

**08** 동영상

연희는 2시 40분부터 6시 20분까지 공부를 했는데 그중 $\frac{1}{4}$은 수학 공부를 했습니다. 수학 공부를 한 시간은 몇 분입니까?

(                    )

**남은 수 구하기**

**09** 동영상

사탕이 42개 있습니다. 연지는 전체의 $\frac{1}{6}$을 먹고 서희는 나머지의 $\frac{4}{7}$를 먹었습니다. 두 사람이 먹고 남은 사탕은 몇 개입니까?

(                    )

**조건을 만족하는 분수 구하기**

**10** 동영상

주어진 조건을 모두 만족하는 분수를 구하시오.

**조건**
- 진분수입니다.
- 분모와 분자의 합은 13이고, 차는 3입니다.

(                    )

**11** 동영상

색 테이프 25.2 cm의 $\frac{1}{2}$을 강우가 가져가고, 남은 색 테이프의 $\frac{1}{2}$을 지혜가 가져갔습니다. 지혜가 가져간 색 테이프는 몇 mm입니까?

(                    )

**$\square$ 안에 들어갈 분수 구하기**

**12** 
동영상

$\square$ 안에 들어갈 수 있는 수 중에서 분모가 10인 가분수를 모두 구하시오.

$$3\frac{7}{10} < \square < 4\frac{3}{10}$$

(                    )

전체 학생 수 구하기

**13** 성주네 반 남학생은 반 전체 학생 수의 $\frac{3}{5}$입니다. 남학생이 15명일 때 반 전체 학생은 몇 명입니까?

동영상

(　　　　　　　　)

**14** 3장의 수 카드가 있습니다. 수 카드를 한 번씩 모두 사용하여 분모가 3인 대분수를 만들고, 그 수를 가분수로 나타내어 보시오.

동영상

2　3　7

(　　　　　　　　) ⇨ (　　　　　　　　)

**15** 일정하게 물이 나오는 수도로 빈 욕조에 물을 가득 받는 데 $\frac{1}{5}$시간이 걸립니다. 지금까지 물을 욕조의 $\frac{5}{6}$만큼 받았다면 몇 분 동안 물을 받은 것입니까?

동영상

(　　　　　　　　)

튀어 오르는 공의 높이 구하기

**16** 떨어뜨린 높이의 $\frac{3}{5}$만큼 튀어 오르는 공이 있습니다. 25 m 높이에서 이 공을 떨어뜨린다면 두 번째로 튀어 오르는 공의 높이는 몇 m입니까?

동영상

(　　　　　　　　)

수 카드로 조건에 맞는 분수 만들기

**17** 다음과 같은 수 카드가 각각 2장씩 있습니다. 이 중 6을 포함한 수 카드 3장을 골라 한 번씩 사용하여 분모가 6인 대분수를 만들었을 때 $\frac{31}{6}$보다 작은 분수를 모두 구하시오.

동영상

4　5　6　7

(　　　　　　　　)

**18** 천재 박물관에 입장한 사람 수를 조사한 것입니다. 어린이 수는 입장한 전체 사람 수의 얼마인지 4가지 분수로 나타내어 보시오.

동영상

| 구분 | 사람 수 |
| --- | --- |
| 어린이 | 10명 |
| 청소년 | 9명 |
| 어른 | 21명 |

(　　　　　　　　)

4 분수

창의・융합

동영상

진호는 빨간 구슬과 파란 구슬을 가지고 있습니다. 그중에서 빨간 구슬은 6개인데, 이것은 전체 구슬의 $\frac{3}{8}$입니다. 파란 구슬의 수만큼 색칠하시오.

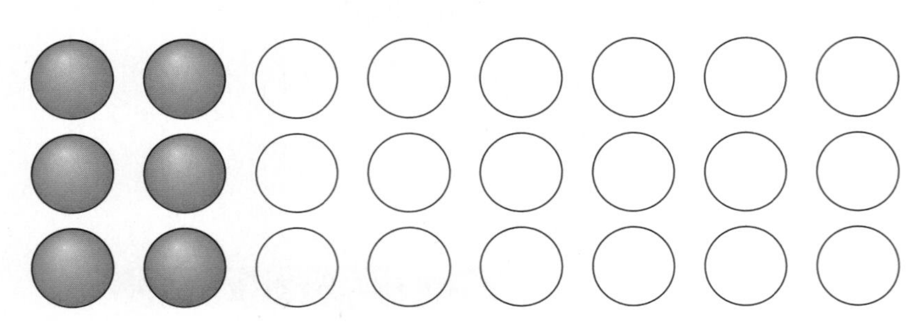

1묶음을 먼저 구해 봅니다.

문제 해결

동영상

3장의 수 카드를 모두 한 번씩 사용하여 분모가 3인 대분수를 만들려고 합니다. 만들 수 있는 대분수를 모두 찾아 수직선에 화살표(⬆)로 나타내시오.

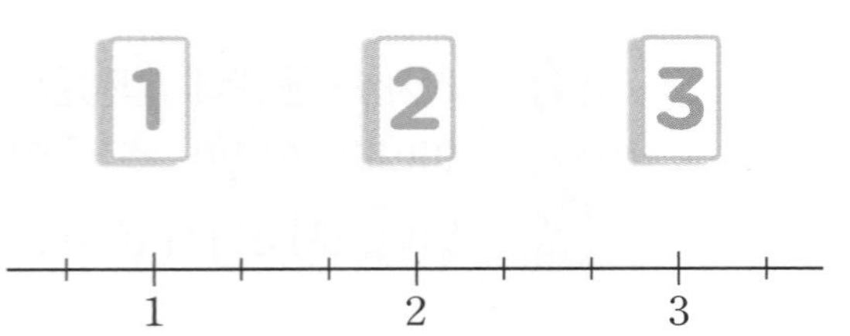


3이 써 있는 수 카드를 분모에 놓고 대분수를 만듭니다.

코딩

**3**

동영상

분자와 분모를 \조건/에 맞게 오른쪽으로 이동시키려고 합니다. 다음과 같은 과정을 1번했을 때 나오는 분수는 얼마인지 구하시오.

\조건/

> : 바로 전의 수보다 1만큼 더 큰 수
< : 바로 전의 수보다 1만큼 더 작은 수
≫ : 바로 전의 수보다 5만큼 더 큰 수
≪ : 바로 전의 수보다 5만큼 더 작은 수
∧ : 바로 전의 수와 같은 수

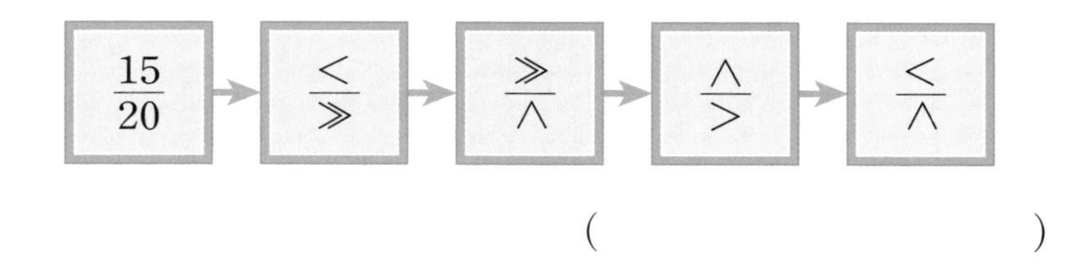


( )

문제 해결

동영상

다음 모양 조각 중 ◆을 1이라 할 때 오른쪽 모양을 가분수로 나타내어 보시오.

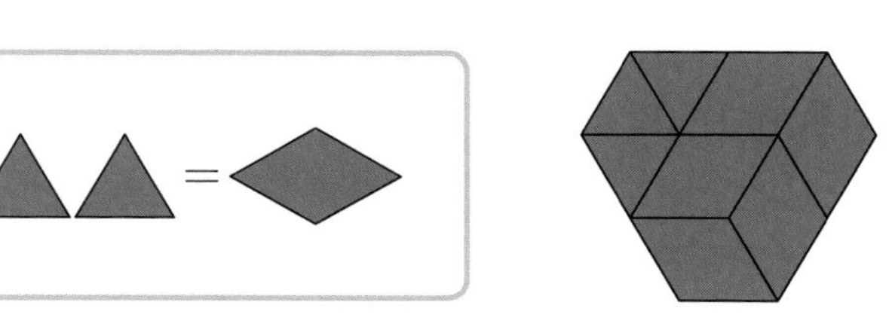

( )

**1** 동영상

| HME 18번 문제 수준 |

블록 중에서 △ 3개로 ⏢을 덮을 수 있고, △ 6개로 ⬡을 덮을 수 있습니다. 정희는 ⏢을 5개, 용식이는 △을 8개 가지고 있습니다. ⬡을 1이라고 했을 때 정희와 용식이가 가지고 있는 모든 조각은 얼마인지 대분수로 나타내시오.

(　　　　　　　　)

⬡이 1이므로 △은 $\frac{1}{6}$, ⏢은 $\frac{3}{6}$을 나타냅니다.

**2** 동영상

| HME 19번 문제 수준 |

희진이네 반 남학생은 희진이네 반 학생 수의 $\frac{3}{8}$인 9명이고 희진이네 반 학생 수는 희진이네 학교 3학년 학생 수의 $\frac{2}{10}$입니다. 희진이네 학교 3학년 학생은 모두 몇 명인지 구하시오.

(　　　　　　　　)

| HME 20번 문제 수준 |

다음 수 카드 중 3장을 한 번씩만 사용하여 분모가 5인 대분수를 만들려고 합니다. 만들 수 있는 가장 작은 대분수와 가장 큰 대분수 사이에 분모가 5인 가분수는 모두 몇 개가 있습니까?

1 3 5 7 9

( )

| HME 21번 문제 수준 |

각 면에 1부터 6까지의 숫자가 적힌 주사위를 3번 굴려서 나오는 수를 차례대로 다음 분수의 ①, ②, ③ 자리에 넣었을 때 이 분수가 4보다 작은 대분수인 경우는 모두 몇 가지인지 구하시오.

$①\frac{②}{③}$

( )

만들 수 있는 대분수에서 분수 부분이 될 수 있는 경우는 모두 몇 가지인지 먼저 구해 봅니다.

## 아버지의 유언

옛날에 어떤 아버지가 죽으면서 삼형제에게 유언을 남겼어요.

"내가 죽으면 소 17마리를 나누어 가지거라. 17마리 중 첫째는 $\frac{1}{2}$을, 둘째는 $\frac{1}{3}$을, 셋째는 $\frac{1}{9}$을 갖도록 해라. 단, 소를 절대 죽여서는 안 된다."

삼형제는 아버지의 말씀대로 소를 나누어 가지려고 했어요. 하지만 삼형제는 17마리를 2묶음 또는 3묶음이나 9묶음이 되도록 똑같이 나눌 수가 없었어요.

삼형제가 소를 어떻게 나눠야 할지 몰라 끙끙대자 지나가던 노인이 말했어요.

"그럼 내 소 한 마리를 더해서 다시 계산해 볼까? 이제 소가 18마리니까 첫째는 18마리의 $\frac{1}{2}$인 9마리, 둘째는 18마리의 $\frac{1}{3}$인 6마리, 셋째는 18마리의 $\frac{1}{9}$인 2마리를 가지면 되겠구먼."

첫째가 고개를 갸웃하며 물었어요.

"저희는 좋습니다만 영감님 소를 저희한테 공짜로 줘도 된다는 말씀이십니까?"

"세상에 내가 왜 소를 공짜로 줘? 자네들 소를 다시 더해 보게나."

삼형제가 각자 나눈 소를 더했더니 $9+6+2=17$(마리)가 되는 것이에요.

노인은 자기 소를 가지고 떠났고, 삼형제는 아버지의 말씀대로 소를 나누어 갖고 행복하게 잘 살았다고 해요.

# 들이와 무게

**학습 계획표**

계획표대로 공부했으면 ○표, 못했으면 △표 하세요.

| 내용 | 쪽수 | 날짜 | 확인 |
|---|---|---|---|
| 잘 틀리는 실력 유형 | 62~63쪽 | 월 일 | |
| 다르지만 같은 유형 | 64~65쪽 | 월 일 | |
| 응용 유형 | 66~69쪽 | 월 일 | |
| 사고력 유형 | 70~71쪽 | 월 일 | |
| 최상위 유형 | 72~73쪽 | 월 일 | |

## 유형 01 □ 안에 알맞은 수 구하기(1)

| | | | | |
|---|---|---|---|---|
| | ㉠ | L | 400 | mL |
| + | 3 | L | ㉡ | mL |
| | 5 | L | 600 | mL |

① mL끼리 계산하면 400+㉡=600이므로 600−400=㉡, ㉡=□입니다.

② L끼리 계산하면 ㉠+3=5이므로 5−3=㉠, ㉠=□입니다.

**01** □ 안에 알맞은 수를 써넣으시오.

| | | | | |
|---|---|---|---|---|
| | □ | L | 300 | mL |
| + | 2 | L | □ | mL |
| | 7 | L | 900 | mL |

**02** □ 안에 알맞은 수를 써넣으시오.

| | | | | |
|---|---|---|---|---|
| | 4 | L | □ | mL |
| + | □ | L | 500 | mL |
| | 9 | L | 300 | mL |

**03** □ 안에 알맞은 수를 써넣으시오.

| | | | | |
|---|---|---|---|---|
| | 6 | L | □ | mL |
| − | □ | L | 700 | mL |
| | 2 | L | 400 | mL |

## 유형 02 □ 안에 알맞은 수 구하기(2)

| | | | | |
|---|---|---|---|---|
| | ㉠ | kg | 800 | g |
| + | 2 | kg | ㉡ | g |
| | 4 | kg | 900 | g |

① g끼리 계산하면 800+㉡=900이므로 900−800=㉡, ㉡=□입니다.

② kg끼리 계산하면 ㉠+2=4이므로 4−2=㉠, ㉠=□입니다.

**04** □ 안에 알맞은 수를 써넣으시오.

| | | | | |
|---|---|---|---|---|
| | □ | kg | 400 | g |
| + | 1 | kg | □ | g |
| | 7 | kg | 800 | g |

**05** □ 안에 알맞은 수를 써넣으시오.

| | | | | |
|---|---|---|---|---|
| | □ | kg | 200 | g |
| − | 4 | kg | □ | g |
| | 5 | kg | 550 | g |

**06** □ 안에 알맞은 수를 써넣으시오.

| | | | | |
|---|---|---|---|---|
| | 3 | kg | □ | g |
| + | □ | kg | 700 | g |
| | 9 | kg | | |

QR 코드를 찍어 **동영상 특강**을 보세요.

공부한 날 월 일

## 유형 03 들이가 많은 컵 구하기

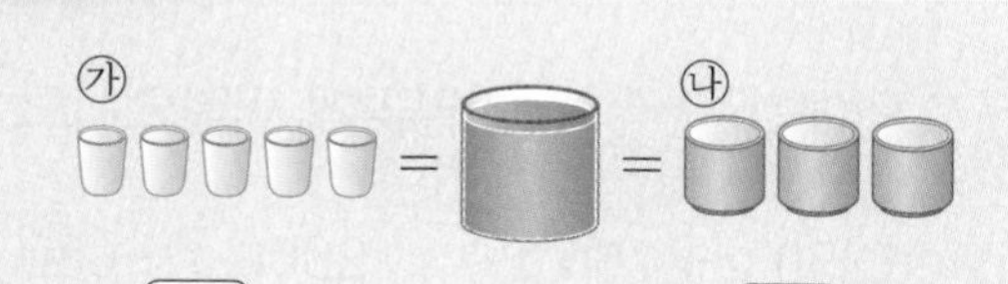


□번 □번

똑같은 수조에 물을 가득 채울 때는 부은 횟수가 적을수록 들이가 더 ( 많습니다 , 적습니다 ).

⇨ 들이가 더 많은 컵은 □입니다.

**07** 똑같은 수조에 물을 가득 채우려면 가 컵으로는 8번, 나 컵으로는 14번 부어야 합니다. 가 컵과 나 컵 중 어느 컵의 들이가 더 많습니까?

( )

**08** 똑같은 수조에 물을 가득 채우려면 가 컵으로는 7번, 나 컵으로는 5번 부어야 합니다. 가 컵과 나 컵 중 어느 컵의 들이가 더 적습니까?

( )

**09** 똑같은 수조에 물을 가득 채우려면 각 컵으로 다음과 같이 각각 부어야 합니다. 들이가 가장 많은 컵의 기호를 쓰시오.

| 컵 | 가 | 나 | 다 |
|---|---|---|---|
| 횟수(번) | 3 | 6 | 8 |

( )

## 유형 04 새 교과서에 나온 활동 유형

**10** 모둠별로 수조에 물을 담았습니다. 1 L에 가장 가깝게 물을 담은 모둠을 쓰시오.

| 모둠 | 가 | 나 | 다 | 라 |
|---|---|---|---|---|
| 수조에 담은 물의 양(mL) | 850 | 920 | 1040 | 1100 |

( )

**11** 모둠별로 물건을 모았습니다. 1 kg에 가장 가깝게 물건을 모은 모둠을 쓰시오.

| 모둠 | 가 | 나 | 다 | 라 |
|---|---|---|---|---|
| 모은 물건의 무게(g) | 970 | 990 | 1020 | 1050 |

( )

## 유형 01 들이 계산하여 비교하기

**01** ○ 안에 >, =, <를 알맞게 써넣으시오.

2700 mL+550 mL ○ 3285 mL

**02** 들이가 더 많은 것의 기호를 쓰시오.

㉠ 8 L 500 mL+6 L 500 mL
㉡ 19 L 200 mL−4 L 100 mL

(　　　　　　　)

**03** 성우는 흰색 페인트 1 L 310 mL와 검은색 페인트 740 mL를 섞었고 연지는 흰색 페인트 860 mL와 검은색 페인트 1 L 200 mL를 섞었습니다. 섞은 페인트의 양이 더 많은 사람은 누구입니까?

(　　　　　　　)

## 유형 02 무게 계산하여 비교하기

**04** ○ 안에 >, =, <를 알맞게 써넣으시오.

1250 g+760 g ○ 2800 g−680 g

**05** 무게가 더 무거운 것의 기호를 쓰시오.

㉠ 4 kg 800 g+2 kg 600 g
㉡ 9 kg 170 g−1 kg 810 g

(　　　　　　　)

서술형

**06** 진희는 돼지고기 410 g과 소고기 860 g을 샀고, 준기는 돼지고기 670 g과 소고기 550 g을 샀습니다. 산 고기가 더 무거운 사람은 누구인지 풀이 과정을 쓰고 답을 구하시오.

[풀이]

[답]

## 유형 03 같은 금액으로 더 많은 양의 물건 사기

**07** 1600원으로 살 수 있는 물병의 들이의 합은 몇 L입니까?

| 물병 1개의 들이 | 가격 |
|---|---|
| 1 L 500 mL | 800원 |

( )

**08** 두 마트에서 파는 오렌지주스 1병의 가격과 양입니다. 2000원으로 더 많은 양의 주스를 살 수 있는 마트는 어느 마트입니까?

| | 해법 마트 | 천재 마트 |
|---|---|---|
| 가격 | 2000원 | 1000원 |
| 주스 양 | 800 mL | 500 mL |

( )

**09** A 세제와 B 세제 한 통의 가격과 양입니다. 12000원으로 더 많은 양의 세제를 사려고 할 때, 어느 세제를 사야 합니까?

| | A 세제 | B 세제 |
|---|---|---|
| 가격 | 12000원 | 4000원 |
| 세제 양 | 2 L 600 mL | 900 mL |

( )

## 유형 04 선택한 물건의 무게 구하기

**10** 다음과 같이 장을 보려고 할 때 장 볼 소금의 무게는 몇 kg입니까?

장 볼 물건

| 물건 | 1봉지의 무게 | 수량 |
|---|---|---|
| 소금 | 500 g | 4봉지 |

( )

**11** 식당에서 다음과 같이 주문했을 때 주문한 음식의 무게는 모두 몇 g입니까?

해법 식당 No.

| 종류 | 1인분 | 수량 |
|---|---|---|
| 꽃등심 | 130 g | 4인분 |
| 안심 | 150 g | 2인분 |

( )

**12** 딸기와 설탕을 같은 무게로 사려면 설탕은 몇 봉지 사야 합니까?

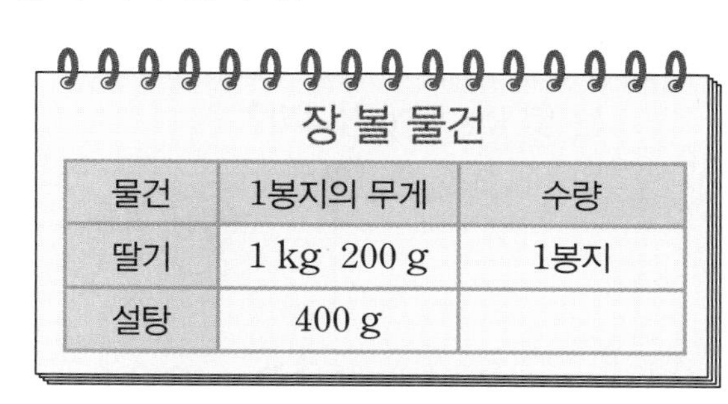
장 볼 물건

| 물건 | 1봉지의 무게 | 수량 |
|---|---|---|
| 딸기 | 1 kg 200 g | 1봉지 |
| 설탕 | 400 g | |

( )

5 들이와 무게

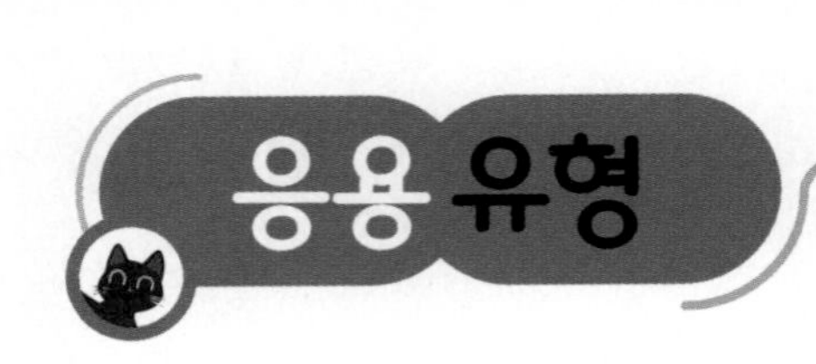




### 사용한 무게 구하기

**01** ❷무게가 2 kg 700 g인 버터를 / ❶사용하고 남은 버터의 무게입니다. / ❷사용한 버터의 무게는 몇 g입니까?

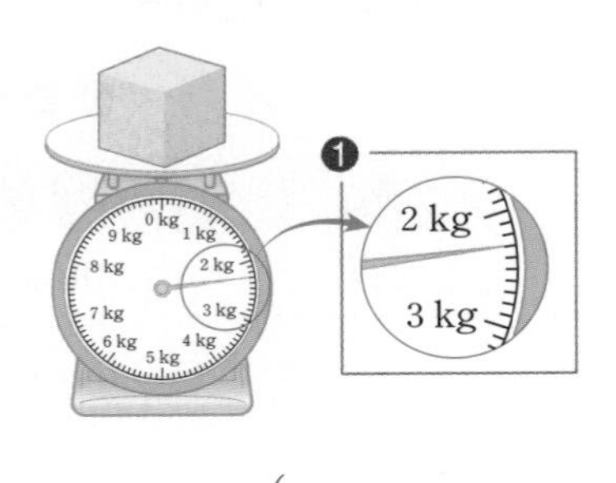


( )

❶ 저울을 보고 남은 버터의 무게를 알아봅니다.
❷ (사용한 버터의 무게)
=(사용하기 전 버터의 무게)
−(남은 버터의 무게)

### 얼마나 더 많은지 구하기

**02** ❶진영이와 세현이가 산 음료수의 양입니다. / ❷누가 산 음료수의 양이 몇 mL 더 많은지 차례로 쓰시오.

❶

| | 진영 | 세현 |
|---|---|---|
| 식혜 | 1 L 200 mL | 350 mL |
| 탄산음료 | 500 mL | 1 L 500 mL |

( ), ( )

❶ (산 음료수의 양)
=(식혜의 양)+(탄산음료의 양)
❷ 각자 산 음료수의 양을 비교합니다.

### 쇠 그릇의 무게 구하기

**03** ❶200 g짜리 / ❷추 3개를 담은 쇠 그릇의 무게를 저울로 재어 보니 다음과 같았습니다. / ❸쇠 그릇만의 무게는 몇 kg 몇 g입니까?

❷

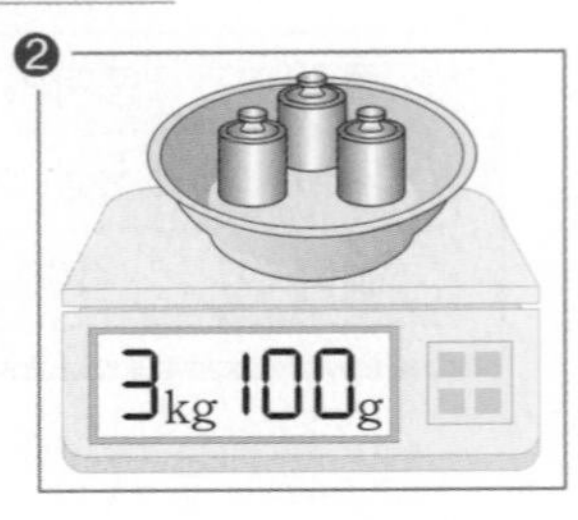


( )

❶ (추 1개의 무게)=200 g
❷ (저울이 나타내는 무게)
=(추 3개의 무게)+(쇠 그릇의 무게)
❸ ❷에서 쇠 그릇만의 무게를 구합니다.

## 일정 시간 동안 흘러나오는 물의 양 구하기

**04** ❶1분 동안 물 1 L 350 mL가 나오는 수도꼭지를 틀어 빈 양동이에 물을 받고 있습니다. / ❷4분이 지났을 때 물 500 mL가 흘러 넘쳤습니다. / ❸양동이의 들이는 몇 L 몇 mL입니까?

( )

❶ ■분 동안 나오는 물의 양: 1분 동안 나오는 물의 양을 ■번 더합니다.
❷ 4분 동안 나오는 물의 양이 양동이의 들이보다 500 mL 더 많습니다.
❸ (양동이의 들이)
=(4분 동안 나온 물의 양)−500 mL



## 저울을 보고 무게 구하기

**05** ❷사과 1개의 무게가 280 g일 때 / ❸멜론 1개의 무게는 몇 g입니까? / (단, ❶감 1개의 무게는 각각 같습니다.)

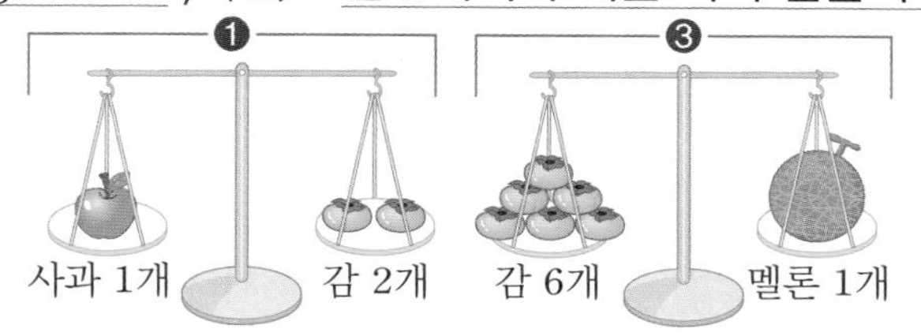


( )

❶ (사과 1개의 무게)=(감 2개의 무게)
❷ ❶을 이용하여 감 1개의 무게를 구합니다.
❸ (멜론 1개의 무게)=(감 6개의 무게)

## 물의 양을 같게 만들기

**06** ❶수조에 다음과 같이 물이 들어 있습니다. / ❷두 수조의 물의 양을 같게 하려면 / ❸가 수조에서 나 수조로 물을 몇 mL 부어야 합니까?

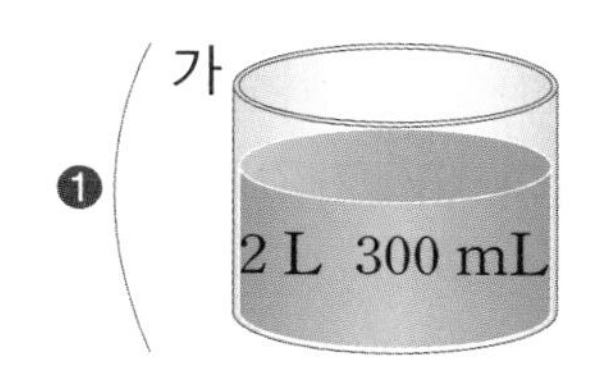

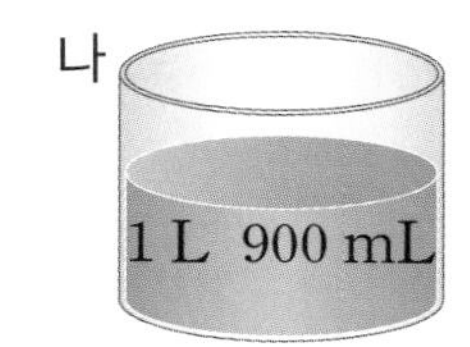


( )

❶ (전체 물의 양)
=(가 수조의 물의 양)
+(나 수조의 물의 양)
❷ 2번 더해 전체 물의 양이 나오는 물의 양을 구합니다.
❸ 가 수조의 물이 ❷에서 구한 물의 양보다 많습니다.

## 07

동영상

들이가 가장 많은 것의 기호를 쓰시오.

㉠ 7 L 580 mL
㉡ 7085 mL
㉢ 6 L 900 mL

(　　　　　　　　　　)

## 08

동영상

무게가 가장 무거운 것의 기호를 쓰시오.

㉠ 3 kg 500 g　　㉡ 3005 g
㉢ 3550 g　　㉣ 3 kg 50 g

(　　　　　　　　　　)

## 09

동영상

한주는 콩 한 되와 보리 한 홉을 샀습니다. 한주가 산 콩과 보리는 모두 약 몇 L 몇 mL입니까?

한 되: 약 1 L 800 mL
한 홉: 약 180 mL

약 (　　　　　　　　　　)

**사용한 무게 구하기**

## 10

동영상

무게가 3 kg인 설탕 1봉지를 사용하고 남은 설탕의 무게입니다. 사용한 설탕의 무게는 몇 kg 몇 g입니까? (단, 봉지의 무게는 생각하지 않습니다.)

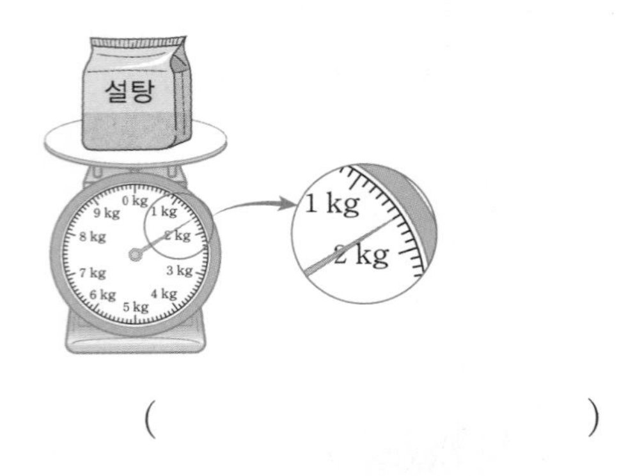


(　　　　　　　　　　)

**얼마나 더 많은지 구하기**

## 11

동영상

지훈이네 가족과 세란이네 가족이 이틀 동안 마신 우유의 양입니다. 어느 가족이 몇 mL 더 많이 마셨는지 차례로 쓰시오.

| | 지훈이네 | 세란이네 |
|---|---|---|
| 어제 | 1 L 300 mL | 950 mL |
| 오늘 | 850 mL | 1 L 150 mL |

(　　　　　　　), (　　　　　　　)

## 12

동영상

무게가 2 kg 100 g인 의자의 무게를 도영이는 2 kg 350 g, 우주는 1 kg 900 g으로 어림하였습니다. 더 가깝게 어림한 사람은 누구입니까?

(　　　　　　　　　　)

**쇠 그릇의 무게 구하기**

**13** 동영상

100 g짜리 추 5개를 담은 쇠 그릇의 무게를 저울로 재어 보니 다음과 같았습니다. 쇠 그릇만의 무게는 몇 kg 몇 g입니까?

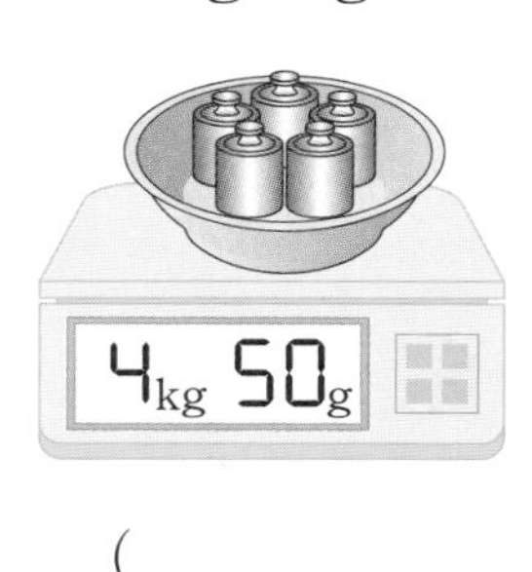


( )

**일정 시간 동안 흘러나오는 물의 양 구하기**

**14**  동영상

1분 동안 물 1 L 500 mL가 나오는 수도꼭지를 틀어 빈 냄비에 물을 받고 있습니다. 3분이 지났을 때 물 600 mL가 흘러 넘쳤습니다. 냄비의 들이는 몇 L 몇 mL입니까?

( )

**저울을 보고 무게 구하기**

**15**  동영상

멜론 1개의 무게는 620 g, 자두 1개의 무게는 40 g일 때 파인애플 1개의 무게는 몇 g입니까? (단, 참외 1개의 무게는 각각 같습니다.)

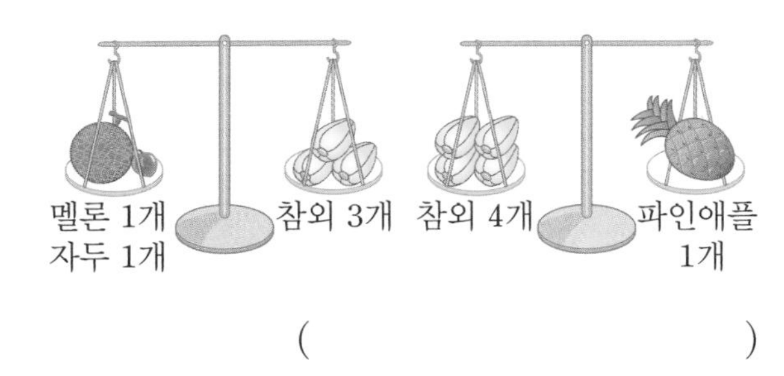


( )

**물의 양을 같게 만들기**

**16**  동영상

수조에 다음과 같이 물이 들어 있습니다. 두 수조의 물의 양을 같게 하려면 가 수조에서 나 수조로 물을 몇 mL 부어야 합니까?

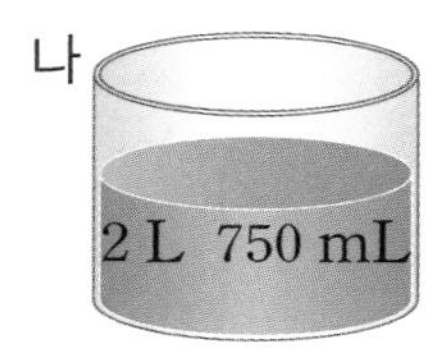


( )

**17** 동영상

가, 나 물통에 물을 가득 채운 후 빈 수조에 옮겨 담았더니 3 L 200 mL입니다. 그리고 가 물통에 다시 물을 가득 채운 후 수조에 옮겨 담으니 5 L가 되었습니다. 나 물통의 들이는 몇 L 몇 mL입니까?

( )

**18** 동영상

진호, 현철, 근우가 한꺼번에 저울에 올라가서 몸무게를 재어 보니 84 kg이었습니다. 진호의 몸무게는 29 kg 800 g이고, 현철이의 몸무게는 진호의 몸무게보다 1 kg 900 g 더 가볍습니다. 근우의 몸무게는 몇 kg 몇 g입니까?

( )

**1** 들이가 4 L인 물통과 7 L인 물통이 있습니다. 명령에 따라 실행하면 양동이에 남은 물은 몇 L입니까?

▶ 실행하기
- 들이가 4 L인 물통에 물을 가득 담아 양동이에 붓기
- 들이가 4 L인 물통에 물을 가득 담아 양동이에 붓기
- 양동이의 물을 들이가 7 L인 물통에 가득 담아 덜어 내기
- 끝내기

(　　　　　　　　)

덜어 내기 전에 양동이에 물 4 L를 두 번 부었습니다.

**2** 들이가 다음과 같은 두 물통을 모두 사용하여 빈 수조에 물 7 L를 담는 방법을 쓰시오.

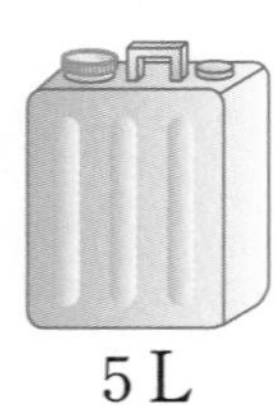
5 L

3 L

[방법]

윗접시저울에 여러 가지 모양의 추를 올려놓았습니다. 가 8 g일 때 나머지 추의 무게를 구해 보세요. (단, 같은 모양의 추끼리는 무게가 같습니다.)

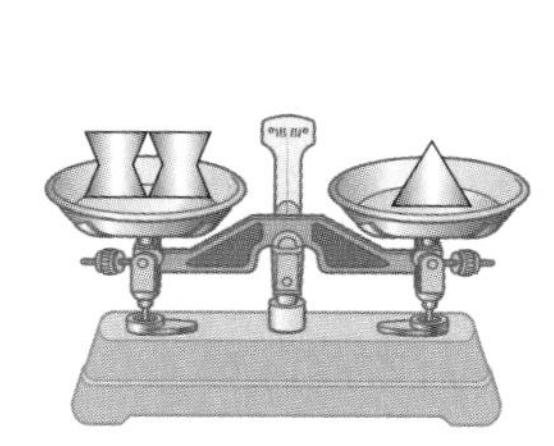

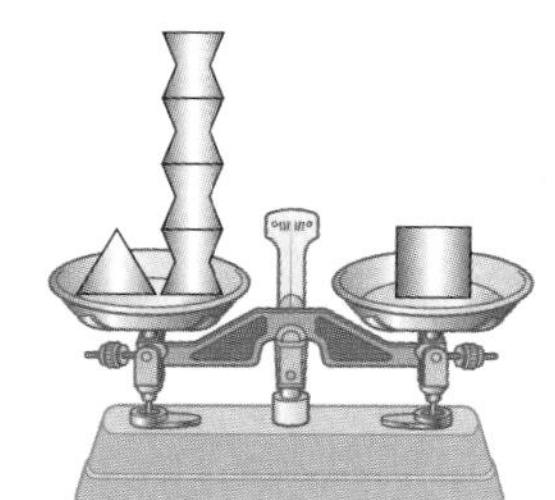

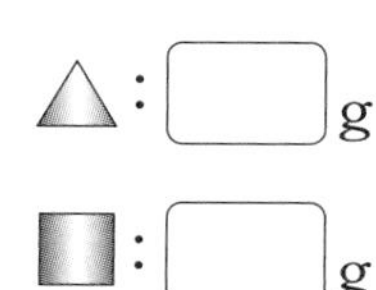

이 8 g인 것을 이용해 나머지 추의 무게를 구합니다.

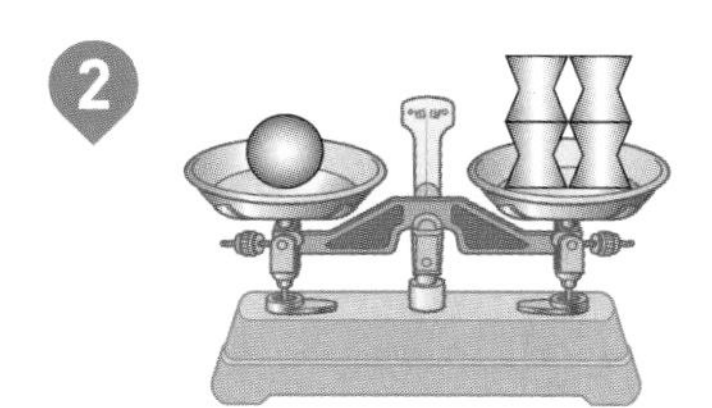

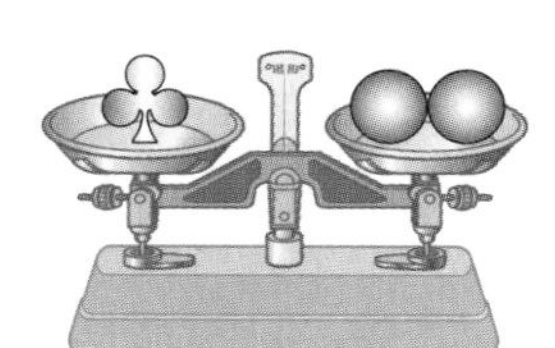

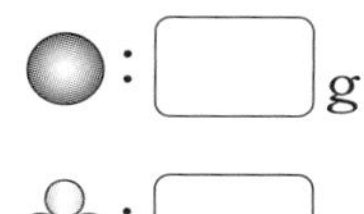

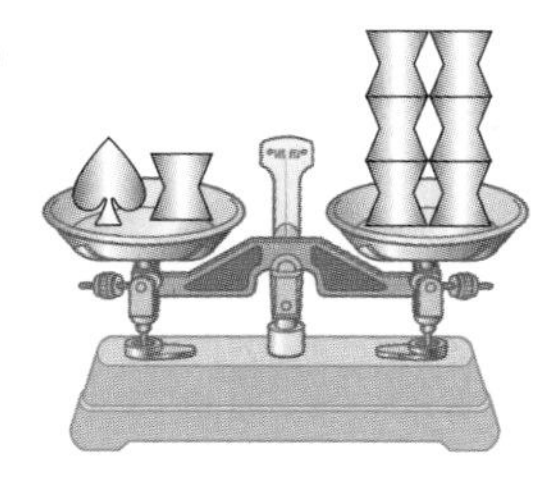

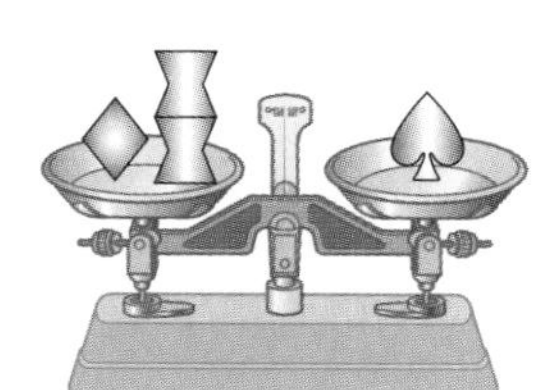

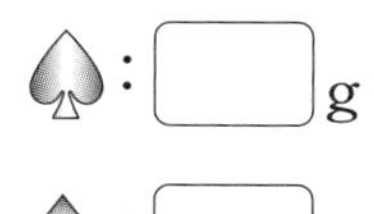

**1** 동영상

| HME 19번 문제 수준 |

지혜의 몸무게가 24 kg 600 g입니다. 지혜의 아버지의 몸무게는 지혜 몸무게의 3배보다 160 g이 더 가볍고, 지혜의 어머니의 몸무게는 지혜 몸무게의 2배보다 900 g 더 무겁습니다. 지혜의 아버지와 어머니의 몸무게의 차는 몇 kg 몇 g인지 구하시오.

( )

지혜의 몸무게를 이용하여 아버지와 어머니의 몸무게를 먼저 구합니다.

**2** 동영상

| HME 20번 문제 수준 |

연우와 성우는 어항에 가득 차 있는 물을 갈아 주려고 합니다. 연우는 들이가 400 mL인 바가지로, 성우는 들이가 250 mL인 바가지로 어항에 가득 차 있는 물을 퍼냈습니다. 물을 바가지에 가득 담아서 연우가 5번 퍼내고 성우가 8번 퍼냈더니 어항에 가득 차 있는 물이 모두 없어졌습니다. 수도꼭지에서 1초에 200 mL의 물이 나온다면 어항에 새로 물을 가득 채우는 데 몇 초가 걸리는지 구하시오.

( )

3

| HME 22번 문제 수준 |

물이 들어 있는 세 개의 그릇이 있는데 이 중 두 그릇씩 짝을 지어 들어 있는 물의 양을 더하면 각각 342 mL, 236 mL, 416 mL입니다. 세 그릇 중 가장 적게 들어 있는 그릇의 물의 양은 몇 mL인지 구하시오.

( )

4

| HME 23번 문제 수준 |

세 모둠이 길이가 서로 다른 용수철저울을 이용하여 추를 매달면서 용수철저울의 길이를 재고 있습니다. 세 모둠이 각각의 용수철저울에 70 g의 추를 달고 잰 용수철저울의 길이의 합은 모두 몇 cm인지 구하시오.

1모둠: 아무것도 매달지 않았을 때 12 cm였고, 10 g의 추를 매달면 19 cm, 20 g의 추를 매달면 26 cm였습니다.
2모둠: 10 g의 추를 매달면 15 cm, 20 g의 추를 매달면 21 cm, 30 g의 추를 매달면 27 cm였습니다.
3모둠: 20 g의 추를 매달면 29 cm, 40 g의 추를 매달면 45 cm, 60 g의 추를 매달면 61 cm였습니다.

( )

용수철저울에 추를 10 g씩 매달 때마다 몇 cm씩 늘어나는지 확인합니다.

쉬어 가기

## 신생아의 몸무게는?

갓 태어난 신생아의 몸무게는 얼마일까요?
남자 아기는 보통 3 kg 360 g,
여자 아기는 3 kg 260 g이래요.
아기는 태어나서 1년 동안 가장 많이 성장하는데 1년 만에 몸무게가 무려 약 3배나 늘어난대요.
첫 돌 무렵이면 남자 아기는 보통 10 kg 300 g, 여자 아기는 9 kg 820 g 정도 된대요. 그 후 몸무게가 느는 속도가 확 줄어들어서 태어난 지 2년이 지나면 남자 아기는 13 kg 140 g, 여자 아기는 12 kg 500 g 정도 된답니다.

## 어린이의 몸무게는?

이제 어린이들의 몸무게를 알아볼까요?
초등학교 3학년, 즉 태어난 지 만 9년이 되면
남자 어린이는 표준 키가 134 cm,
표준 몸무게가 31 kg 정도랍니다.
여자 어린이는 표준 키가 132 cm,
표준 몸무게는 30 kg 정도 되지요.

여기에서 몸무게가 남자 어린이와 여자 어린이 모두 표준 몸무게의 $\frac{2}{10}$가 넘어가면 비만이라고 해요. 즉, 여자 어린이는 36 kg이 넘으면 빨간불이 켜지는 것이죠. (물론 키가 132～133 cm일 경우에 해당되는 몸무게랍니다.)
2020년 우리나라 초등학교 6학년 학생들의 표준 키와 몸무게를 조사했더니 남자는 키 152.1 cm에 몸무게 48.8 kg, 여자는 키 152.3 cm에 몸무게 46.1 kg이었답니다. 키나 몸무게가 큰 차이가 없죠?

# 자료와 그림그래프

**학습 계획표**

계획표대로 공부했으면 ○표, 못했으면 △표 하세요.

| 내용 | 쪽수 | 날짜 | 확인 |
|---|---|---|---|
| 잘 틀리는 실력 유형 | 76~77쪽 | 월 일 | |
| 다르지만 같은 유형 | 78~79쪽 | 월 일 | |
| 응용 유형 | 80~83쪽 | 월 일 | |
| 사고력 유형 | 84~85쪽 | 월 일 | |
| 최상위 유형 | 86~87쪽 | 월 일 | |

## 유형 01 표와 그림그래프 완성하기

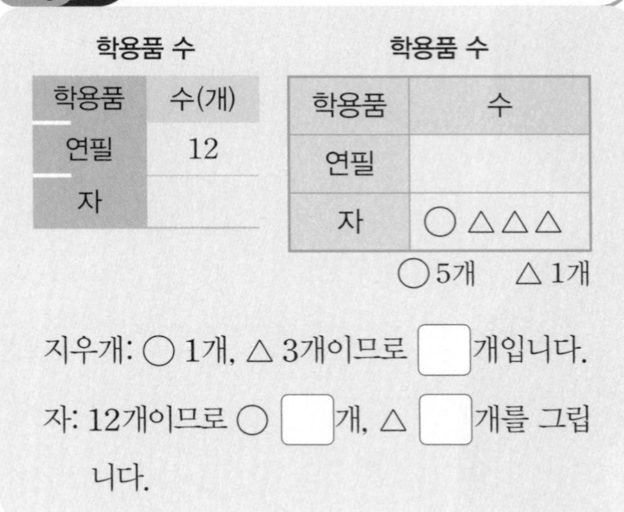

학용품 수

| 학용품 | 수(개) |
| --- | --- |
| 연필 | 12 |
| 자 | |

학용품 수

| 학용품 | 수 |
| --- | --- |
| 연필 | |
| 자 | ○△△△ |

○5개 △1개

지우개: ○ 1개, △ 3개이므로 ☐개입니다.

자: 12개이므로 ○ ☐개, △ ☐개를 그립니다.

**[01~02] 표와 그림그래프를 각각 완성하시오.**

**01**

3일간 도서실에 온 학생 수

| 날짜 | 1일 | 2일 | 3일 | 합계 |
| --- | --- | --- | --- | --- |
| 학생 수(명) | 36 | | 43 | 101 |

3일간 도서실에 온 학생 수

| 날짜 | 학생 수 |
| --- | --- |
| 1일 | ○○○△△△△△△ |
| 2일 | ○○△△ |
| 3일 | |

○10명 △1명

**02**

반별 학급 문고 수

| 반 | 1반 | 2반 | 3반 | 합계 |
| --- | --- | --- | --- | --- |
| 학급 문고 수(권) | 45 | | 32 | |

반별 학급 문고 수

| 반 | 학급 문고 수 |
| --- | --- |
| 1반 | |
| 2반 | ○○○○○ |
| 3반 | |

○10권 △1권

## 유형 02 합계를 알 때 그림그래프 완성하기

(모르는 자료값)=(합계)−(알고 있는 자료값)

반별 학생 수

| 반 | 학생 수 |
| --- | --- |
| 1반 | ◎◎○○ |
| 2반 | |

◎10명 ○1명

1반의 학생 수는 ☐명입니다.

두 반의 학생 수가 45명이면 2반의 학생 수는 45−☐=☐(명)입니다.

**03** 좋아하는 음식별 학생 수를 조사하여 나타낸 그림그래프입니다. 학생 수가 모두 50명일 때 그림그래프를 완성하시오.

좋아하는 음식별 학생 수

| 음식 | 학생 수 |
| --- | --- |
| 피자 | ◎◎○○ |
| 치킨 | ◎○○○○○ |
| 햄버거 | |

◎10명 ○1명

**04** 반별 학급 문고 수를 조사하여 나타낸 그림그래프입니다. 네 반의 학급 문고 수의 합계가 256권일 때 그림그래프를 완성하시오.

반별 학급 문고 수

| 반 | 학급 문고 수 |
| --- | --- |
| 1반 | ◎●●○○ |
| 2반 | ◎●○○○○ |
| 3반 | ◎○○○○○○○○ |
| 4반 | |

◎50권 ●10권 ○1권

## 유형 03 필요한 그림의 수 구하기

◆가 10개, ◇가 1개를 나타내는 그림그래프에서 12개를 그림으로 나타낼 때 필요한 그림의 수 구하기

◆의 수: □개, ◇의 수: □개

⇨ 필요한 그림의 수: □개

**05** 어느 빵 가게에서 하루 동안 팔린 빵의 수를 조사하여 나타낸 그림그래프입니다. 62개가 팔린 피자빵을 그림그래프로 나타낼 때 필요한 그림은 모두 몇 개입니까?

하루 동안 팔린 빵의 수

| 빵 | 팔린 빵의 수 |
|---|---|
| 크림빵 | 🥖🥖🥖🥖🥖 |
| 피자빵 | |
| 식빵 | 🥖🥖🥖🥖🥖🥖 |

(큰 그림) 10개, (작은 그림) 1개

(　　　　　　　　)

**06** 마을에 살고 있는 사람 수를 조사하여 나타낸 그림그래프입니다. 275명이 살고 있는 다 마을을 그림그래프로 나타낼 때 필요한 그림은 모두 몇 개입니까?

마을별 사람 수

| 마을 | 사람 수 |
|---|---|
| 가 | ☺☺☺☺☺☺ |
| 나 | ☺☺☺☺☺☺○ |
| 다 | |

(큰 그림) 50명, (중간 그림) 10명, (작은 그림) 1명

(　　　　　　　　)

## 유형 04 새 교과서에 나온 활동 유형

**[07~08]** 3학년 학생들이 좋아하는 동물을 조사하여 나타낸 표입니다. 물음에 답하시오.

좋아하는 동물

| 동물 | 강아지 | 고양이 | 토끼 | 합계 |
|---|---|---|---|---|
| 남학생 수(명) | 18 | 19 | 9 | 46 |
| 여학생 수(명) | 27 | 17 | 3 | 47 |

**07** 그림그래프로 나타내시오.

좋아하는 동물

| 동물 | 학생 수 |
|---|---|
| 강아지 | |
| 고양이 | |
| 토끼 | |

● 10명
○ 1명

서술형

**08** 그림그래프를 보고 알 수 있는 점을 2가지 쓰시오.

## 유형 01 조건에 알맞은 항목 찾기

**01** 문구점에 있는 물건의 수를 조사하여 나타낸 그림그래프입니다. 수가 60자루보다 많은 물건은 무엇입니까?

문구점에 있는 물건의 수

| 물건 | 물건 수 |
|---|---|
| 연필 | |
| 사인펜 | |
| 볼펜 | |
| 색연필 | |

10자루
1자루

( )

**02** 진규네 학교 3학년 학생들이 좋아하는 과목을 조사하여 나타낸 그림그래프입니다. 학생 수가 75명보다 많고 100명보다 적은 과목을 모두 쓰시오.

학생들이 좋아하는 과목

| 과목 | 학생 수 |
|---|---|
| 국어 | |
| 수학 | |
| 사회 | |
| 과학 | |

50명
10명
1명

( )

## 유형 02 순서 구하기

**03** 학생들이 좋아하는 색깔을 조사하여 나타낸 그림그래프입니다. 세 번째로 많은 학생이 좋아하는 색깔은 무슨 색입니까?

학생들이 좋아하는 색깔

| 색깔 | 학생 수 |
|---|---|
| 파란색 | |
| 빨간색 | |
| 노란색 | |
| 초록색 | |

5명
1명

( )

**04** 학생들이 좋아하는 책의 종류를 조사하여 나타낸 그림그래프입니다. 두 번째로 적은 학생이 좋아하는 책은 무엇입니까?

좋아하는 책의 종류

| 책 | 학생 수 |
|---|---|
| 그림책 | |
| 동화책 | |
| 만화책 | |
| 소설책 | |

10명
1명

( )

## 유형 03 그림그래프를 표로 나타내기

**05** 학생들의 혈액형을 조사하여 나타낸 그림그래프입니다. 표로 나타내어 보시오.

학생들의 혈액형

| 혈액형 | 학생 수 |
| --- | --- |
| A형 | |
| B형 | |
| O형 | |
| AB형 | |

10명, 1명

학생들의 혈액형

| 혈액형 | A형 | B형 | O형 | AB형 | 합계 |
| --- | --- | --- | --- | --- | --- |
| 학생 수(명) | | | | | |

**06** 반별 학생 수를 조사하여 나타낸 그림그래프입니다. 그림그래프를 완성하고 표로 나타내어 보시오.

반별 학생 수

| 반 | 학생 수 |
| --- | --- |
| 1반 | |
| 2반 | |
| 3반 | |
| 4반 | |

□명, 1명

반별 학생 수

| 반 | 1반 | 2반 | 3반 | 4반 | 합계 |
| --- | --- | --- | --- | --- | --- |
| 학생 수(명) | | | | 20 | |

## 유형 04 그림그래프 보고 예상하기

**07** 현우네 반 학생들이 가고 싶은 현장 학습 장소를 조사하여 나타낸 그림그래프입니다. 현장 학습을 어디로 가는 것이 좋을지 쓰시오.

학생들이 가고 싶은 현장 학습 장소

| 장소 | 학생 수 |
| --- | --- |
| 놀이공원 | |
| 동물원 | |
| 박물관 | |

5명, 1명

( )

**08** 학생들이 좋아하는 간식을 조사하여 나타낸 그림그래프입니다. 내일 학교에서 간식을 한 가지만 만든다면 어떤 간식을 만드는 것이 좋을지 쓰시오.

학생들이 좋아하는 간식

| 간식 | 학생 수 |
| --- | --- |
| 떡볶이 | |
| 만두 | |
| 튀김 | |

50명, 10명, 1명

( )

6 자료와 그림그래프

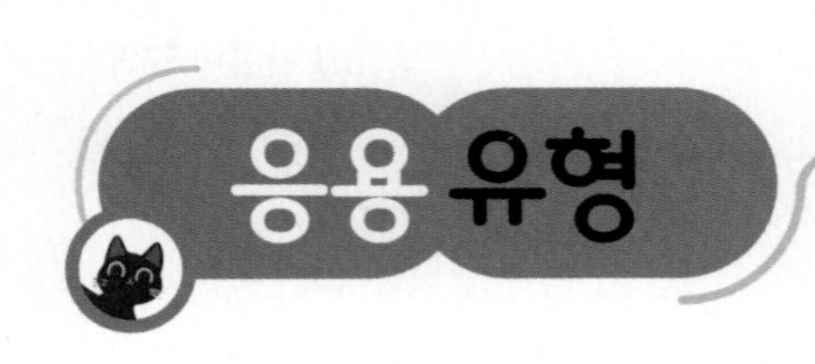



## 그림그래프에서 합계 구해 계산하기

**01** ❸빈병을 팔면 한 병에 70원씩 받는다고 합니다. / ❷네 모둠에서 모은 빈병을 / ❸모두 팔면 얼마를 받게 됩니까?

모둠별 모은 빈병의 수

| 모둠 | 빈병의 수 |
| --- | --- |
| 사랑 | |
| 희망 | |
| 보람 | |
| 꿈 | |

10병 / 1병

❶

(　　　　　　　　　　)

❶ 은 10병, 은 1병을 나타냅니다.
❷ 모둠별 모은 빈병 수의 합을 구합니다.
❸ (모은 빈병을 모두 팔면 받는 금액) =(❷×70)원

## 몇 배인 자료 찾기

**02** ❶안경을 쓴 학생 수가 1반의 / ❷2배인 반은 몇 반입니까?

반별 안경을 쓴 학생 수

| 반 | 학생 수 |
| --- | --- |
| ❶ 1반 | |
| 2반 | |
| 3반 | |
| 4반 | |

5명 / 1명

❷

(　　　　　　　　　　)

❶ 1반의 학생 수를 구합니다.
❷ ❶의 2배인 학생 수를 과 으로 나타내면 각각 몇 개인지 알아봅니다.

## 가장 많은 것과 가장 적은 것의 차 구하기

**03** ❶회사 네 곳의 전체 축구공 판매량은 1500상자입니다. / ❷판매량이 가장 많은 회사와 가장 적은 회사의 / ❸판매량의 차는 몇 상자입니까?

회사별 축구공 판매량

| 회사 | 판매량 |
| --- | --- |
| 가 |  ⚽⚽⚽⚽⚽⚽ |
| 나 |  ⚽⚽⚽⚽⚽⚽⚽⚽ |
| 다 |  ⚽⚽⚽⚽⚽ |
| 라 | |

⚽100상자
⚽ 10상자

( )

❶ (라 회사의 판매량)
=(전체 판매량)
−(가, 나, 다 회사의 판매량)
❷ 가, 나, 다 회사의 판매량과 ❶에서 구한 라 회사의 판매량의 크기를 비교하여 판매량이 가장 많은 회사와 가장 적은 회사의 판매량을 알아봅니다.
❸ ❷에서 구한 두 수의 차를 구합니다.

## 조건을 이용하여 그림그래프 완성하기

**04** 다음에 맞게 ❹그림그래프를 완성해 보시오.

- ❷4일 동안 놀이공원에 온 어린이는 모두 920명입니다.
- ❸3일과 6일에 온 어린이 수는 같습니다.
- ❶5일에 온 어린이는 350명입니다.

날짜별 놀이공원에 온 어린이 수

| 날짜 | 어린이 수 |
| --- | --- |
| 3일 | |
| 4일 | ●●○○○ |
| 5일 | |
| 6일 | |

●100명
○10명

❶ 5일에 온 어린이 수를 그림으로 나타냅니다.
❷ (3일과 6일에 온 어린이 수의 합)
=920−(4일과 5일에 온 어린이 수의 합)
❸ (3일에 온 어린이 수)
=(6일에 온 어린이 수)
❹ ●는 100명, ○는 10명을 나타냅니다.

6 자료와 그림그래프

그림그래프에서 합계 구해 계산하기

**05** 배 1상자의 무게는 5 kg입니다. 과수원 네 곳에서 생산한 배의 무게는 모두 몇 kg입니까?

동영상

과수원별 배 생산량

| 과수원 | 생산량 |
|---|---|
| 가 | 🍐🍐🍐 |
| 나 | 🍐🍐🍐🍐🍐 |
| 다 | 🍐🍐 |
| 라 | 🍐🍐🍐🍐🍐🍐🍐🍐🍐 |

(큰 배) 100상자 (작은 배) 10상자

(　　　　　　　　　　)

**06** 가 도시에는 초등학교가 몇 곳 있습니까?

동영상

도시별 초등학교의 수

| 도시 | 가 | 나 | 다 | 합계 |
|---|---|---|---|---|
| 초등학교의 수(곳) | | 7 | | 18 |

도시별 초등학교의 수

| 도시 | 초등학교의 수 |
|---|---|
| 가 | |
| 나 | 🏫🏫🏫 |
| 다 | 🏫 |

(큰 학교) 5곳 (작은 학교) 1곳

(　　　　　　　　　　)

**07** 그림의 단위를 바꾸어 그림그래프를 완성해 보시오.

동영상

학생들이 갖고 있는 연필 수

| 이름 | 연필 수 |
|---|---|
| 아진 | ◎○○○○○○○ |
| 근표 | ◎◎○○○○○○○ |
| 서희 | ◎○○○○○ |

◎10자루 ○1자루

학생들이 갖고 있는 연필 수

| 이름 | 연필 수 |
|---|---|
| 아진 | ◎●○○ |
| 근표 | |
| 서희 | |

◎10자루 ●5자루 ○1자루

몇 배인 자료 찾기

**08** 지호가 가지고 있는 연필 수의 2배를 가지고 있는 학생은 누구입니까?

동영상

학생들이 가지고 있는 연필 수

| 이름 | 연필 수 |
|---|---|
| 지호 | (큰 연필 3개, 작은 연필 4개) |
| 유나 | (큰 연필 6개, 작은 연필 2개) |
| 지혜 | (큰 연필 7개, 작은 연필 3개) |
| 정민 | (큰 연필 8개) |

(큰 연필) 5자루 (작은 연필) 1자루

(　　　　　　　　　　)

**09** 동영상

학년별 학원을 다니는 학생 수를 조사하여 2종류의 표로 나타내었습니다. 표의 빈 곳에 알맞은 수를 써넣으시오.

학년별 학원을 다니는 학생 수

| 학년 | 3 | 4 | 5 | 6 | 합계 |
|---|---|---|---|---|---|
| 학생 수(명) | 26 | 43 | 37 | 39 | 145 |

학년별 학원을 다니는 남녀 학생 수

| 학년 | 3 | 4 | 5 | 6 | 합계 |
|---|---|---|---|---|---|
| 남학생 수(명) | | | | 22 | 76 |
| 여학생 수(명) | | 28 | 18 | | |

가장 많은 것과 가장 적은 것의 차 구하기

**10** 동영상

네 어선에서 잡은 전체 물고기는 115상자입니다. 물고기를 가장 많이 잡은 어선과 가장 적게 잡은 어선의 물고기 양의 차는 몇 상자입니까?

어선별 잡은 물고기 양

| 어선 | 물고기의 양 |
|---|---|
| 승리호 | |
| 파도호 | |
| 바위호 | |
| 태양호 | |

10상자 / 1상자

( )

조건을 이용하여 그림그래프 완성하기

**11** 동영상

다음에 맞게 그림그래프를 완성해 보시오.

- 네 학생이 받은 칭찬 도장 수는 모두 400개입니다.
- 근표와 남주가 받은 칭찬 도장 수는 같습니다.
- 아진이는 칭찬 도장을 135개 받았습니다.

학생들이 받은 칭찬 도장의 수

| 이름 | 칭찬 도장 수 |
|---|---|
| 아진 | |
| 근표 | |
| 서희 | ◎●●●●○○○○○ |
| 남주 | |

◎ 100개
● 10개
○ 1개

**12** 동영상

마을별 비 온 날이 가 마을은 14일, 다 마을은 6일입니다. 비가 가장 많이 온 마을의 비 온 날수를 구하시오.

마을별 비 온 날수

| 마을 | 날수 |
|---|---|
| 가 | |
| 나 | |
| 다 | |
| 라 | |

(큰 우산) ☐일
(작은 우산) ☐일

( )

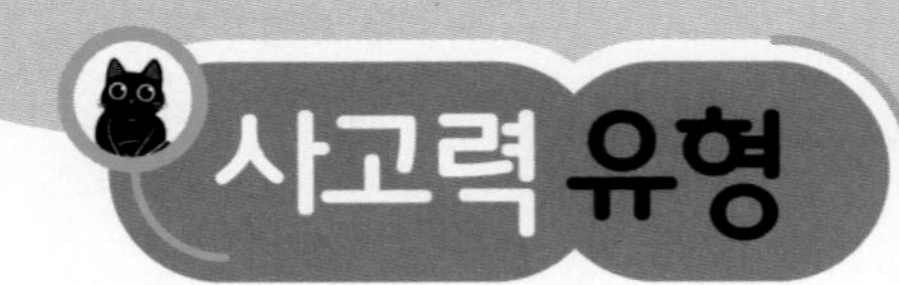




문제 해결

학생들이 좋아하는 꽃을 조사하여 나타낸 그림그래프입니다. 한 학생당 좋아하는 꽃을 2송이씩 나누어 주려고 한다면 장미, 튤립, 국화는 각각 몇 송이가 필요할까요?

**학생들이 좋아하는 꽃**

| 꽃 | 학생 수 |
|---|---|
| 장미 | |
| 튤립 | |
| 국화 | |

큰 그림: 10명

작은 그림: 1명

장미: ☐송이, 튤립: ☐송이, 국화: ☐송이

필요한 꽃의 수는 꽃을 좋아하는 학생 수의 2배입니다.

추론

과수원별 수확한 사과 수를 조사하여 나타낸 그림그래프입니다. 행복 과수원과 사랑 과수원의 사과 수의 차는 12상자이고, 행복 과수원과 우정 과수원의 사과 수의 차는 3상자입니다. 그림그래프에서 그림이 나타내는 수를 ☐ 안에 써넣으시오.

**과수원별 수확한 사과 수**

| 과수원 | 사과 수 |
|---|---|
| 행복 | |
| 사랑 | |
| 우정 | |

(큰 사과) ☐상자

(작은 사과) ☐상자

그림을 비교했을 때 어떤 그림이 몇 개 더 많은지 확인합니다.

창의 · 융합

운동회에서 하고 싶은 경기를 조사한 자료가 찢어졌습니다. 남아 있는 자료와 조건을 보고 물음에 답하시오.

동영상

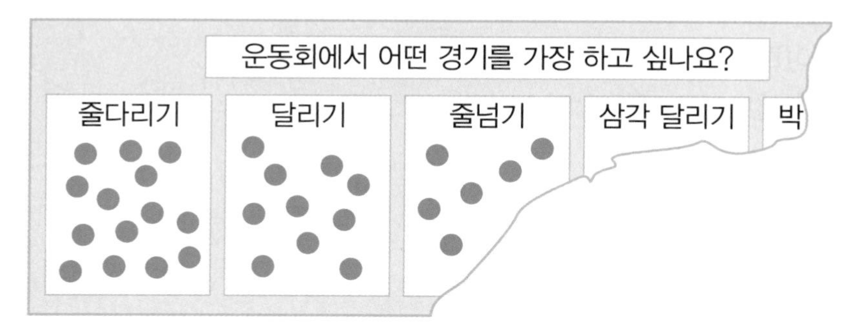


**조건**

- 조사에 참여한 학생은 58명입니다.
- 박 터트리기를 하고 싶은 학생은 줄다리기를 하고 싶은 학생보다 1명 더 많습니다.
- 줄넘기를 하고 싶은 학생은 삼각 달리기를 하고 싶은 학생보다 3명 더 적습니다.

**1** 표를 완성하시오.

운동회에서 하고 싶은 경기

| 경기 | 줄다리기 | 달리기 | 줄넘기 | 삼각 달리기 | 박 터트리기 | 합계 |
|---|---|---|---|---|---|---|
| 학생 수(명) | 14 | 10 | | | | 58 |

**2** 그림그래프를 완성하시오.

운동회에서 하고 싶은 경기

| 경기 | 학생 수 |
|---|---|
| 줄다리기 | |
| 달리기 | |
| 줄넘기 | |
| 삼각 달리기 | |
| 박 터트리기 | |

◎10명
○1명

6 자료와 그림그래프

1 동영상

| HME 18번 문제 수준 |

민재네 학교 3학년 학생들이 좋아하는 과일을 조사하여 나타낸 표입니다. 귤을 좋아하는 학생은 배를 좋아하는 학생의 2배이고 사과를 좋아하는 학생은 포도를 좋아하는 학생보다 26명 더 많습니다. 민재네 학교 3학년 학생은 모두 몇 명인지 구하시오.

좋아하는 과일별 학생 수

| 과일 | 사과 | 귤 | 배 | 포도 | 바나나 | 합계 |
|---|---|---|---|---|---|---|
| 학생 수(명) | 44 | | 17 | | 55 | |

( )

2 동영상

| HME 19번 문제 수준 |

가 농장의 소의 수를 나타낸 그림그래프입니다. 나 농장의 소는 가 농장의 소보다 18마리 더 많고 다 농장은 나 농장의 소의 수의 2배입니다. 라 농장의 소의 수가 다 농장의 소의 수의 $\frac{1}{4}$일 때 라 농장의 소의 수를 구하시오.

농장별 소의 수

| 농장 | 소의 수 |
|---|---|
| 가 | (큰 그림 3개, 작은 그림 2개) |
| 나 | |
| 다 | |
| 라 | |

큰 그림 10마리
작은 그림 1마리

( )

가 농장의 소의 수는 큰 그림 3개와 작은 그림 2개입니다.

| HME 21번 문제 수준 |

어느 지역의 학교별 학생 수를 조사하여 나타낸 그림그래프입니다. 네 학교의 학생 수는 모두 1563명이고 다 학교 학생 수는 나 학교 학생 수보다 51명 더 적습니다. 학생 수가 가장 많은 학교는 세 번째로 많은 학교보다 학생이 몇 명 더 많습니까?

(나 학교의 학생 수)
+(다 학교의 학생 수)
=1563−(가 학교의 학생 수)
−(라 학교의 학생 수)

학교별 학생 수

| 학교 | 학생 수 |
|---|---|
| 가 | |
| 나 | |
| 다 | |
| 라 | |

100명
10명
1명

( )

| HME 22번 문제 수준 |

3학년 학생 179명이 좋아하는 TV 프로그램을 조사하여 나타낸 그림그래프의 일부분입니다. 가려진 그림이 나타내는 학생 수의 $\frac{1}{6}$은 음악을 좋아하고, 뉴스는 1명, 드라마는 2명, 나머지는 예능을 좋아합니다. 3학년 학생 중 예능을 좋아하는 학생은 몇 명입니까?

좋아하는 TV 프로그램

( )

## 학생들이 좋아하는 급식 메뉴는?

①번은 학생들이 좋아하는 급식 메뉴를 조사하여 나타낸 그래프예요.
이 그래프를 통해 무엇을 알 수 있나요?
비빔밥, 불고기, 국수, 카레를 선택한 학생들은 1명~3명으로 적은 수예요.
그런데 돈가스를 선택한 학생은 20명으로 대부분 학생들이 급식으로 돈가스를 가장 좋아한다는 것을 알 수 있어요.

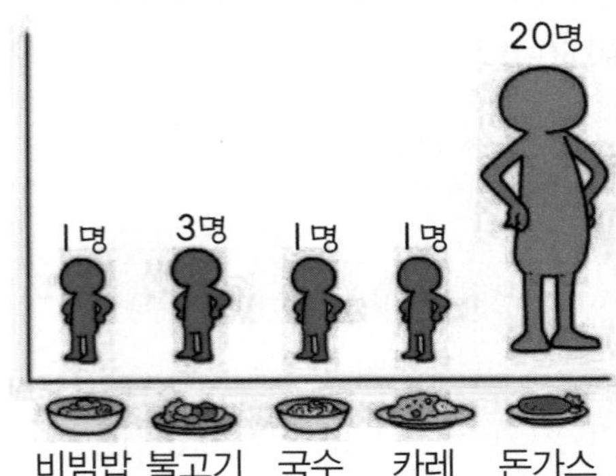


②번을 보세요.
①번과 똑같이 학생들이 좋아하는 급식 메뉴를 조사하여 나타낸 그래프예요.
그런데 느낌이 다르죠?
②번을 보면 비빔밥, 불고기, 국수, 카레를 좋아하는 학생 수와 돈가스를 좋아하는 학생 수가 크게 차이나지 않는 것으로 보여요.
그림의 크기 때문에 그래요.
①번은 표를 적게 받은 음식 그림과 많이 받은 음식 그림의 크기를 차이나게 그렸어요.
그런데 ②번은 1명~3명으로 적은 수의 표를 받은 비빔밥, 불고기, 국수, 카레의 그림 크기와 20명인 돈가스의 그림 크기를 비슷하게 그렸지요.
그래프는 수량을 한눈에 알아보기 쉽게 해 주는 장점이 있지만 이처럼 잘못된 정보를 전달하기도 쉽답니다.

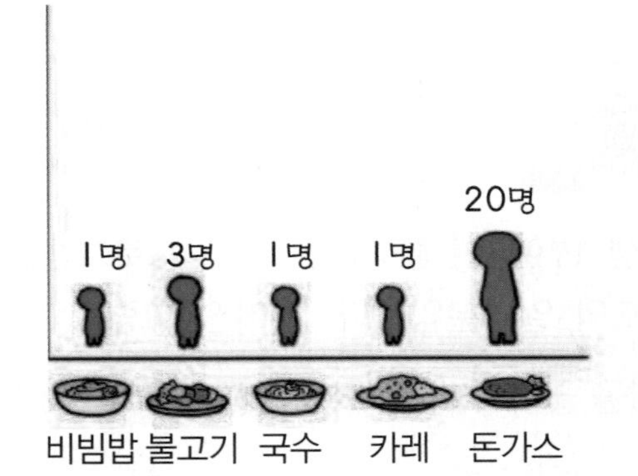

# 정답 및 풀이
# 3-2

Book 1



Book 2

# Book 1 정답 및 풀이

## 1 곱셈

### 1단계 기초 문제 7쪽

**1-1** (1) 426 (2) 981 (3) 568
(4) 1668 (5) 2289 (6) 4225

**1-2** (1) 369 (2) 924 (3) 870
(4) 2688 (5) 3000 (6) 2800

**2-1** (1) 265 (2) 536 (3) 1470
(4) 4514 (5) 2544 (6) 5762

**2-2** (1) 180 (2) 304 (3) 1794
(4) 6075 (5) 5395 (6) 7332

### 2단계 기본 유형 8~13쪽

**01** (1) 550 (2) 488

**02** 824

**03** 960

**04** ( ○ )(   )

**05** 10

**06** (1) 621 (2) 530

**07** (1) 372 (2) 864

**08** >

**09** 489

**10**

$$\begin{array}{r} 2\ 7\ 3 \\ \times \quad\ \ 3 \\ \hline 9 \\ 2\ 1\ 0 \\ 6\ 0\ 0 \\ \hline 8\ 1\ 9 \end{array} \qquad \begin{array}{r} {\scriptstyle 2}\quad\ \ \\ 2\ 7\ 3 \\ \times \quad\ \ 3 \\ \hline 8\ 1\ 9 \end{array}$$

**11** 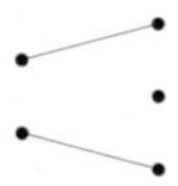

**12** 2583, 1719

**13** 1746

**14**

$$\begin{array}{r} {\scriptstyle 1}\quad\ \ \\ 8\ 5\ 3 \\ \times \quad\ \ 3 \\ \hline 2\ 5\ 5\ 9 \end{array}$$

**15** ㉡

**16** ( ○ )(   )

**17** 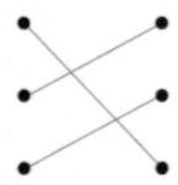

**18** 4200

**19** 3

**20** 6, 90, 900

**21** 1080

**22** <

**23** 190

**24** 

**25** (위부터) 368, 784

**26** ( ○ )(   )

**27** (1) 1755 (2) 1296

**28** 2701

**29** <

**30**

$$\begin{array}{r} 3\ 8 \\ \times\ 4\ 9 \\ \hline 3\ 4\ 2 \\ 1\ 5\ 2\ 0 \\ \hline 1\ 8\ 6\ 2 \end{array}$$

**31** 2705

**32** 1526

**33** 3452

**34** 692

**35** 1880

**36** 3054

**서술형 유형**

**1-1** 73, 45, 16, 73, 16, 73, 16, 1168 / 1168

**1-2** 예 85>54>42이므로 가장 큰 수는 85이고 가장 작은 수는 42입니다.
따라서 가장 큰 수와 가장 작은 수의 곱은 85×42=3570입니다. / 3570

**2-1** 20, 600, 35, 630, 600, 630, 1230 / 1230

**2-2** 예 (전체 복숭아의 수)=24×23=552(개)
(전체 감의 수)=20×40=800(개)
따라서 복숭아와 감은 모두 552+800=1352(개)입니다. / 1352개

### 8쪽

**02** 412×2=824

**03** 320×3=960

**04** 231×3=693, 304×2=608
⇨ 693>608

**05** □ 안의 수는 일의 자리에서 십의 자리로 올림한 수이므로 실제로는 10을 나타냅니다.

**06** (1) 207×3 ⇨ 200×3=600, 7×3=21
⇨ 600+21=621
(2) 106×5 ⇨ 100×5=500, 6×5=30
⇨ 500+30=530

**07** (1)

$$\begin{array}{r} {\scriptstyle 1}\quad\ \ \\ 1\ 2\ 4 \\ \times \quad\ \ 3 \\ \hline 3\ 7\ 2 \end{array}$$

(2)

$$\begin{array}{r} {\scriptstyle 2}\quad\ \ \\ 2\ 1\ 6 \\ \times \quad\ \ 4 \\ \hline 8\ 6\ 4 \end{array}$$

**08** $\begin{array}{r} {}^{2}\phantom{00} \\ 217 \\ \times \phantom{0}3 \\ \hline 651 \end{array}$, $\begin{array}{r} {}^{1}\phantom{00} \\ 318 \\ \times \phantom{0}2 \\ \hline 636 \end{array}$

⇨ $651 > 636$ ($5>3$)

## 9쪽

**09** $163+163+163=163\times3=489$ (163이 3번)

**10** [왼쪽 계산] 각 자리의 계산을 하여 합을 구합니다.
[오른쪽 계산] 각 자리의 계산한 값을 세 줄에 나누어 쓰지 않고 한 줄에 씁니다.

**11** $\begin{array}{r} {}^{1}\phantom{00} \\ 384 \\ \times \phantom{0}2 \\ \hline 768 \end{array}$, $\begin{array}{r} {}^{4}\phantom{00} \\ 180 \\ \times \phantom{0}5 \\ \hline 900 \end{array}$

**12** $\begin{array}{r} {}^{1}\phantom{00} \\ 861 \\ \times \phantom{0}3 \\ \hline 2583 \end{array}$, $\begin{array}{r} {}^{2}\phantom{00} \\ 573 \\ \times \phantom{0}3 \\ \hline 1719 \end{array}$

**13** 582 m씩 3번
⇨ $582\times3=1746$ (m)

**14** 백의 자리로 올림한 수를 더하지 않았습니다.

**15** ㉠ $\begin{array}{r} {}^{3\,3}\phantom{0} \\ 365 \\ \times \phantom{0}6 \\ \hline 2190 \end{array}$ ㉡ $\begin{array}{r} {}^{3\,1}\phantom{0} \\ 594 \\ \times \phantom{0}4 \\ \hline 2376 \end{array}$

$2190<2376$이므로 계산 결과가 더 큰 것은 ㉡입니다.

## 10쪽

**16** $90\times40=3600$, $70\times50=3500$ ⇨ $3600>3500$

**17** $80\times20=1600$ $80\times30=2400$
$60\times40=2400$ $20\times90=1800$
$30\times60=1800$ $40\times40=1600$

**18** 삼각형에 적힌 수는 60과 70입니다.
⇨ $60\times70=4200$

**19** $\begin{array}{r} 75 \\ \times 40 \\ \hline 3000 \end{array}$ ⇨ ㉠$=3$

**20** 60은 $6\times10$이므로 15에 6을 먼저 곱한 후 10을 곱합니다.

**21** $27\times40=1080$

**22** $51\times30=1530$, $18\times90=1620$ ⇨ $1530<1620$

## 11쪽

**23** $\begin{array}{r} 5 \\ \times 38 \\ \hline 40 \\ 150 \\ \hline 190 \end{array}$ | $\begin{array}{r} {}^{4}\phantom{0} \\ 5 \\ \times 38 \\ \hline 190 \end{array}$

**24** $\begin{array}{r} 7 \\ \times 67 \\ \hline 49 \\ 420 \\ \hline 469 \end{array}$

**25** $8\times46=368$, $8\times98=784$

**26** $9\times25=225$, $5\times43=215$
⇨ $225>215$

**27** (1) $\begin{array}{r} 65 \\ \times 27 \\ \hline 455 \\ 1300 \\ \hline 1755 \end{array}$ (2) $\begin{array}{r} 18 \\ \times 72 \\ \hline 36 \\ 1260 \\ \hline 1296 \end{array}$

**28** $\begin{array}{r} 37 \\ \times 73 \\ \hline 111 \\ 2590 \\ \hline 2701 \end{array}$

**29** $\begin{array}{r} 23 \\ \times 14 \\ \hline 92 \\ 230 \\ \hline 322 \end{array}$, $\begin{array}{r} 16 \\ \times 21 \\ \hline 16 \\ 320 \\ \hline 336 \end{array}$ ⇨ $322<336$

**30** $\begin{array}{r} 38 \\ \times 49 \\ \hline 342 \\ 1520 \\ \hline 1862 \end{array}$ ← $38\times4=152$
수의 위치를 조심합니다.

## 12쪽

**31** $5>4>1$이므로 가장 큰 세 자리 수는 541입니다.
⇨ $541\times5=2705$

**32** $7>6>3>2$이므로 가장 큰 세 자리 수는 763입니다. ⇨ $763\times2=1526$

**33** $8>6>4>3$이므로 가장 큰 세 자리 수는 864, 두 번째로 큰 세 자리 수는 863입니다.
⇨ $863\times4=3452$

**왜 틀렸을까?** 두 번째로 큰 세 자리 수는 가장 큰 세 자리 수에서 일의 자리 숫자를 남은 수로 바꾸면 됩니다.

**34** $3<4<6$이므로 가장 작은 세 자리 수는 346입니다.
⇨ $346\times2=692$

**35** $2<3<5<8$이므로 가장 작은 세 자리 수는 235입니다.
⇨ $235\times8=1880$

**36** $0<5<6<9$이므로 가장 작은 세 자리 수는 506, 두 번째로 작은 세 자리 수는 509입니다.
⇨ $509\times6=3054$

**왜 틀렸을까?** 세 자리 수를 만들 때 056은 56과 같으므로 0은 백의 자리에 올 수 없습니다.
가장 높은 자리에는 항상 0이 올 수 없다고 기억하면 됩니다.

## 13쪽

**1-2** **서술형 가이드** 가장 큰 수와 가장 작은 수를 찾은 뒤 가장 큰 수와 가장 작은 수를 곱하는 풀이 과정이 들어 있어야 합니다.

**채점 기준**

| | |
|---|---|
| 상 | 가장 큰 수와 가장 작은 수를 찾은 뒤 가장 큰 수와 가장 작은 수를 곱하여 답을 구했음. |
| 중 | 가장 큰 수와 가장 작은 수를 찾았지만 가장 큰 수와 가장 작은 수를 곱하지 못함. |
| 하 | 가장 큰 수와 가장 작은 수도 찾지 못함. |

**2-2** **서술형 가이드** 전체 복숭아의 수와 전체 감의 수를 구한 뒤 전체 복숭아의 수와 전체 감의 수를 더하는 풀이 과정이 들어 있어야 합니다.

**채점 기준**

| | |
|---|---|
| 상 | 전체 복숭아의 수와 전체 감의 수를 구한 뒤 전체 복숭아의 수와 전체 감의 수를 더하여 답을 구했음. |
| 중 | 전체 복숭아의 수와 전체 감의 수를 구했지만 전체 복숭아의 수와 전체 감의 수를 더하지 못함. |
| 하 | 전체 복숭아의 수와 전체 감의 수도 구하지 못함. |

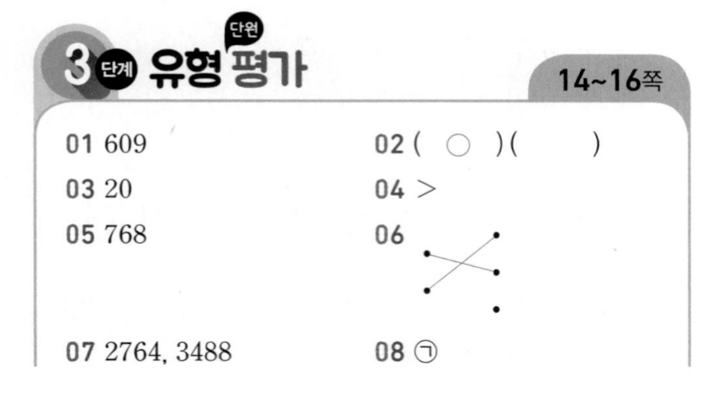

## 3단계 단원 유형 평가 14~16쪽

01 609
02 ( ○ )(  )
03 20
04 >
05 768
06 (선 잇기)
07 2764, 3488
08 ㉠
09 4500
10 2
11 7, 175, 1750
12 (선 잇기)
13 (위부터) 603, 801
14 6786
15 4572
16 1374
17 4870
18 4256

19 예 $98>69>54$이므로 가장 큰 수는 98이고 가장 작은 수는 54입니다.
따라서 가장 큰 수와 가장 작은 수의 곱은 $98\times54=5292$입니다. / 5292

20 예 (전체 사과의 수)$=17\times46=782$(개)
(전체 귤의 수)$=39\times40=1560$(개)
따라서 사과와 귤은 모두 $782+1560=2342$(개)입니다. / 2342개

## 14쪽

**01** $203\times3=609$

**02** $312\times3=936$, $221\times4=884$
⇨ $936>884$

**03** □ 안의 수는 일의 자리에서 십의 자리로 올림한 수이므로 실제로는 20을 나타냅니다.

**04** $349\times2=698$, $226\times3=678$
⇨ $698>678$

**05** $\underbrace{192+192+192+192}_{192가\ 4번}=192\times4=768$

**06** $160\times5=800$, $150\times6=900$

**07** $691\times4=2764$, $872\times4=3488$

## 15쪽

**08** ㉠ $463\times8=3704$ ㉡ $597\times6=3582$
⇨ $3704>3582$이므로 계산 결과가 더 큰 것은 ㉠입니다.

**09** 사각형에 적힌 수는 50과 90입니다.
⇨ $50\times90=4500$

**참고**
삼각형에 적힌 수: 80, 30
원에 적힌 수: 60
오각형에 적힌 수: 40

**10**
$$\begin{array}{r} 6\ 5 \\ \times\ 8\ 0 \\ \hline 5\ 2\ 0\ 0 \end{array}$$
⇨ ㉠$=2$

**11** 70은 $7\times10$이므로 25에 7을 먼저 곱한 후 10을 곱합니다.

**12**
$$\begin{array}{r} 9 \\ \times\ 7\ 9 \\ \hline 8\ 1 \\ 6\ 3\ 0 \\ \hline 7\ 1\ 1 \end{array}$$

**13** $9\times67=603$, $9\times89=801$

**14**
$$\begin{array}{r} 7\ 8 \\ \times\ 8\ 7 \\ \hline 5\ 4\ 6 \\ 6\ 2\ 4\ 0 \\ \hline 6\ 7\ 8\ 6 \end{array}$$

### 16쪽

**15** $7>6>2$이므로 가장 큰 세 자리 수는 762입니다.
⇨ $762\times6=4572$

**16** $4<5<8$이므로 가장 작은 세 자리 수는 458입니다.
⇨ $458\times3=1374$

**17** $9>7>5>4$이므로 가장 큰 세 자리 수는 975, 두 번째로 큰 세 자리 수는 974입니다.
⇨ $974\times5=4870$

**왜 틀렸을까?** 두 번째로 큰 세 자리 수는 가장 큰 세 자리 수에서 일의 자리 숫자를 남은 수로 바꾸면 됩니다.

**18** $0<6<7<8$이므로 가장 작은 세 자리 수는 607, 두 번째로 작은 세 자리 수는 608입니다.
⇨ $608\times7=4256$

**왜 틀렸을까?** 세 자리 수를 만들 때 067은 67과 같으므로 0은 백의 자리에 올 수 없습니다.

**19** **서술형 가이드** 가장 큰 수와 가장 작은 수를 찾은 뒤 가장 큰 수와 가장 작은 수를 곱하는 풀이 과정이 들어 있어야 합니다.

채점 기준

| | |
|---|---|
| 상 | 가장 큰 수와 가장 작은 수를 찾은 뒤 가장 큰 수와 가장 작은 수를 곱하여 답을 구했음. |
| 중 | 가장 큰 수와 가장 작은 수를 찾았지만 가장 큰 수와 가장 작은 수를 곱하지 못함. |
| 하 | 가장 큰 수와 가장 작은 수도 찾지 못함. |

**20** **서술형 가이드** 전체 사과의 수와 전체 귤의 수를 구한 뒤 전체 사과의 수와 전체 귤의 수를 더하는 풀이 과정이 들어 있어야 합니다.

채점 기준

| | |
|---|---|
| 상 | 전체 사과의 수와 전체 귤의 수를 구한 뒤 전체 사과의 수와 전체 귤의 수를 더하여 답을 구했음. |
| 중 | 전체 사과의 수와 전체 귤의 수를 구했지만 전체 사과의 수와 전체 귤의 수를 더하지 못함. |
| 하 | 전체 사과의 수와 전체 귤의 수도 구하지 못함. |

# 2 나눗셈

## 1단계 기초 문제 (19쪽)

**1-1** (1) 15 (2) 32 (3) 17 (4) 5…6 (5) 34…1 (6) 13…5

**1-2** (1) 15 (2) 43 (3) 29 (4) 7, 5 (5) 22, 1 (6) 13, 4

**2-1** (1) 213 (2) 138 (3) 105 (4) 86…5 (5) 324…1 (6) 174…3

**2-2** (1) 221 (2) 157 (3) 108 (4) 64, 4 (5) 322, 1 (6) 148, 2

## 2단계 기본 유형 (20~25쪽)

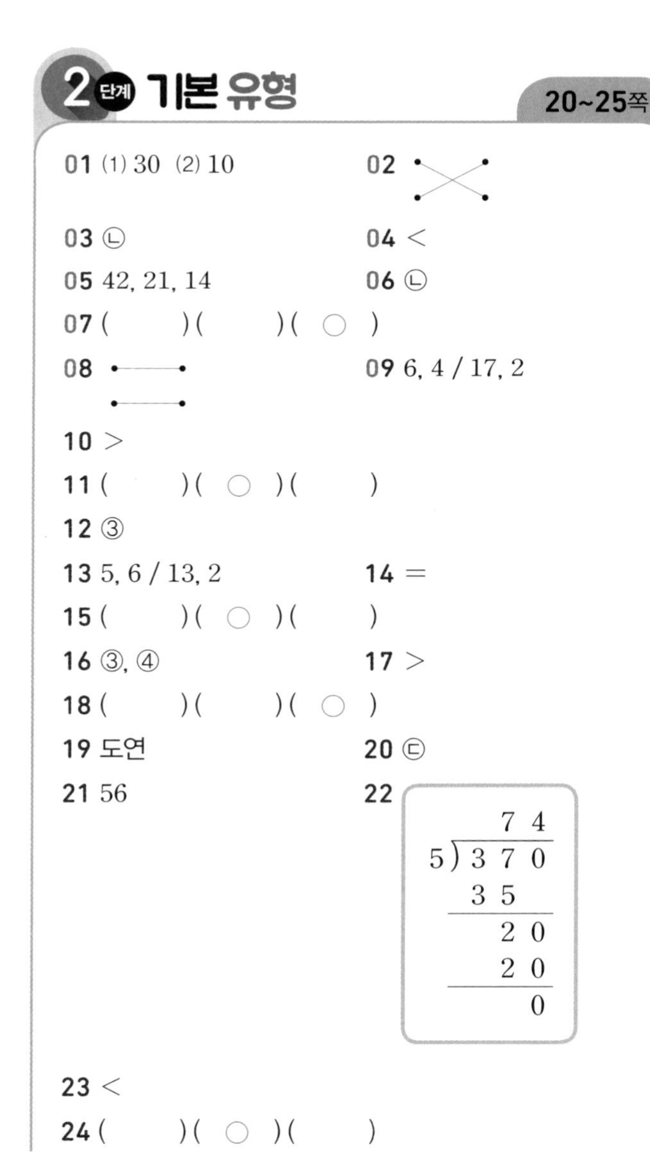

**01** (1) 30 (2) 10
**02**
**03** ㉡
**04** <
**05** 42, 21, 14
**06** ㉡
**07** ( )( )( ○ )
**08**
**09** 6, 4 / 17, 2
**10** >
**11** ( )( ○ )( )
**12** ③
**13** 5, 6 / 13, 2
**14** =
**15** ( )( ○ )( )
**16** ③, ④
**17** >
**18** ( )( )( ○ )
**19** 도연
**20** ㉢
**21** 56
**22**
$$\begin{array}{r} 7\ 4 \\ 5{\overline{\smash{)}\,3\ 7\ 0}} \\ 3\ 5\phantom{\ 0} \\ \hline 2\ 0 \\ 2\ 0 \\ \hline 0 \end{array}$$
**23** <
**24** ( )( ○ )( )

25 (1) 142⋯2 (2) 79⋯1

26 ( ○ )( )

27 

28 

29 26, 26, 78

30 7, 2, 2, 30

31 12, 5 / 12, 84, 84, 5

32 85⋯1 / 85, 765, 765, 1, 766

33 0, 1, 2, 3에 ○표

34 ①, ②

35 0

36 6

37 

38 7, 3, 2 / 36, 1

39 71÷9 / 7, 8

**서술형 유형**

1-1 같습니다에 ○표, 132, 4, 33 / 33

1-2 예 정사각형은 네 변의 길이가 모두 같습니다.
따라서 정사각형의 한 변의 길이는
184÷4=46 (cm)입니다. / 46 cm

2-1 11, 6, 11, 6, 12 / 12

2-2 예 88÷6=14⋯4이므로
하루에 6쪽씩 읽으면 14일이 걸리고, 4쪽이 남습니다.
남는 쪽수도 읽어야 하므로 동화책을 모두 읽는 데
최소한 15일이 걸립니다. / 15일

## 20쪽

01 (1) 나누어지는 수가 10배
9÷3=3 ⇨ 90÷3=30
몫도 10배

(2) 나누어지는 수가 10배
7÷7=1 ⇨ 70÷7=10
몫도 10배

02
```
    4 5        2 5
 2)9 0      2)5 0
   8          4
   1 0        1 0
   1 0        1 0
     0          0
```

03
```
㉠   2 0     ㉡   4 0     ㉢   1 0
  4)8 0        2)8 0        9)9 0
    8            8            9
      0            0            0
```
⇨ 40>20>10이므로 몫이 가장 큰 것은 ㉡입니다.

04
```
    1 6        1 8
 5)8 0      5)9 0
   5          5
   3 0        4 0
   3 0        4 0
     0          0
```
⇨ 16<18

05
```
    4 2        2 1        1 4
 2)8 4      4)8 4      6)8 4
   8          8          6
     4          4        2 4
     4          4        2 4
     0          0          0
```

06 ㉠ 57÷3=19 ㉡ 52÷2=26
⇨ 몫이 더 큰 것은 ㉡입니다.

07 63÷3=21, 68÷4=17, 46÷2=23
23>21>17이므로 몫이 가장 큰 것은
46÷2입니다.

08 36÷2=18 54÷3=18
84÷7=12 72÷6=12

## 21쪽

09
```
      6        1 7
 6)4 0      4)7 0
   3 6        4
     4        3 0
              2 8
                2
```

10 40÷3=13⋯1, 50÷4=12⋯2
⇨ 13>12

11 70÷6=11⋯4, 50÷7=7⋯1, 80÷9=8⋯8
⇨ 1<4<8

12 ① 50÷3=16⋯2
② 90÷4=22⋯2
③ 60÷6=10
④ 80÷7=11⋯3
⑤ 70÷8=8⋯6

13
```
      5        1 3
 7)4 1      5)6 7
   3 5        5
     6        1 7
              1 5
                2
```

**14** $15 \div 2 = 7 \cdots 1$, $31 \div 4 = 7 \cdots 3$
⇨ $7 = 7$

**15** $87 \div 4 = 21 \cdots 3$, $64 \div 6 = 10 \cdots 4$,
$65 \div 2 = 32 \cdots 1$
⇨ 나머지를 비교해 보면 $4 > 3 > 1$이므로 $64 \div 6$의 나머지가 가장 큽니다.

**16** ① $11 \div 2 = 5 \cdots 1$
② $17 \div 2 = 8 \cdots 1$
③ $20 \div 2 = 10$
④ $64 \div 2 = 32$
⑤ $87 \div 2 = 43 \cdots 1$
⇨ 2로 나누면 나누어떨어지는 수는 ③ 20, ④ 64입니다.

## 22쪽

**17** $33 \div 2 = 16 \cdots 1$, $57 \div 4 = 14 \cdots 1$
⇨ $16 > 14$

**18** $78 \div 5 = 15 \cdots 3$, $81 \div 6 = 13 \cdots 3$,
$93 \div 8 = 11 \cdots 5$
따라서 나머지가 다른 것은 5이므로 $93 \div 8$입니다.

**19** $79 \div 3 = 26 \cdots 1$
도연: 몫은 26이므로 25보다 큽니다. (○)
승희: 나머지는 1이므로 3보다 작습니다. (×)
정렬: 나머지는 1이므로 나누어떨어지지 않습니다. (×)

**20** ㉠ $70 \div 5 = 14$ ㉡ $88 \div 8 = 11$
㉢ $86 \div 4 = 21 \cdots 2$
⇨ 나누어떨어지지 않는 나눗셈은 ㉢입니다.

**21**
$$\begin{array}{r} 56 \\ 3\overline{)168} \\ \underline{15\phantom{0}} \\ 18 \\ \underline{18} \\ 0 \end{array}$$

**22** 백의 자리에서 3을 5로 나눌 수 없으므로 십의 자리에서 37을 5로 나누고 그 몫을 십의 자리에 써야 합니다.

**23** $984 \div 8 = 123$, $375 \div 3 = 125$
⇨ $123 < 125$

**24** $304 \div 4 = 76$, $518 \div 7 = 74$, $456 \div 6 = 76$
따라서 몫이 다른 것은 74이므로 $518 \div 7$입니다.

## 23쪽

**25** (1)
$$\begin{array}{r} 142 \\ 6\overline{)854} \\ \underline{6\phantom{00}} \\ 25\phantom{0} \\ \underline{24\phantom{0}} \\ 14 \\ \underline{12} \\ 2 \end{array}$$
(2)
$$\begin{array}{r} 79 \\ 3\overline{)238} \\ \underline{21\phantom{0}} \\ 28 \\ \underline{27} \\ 1 \end{array}$$

**26** $844 \div 7 = 120 \cdots 4$, $930 \div 9 = 103 \cdots 3$
$120 > 103$

**27** $173 \div 6 = 28 \cdots 5$, $186 \div 7 = 26 \cdots 4$

**28** $367 \div 2 = 183 \cdots 1$, $604 \div 5 = 120 \cdots 4$,
$627 \div 8 = 78 \cdots 3$

**29** $78 \div 3 = 26$ ⇨ $3 \times 26 = 78$

**30** 나누는 수와 몫의 곱에 나머지를 더하면 나누어지는 수가 되어야 합니다.

**31** $89 \div 7 = 12 \cdots 5$
$7 \times 12 = 84$ ⇨ $84 + 5 = 89$

**32** $766 \div 9 = 85 \cdots 1$
$9 \times 85 = 765$ ⇨ $765 + 1 = 766$

## 24쪽

**33** 나머지는 나누는 수인 4보다 작아야 합니다.
따라서 나머지가 될 수 있는 수는 0, 1, 2, 3입니다.

**34** 나머지는 나누는 수보다 작아야 합니다.
나누는 수와 나머지 6을 비교해 보면
① $5 < 6$ ② $6 = 6$ ③ $7 > 6$ ④ $8 > 6$ ⑤ $9 > 6$
이므로 나머지가 6이 될 수 없는 식은 ①, ②입니다.

**35** 나누어떨어지는 나눗셈이면 나머지가 0입니다.
따라서 나머지가 될 수 있는 수 중 가장 작은 수는 0입니다.

**36** 나머지가 될 수 있는 수 중 가장 큰 수가 5이므로 나머지가 될 수 있는 수는 0, 1, 2, 3, 4, 5입니다.
따라서 이 나눗셈의 나누는 수는 6입니다.

**왜 틀렸을까?** 나눗셈식 ■÷●=▲…★에서
■: 나누어지는 수, ●: 나누는 수, ▲: 몫, ★: 나머지라고 합니다.
⇨ ●(나누는 수)>★(나머지)

**37** $67 \div 5 = 13 \cdots 2$

$5 \times 13 = 65$ ⇨ $65 + 2 = 67$

$74 \div 3 = 24 \cdots 2$

$3 \times 24 = 72$ ⇨ $72 + 2 = 74$

**38** $2 \times 36 = 72$ ⇨ $72 + 1 = 73$

(2: 나누는 수, 36: 몫, 1: 나머지, 73: 나누어지는 수)

따라서 계산한 나눗셈은 $73 \div 2$이고 몫은 36, 나머지는 1입니다.

**39** $7 \times 9 = 63$에서 나누는 수는 7 또는 9입니다.
나누는 수가 7이면 나눗셈은 $71 \div 7$, 몫은 9, 나머지는 8입니다. $71 \div 7$의 몫은 10이고 $7 < 8$이므로 맞지 않습니다.
따라서 나누는 수는 9이고 나눗셈은 $71 \div 9$, 몫은 7, 나머지는 8입니다.

**왜 틀렸을까?** 두 수의 곱셈은 두 수를 바꾸어도 곱셈 결과는 같습니다. 곱셈식에서 나누는 수를 선택하고 나머지보다 큰지 확인합니다.

**다른 풀이**
나눗셈을 맞게 계산했는지 확인하는 식에서 먼저 나머지를 찾으면 8이고 나누는 수는 8보다 커야 하므로 9가 됩니다.

## 25쪽

**1-2** (한 변의 길이)=(네 변의 길이의 합)$\div 4$

**서술형 가이드** 정사각형은 네 변의 길이가 모두 같으므로 (네 변의 길이의 합)$\div 4$라는 나눗셈을 써서 한 변의 길이를 구하는 풀이 과정이 들어 있어야 합니다.

채점 기준

| | |
|---|---|
| 상 | 정사각형은 네 변의 길이가 모두 같으므로 (네 변의 길이의 합)÷4라는 식을 써서 한 변의 길이를 구했음. |
| 중 | 정사각형은 네 변의 길이가 모두 같으므로 (네 변의 길이의 합)÷4라는 식을 썼지만 한 변의 길이는 구하지 못함. |
| 하 | 정사각형은 네 변의 길이가 모두 같다는 말만 썼음. |

**2-2** 남는 쪽수도 읽어야 하므로 동화책을 모두 읽는 데 최소한 (몫+1)일이 걸립니다.

**서술형 가이드** $88 \div 6$이라는 나눗셈을 쓰고 몫과 나머지를 구한 뒤 (몫+1)을 구하는 풀이 과정이 들어 있어야 합니다.

채점 기준

| | |
|---|---|
| 상 | 88÷6이라는 나눗셈을 쓰고 몫과 나머지를 구한 뒤 (몫+1)을 계산하여 답을 구했음. |
| 중 | 88÷6이라는 나눗셈을 쓰고 몫과 나머지를 구했지만 (몫+1)을 계산하지 못함. |
| 하 | 88÷6이라는 나눗셈만 썼음. |

## 3단계 단원 유형 평가 26~28쪽

01 (선 잇기)
02 24, 16, 12
03 ( )( ○ )( )
04 7, 7 / 26, 2
05 ( ○ )( )( )
06 =
07 ( ○ )( )( )
08 ㉢
09

```
     8 5
  6)5 1 0
    4 8
    ---
      3 0
      3 0
      ---
        0
```

10 ( )( )( ○ )
11 ( )( ○ )
12 (선 잇기)
13 29, 1 / 29, 87, 87, 1
14 75⋯5 / 75, 525, 525, 5, 530
15 7, 8에 ○표
16 (선 잇기)
17 8
18 $63 \div 8$ / 7, 7
19 예 정사각형은 네 변의 길이가 모두 같습니다.
따라서 정사각형의 한 변의 길이는
$580 \div 4 = 145$ (cm)입니다.
/ 145 cm
20 예 $90 \div 7 = 12 \cdots 6$이므로
하루에 7쪽씩 읽으면 12일이 걸리고,
6쪽이 남습니다.
남는 쪽수도 읽어야 하므로 만화책을 모두 읽는 데 최소한 13일이 걸립니다.
/ 13일

## 26쪽

01

```
    1 2       1 5
 5)6 0     4)6 0
   5         4
   ---       ---
   1 0       2 0
   1 0       2 0
   ---       ---
     0         0
```

02
$$\begin{array}{r} 24 \\ 4\overline{)96} \\ \underline{8\phantom{0}} \\ 16 \\ \underline{16} \\ 0 \end{array} \quad \begin{array}{r} 16 \\ 6\overline{)96} \\ \underline{6\phantom{0}} \\ 36 \\ \underline{36} \\ 0 \end{array} \quad \begin{array}{r} 12 \\ 8\overline{)96} \\ \underline{8\phantom{0}} \\ 16 \\ \underline{16} \\ 0 \end{array}$$

03 $64\div2=32$, $99\div3=33$, $84\div4=21$
$33>32>21$이므로 몫이 가장 큰 것은 $99\div3$입니다.

04
$$\begin{array}{r} 7 \\ 9\overline{)70} \\ \underline{63} \\ 7 \end{array} \quad \begin{array}{r} 26 \\ 3\overline{)80} \\ \underline{6\phantom{0}} \\ 20 \\ \underline{18} \\ 2 \end{array}$$

05 $80\div6=13\cdots2$, $30\div8=3\cdots6$, $60\div7=8\cdots4$
⇨ $2<4<6$

06 $54\div7=7\cdots5$, $71\div9=7\cdots8$
⇨ $7=7$

07 $85\div7=12\cdots1$, $63\div5=12\cdots3$,
$75\div6=12\cdots3$
따라서 나머지가 다른 것은 1이므로 $85\div7$입니다.

## 27쪽

08 ㉠ $84\div6=14$ ㉡ $78\div3=26$
㉢ $66\div4=16\cdots2$
따라서 나누어떨어지지 않는 나눗셈은 ㉢입니다.

09 백의 자리에서 5를 6으로 나눌 수 없으므로 십의 자리에서 51을 6으로 나누고 그 몫을 십의 자리에 써야 합니다.

10 $476\div7=68$, $340\div5=68$, $201\div3=67$
따라서 몫이 다른 것은 67이므로 $201\div3$입니다.

11 $598\div8=74\cdots6$, $467\div6=77\cdots5$
$74<77$이므로 몫이 더 큰 것은 $467\div6$입니다.

12 $707\div4=176\cdots3$, $940\div7=134\cdots2$,
$613\div9=68\cdots1$

13 $88\div3=29\cdots1$
$3\times29=87$ ⇨ $87+1=88$

14 $530\div7=75\cdots5$
$7\times75=525$ ⇨ $525+5=530$

## 28쪽

15 나머지는 나누는 수인 7보다 작아야 합니다.
따라서 나머지가 될 수 없는 수는 7, 8입니다.

16 $83\div6=13\cdots5$
$6\times13=78$ ⇨ $78+5=83$
$93\div6=15\cdots3$
$6\times15=90$ ⇨ $90+3=93$

17 나머지가 될 수 있는 수 중 가장 큰 수가 7이므로 나머지가 될 수 있는 수는 0, 1, 2, 3, 4, 5, 6, 7입니다.
따라서 이 나눗셈의 나누는 수는 8입니다.
**왜 틀렸을까?** 나눗셈식 ■÷●=▲…★에서 ●>★입니다.

18 $7\times8=56$에서 나누는 수는 7 또는 8입니다.
나누는 수가 7이면 나눗셈은 $63\div7$, 몫은 8, 나머지는 7입니다. $63\div7$의 몫은 9이고 $7=7$이므로 맞지 않습니다.
따라서 나누는 수는 8이고 나눗셈은 $63\div8$, 몫은 7, 나머지는 7입니다.
**왜 틀렸을까?** 곱셈식에서 나누는 수를 선택하고 나머지보다 큰지 확인하거나 먼저 나머지를 찾았으면 나누는 수는 나머지보다 커야 하므로 곱셈식에서 나누는 수를 찾습니다.

19 (한 변의 길이)=(네 변의 길이의 합)÷4
**서술형 가이드** 정사각형은 네 변의 길이가 모두 같으므로 (네 변의 길이의 합)÷4라는 나눗셈을 써서 한 변의 길이를 구하는 풀이 과정이 들어 있어야 합니다.

채점 기준

| | |
|---|---|
| 상 | 정사각형은 네 변의 길이가 모두 같으므로 (네 변의 길이의 합)÷4라는 식을 써서 한 변의 길이를 구했음. |
| 중 | 정사각형은 네 변의 길이가 모두 같으므로 (네 변의 길이의 합)÷4라는 식을 썼지만 한 변의 길이는 구하지 못함. |
| 하 | 정사각형은 네 변의 길이가 모두 같다는 말만 썼음. |

20 남는 쪽수도 읽어야 하므로 만화책을 모두 읽는 데 최소한 (몫+1)일이 걸립니다.
**서술형 가이드** $90\div7$이라는 나눗셈을 쓰고 몫과 나머지를 구한 뒤 (몫+1)을 구하는 풀이 과정이 들어 있어야 합니다.

채점 기준

| | |
|---|---|
| 상 | $90\div7$이라는 나눗셈을 쓰고 몫과 나머지를 구한 뒤 (몫+1)을 계산하여 답을 구했음. |
| 중 | $90\div7$이라는 나눗셈을 쓰고 몫과 나머지를 구했지만 (몫+1)을 계산하지 못함. |
| 하 | $90\div7$이라는 나눗셈만 썼음. |

# 3 원

## 1단계 기초 문제 31쪽

**1-1** (1) ㅇ (2) ㅇㄷ(또는 ㄷㅇ), ㅇㄹ(또는 ㄹㅇ)
(3) ㄱㄹ(또는 ㄹㄱ)

**1-2** (1) ㅇ (2) ㅇㄱ(또는 ㄱㅇ), ㅇㄴ(또는 ㄴㅇ), ㅇㄷ(또는 ㄷㅇ), ㅇㄹ(또는 ㄹㅇ), ㅇㅁ(또는 ㅁㅇ)
(3) ㄱㄷ(또는 ㄷㄱ), ㄴㄹ(또는 ㄹㄴ)

**2-1** (1) 4 (2) 6 (3) 8

**2-2** (1) 3 (2) 4 (3) 5

## 2단계 기본 유형 32~37쪽

**01** ①

**02** 점 ㄷ

**03** 예

**04** 예 예

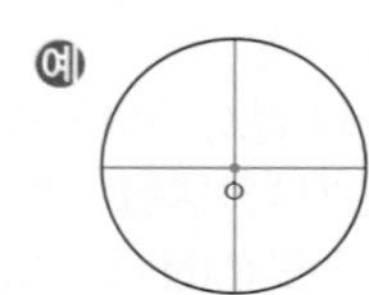

**05** 4, 4

**06** 8

**07** (1) 지름 (2) 중심

**08** 2, 4

**09** 2배

**10** 6

**11** 9

**12** 8 cm

**13** 5 cm

**14** 1 cm

**15** ( ○ ) (   )

**16** 예

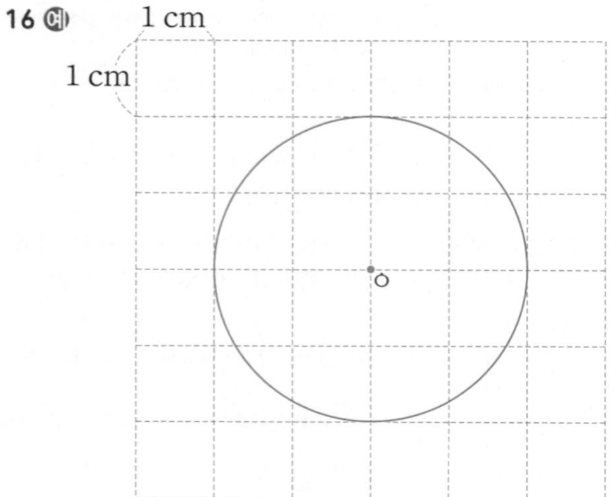


**17**

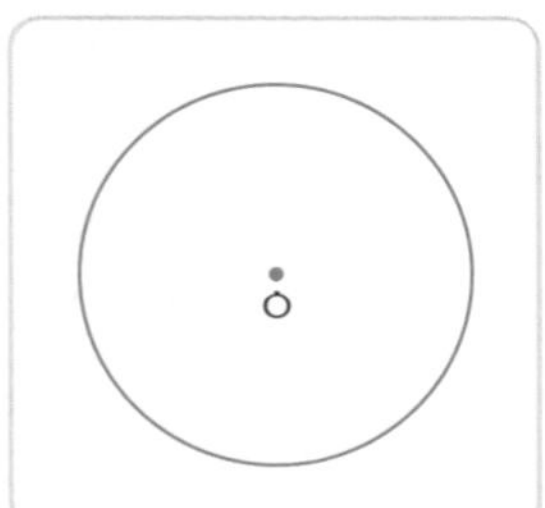

**18** 4, 변

**19**

**20**

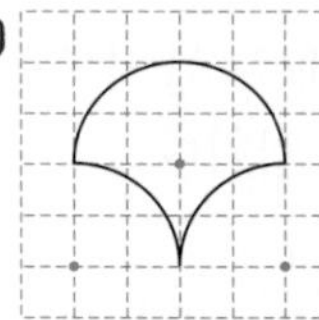

**21** 3군데

**22**

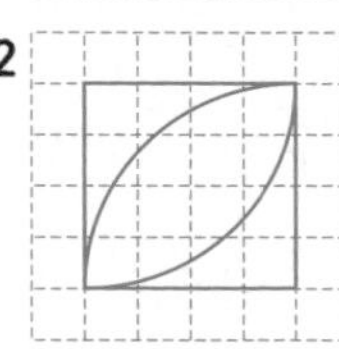

**23**

**24**

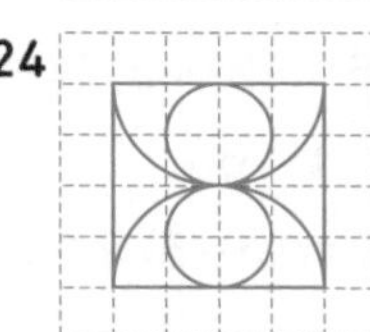

**25** 가, 나

**26** 가

**27**

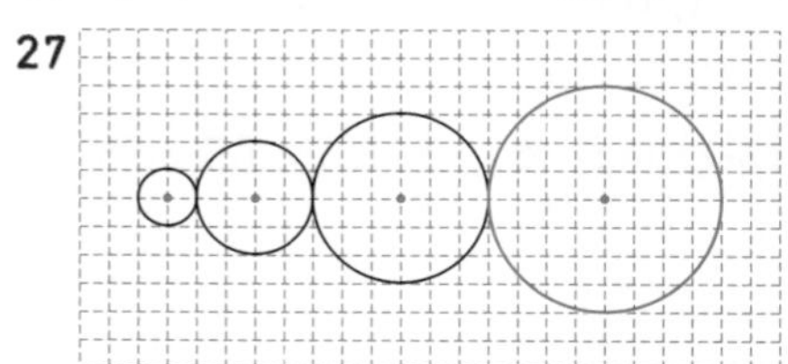

**28** ㉡

**29** ㉡

**30** ㉠

**31**

**32** 6개

**33** 3개

**1-1** 2, 4, 2, 8 / 8

**1-2** 예 한 원에서 원의 지름은 반지름의 2배입니다.
주어진 원의 반지름은 9 cm이므로
지름은 $9 \times 2 = 18$ (cm)입니다. / 18 cm

**2-1** 반에 ○표, 16, 2, 8 / 8

**2-2** 예 한 원에서 원의 반지름은 지름의 반입니다.
주어진 원의 지름은 20 cm이므로
반지름은 $20 \div 2 = 10$ (cm)입니다. / 10 cm

## 32쪽

**01** 한 원에서 원의 중심은 1개뿐입니다.

**02** 원의 가장 안쪽에 있는 점을 찾습니다.

**03** 위치나 방향에 관계없이 원의 중심과 원 위의 한 점을 잇는 선분을 3개 긋습니다.

**04** 원의 중심을 지나는 선분을 2개씩 긋습니다.

**05** 원의 반지름은 4 cm입니다.
한 원에서 원의 반지름의 길이는 모두 같고 주어진 선분은 모두 원의 반지름이므로 주어진 선분의 길이는 모두 4 cm입니다.

**06** 한 원에서 원의 지름의 길이는 모두 같으므로
□ 안에 알맞은 수는 8입니다.

## 33쪽

**08** ㉠: 원의 반지름 ⇨ 2 cm
㉡: 원의 지름 ⇨ 4 cm

**09** ㉡(지름): 4　㉠(반지름): 2
⇨ ㉡÷㉠=4÷2=2(배)

**10** (원의 지름)=(원의 반지름)×2
=3×2=6 (cm)

**11** (원의 반지름)=(원의 지름)÷2
=18÷2=9 (cm)

**12** 원의 반지름이 4 cm이므로 원의 지름은
4×2=8 (cm)입니다.

**13** 원의 지름이 10 cm이므로 원의 반지름은
10÷2=5 (cm)입니다.

**14** 가 원의 지름은 12 cm이므로 반지름은
12÷2=6 (cm)입니다.
나 원의 반지름은 5 cm입니다.
⇨ 두 원의 반지름의 차는 6−5=1 (cm)입니다.

## 34쪽

**15** 오른쪽 그림은 컴퍼스를 1 cm가 되도록 벌렸습니다.

**16** 점 ㅇ을 먼저 잡은 뒤 컴퍼스를 2 cm만큼 벌린 다음 컴퍼스의 침을 점 ㅇ에 꽂고 원을 그립니다.

**17** 컴퍼스를 주어진 선분만큼 벌려서 그립니다.

**19** 원을 4개 그려야 하므로 컴퍼스의 침을 꽂아야 할 곳은 모두 4군데입니다.

**20** 원을 3개 그려야 하므로 컴퍼스의 침을 꽂아야 할 곳으로 모두 3군데입니다.

## 35쪽

**21** 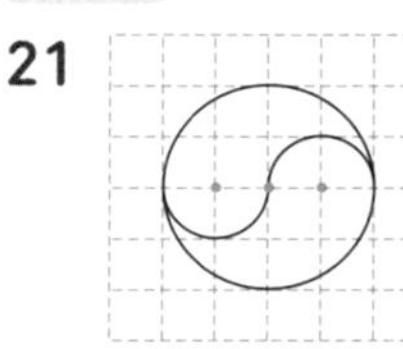
원 3개를 이용하여 그려야 하므로 컴퍼스의 침을 꽂아야 할 곳은 모두 3군데입니다.

**22** 
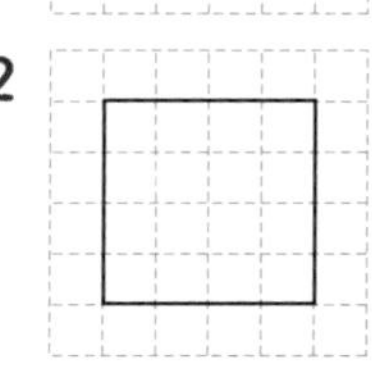
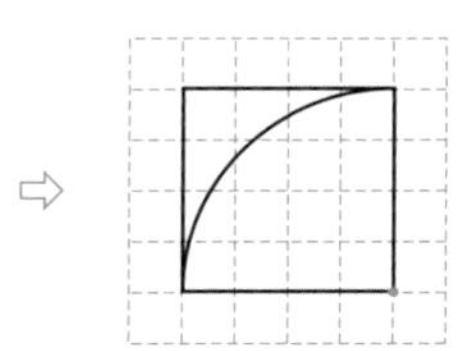
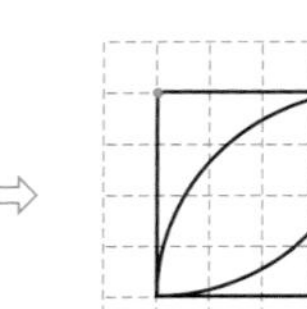

**23** 
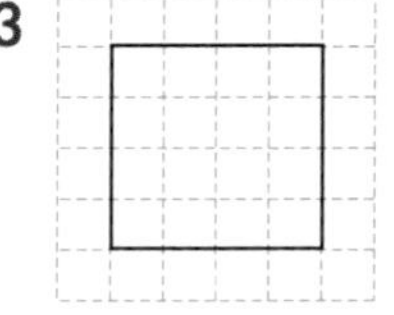
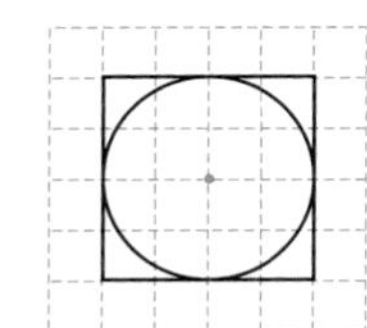

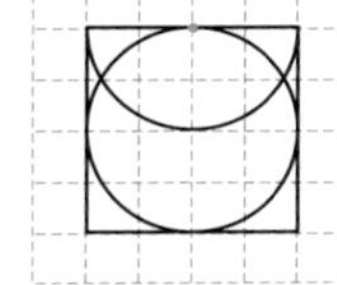

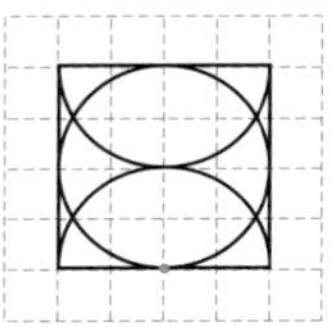

**24** 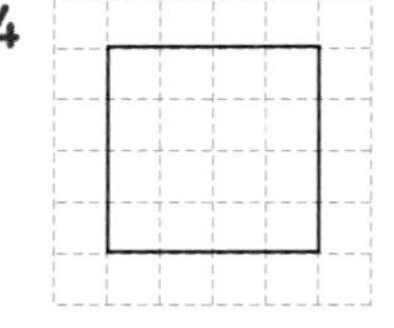

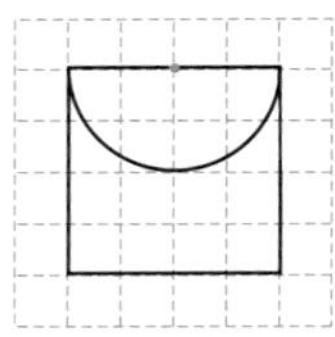

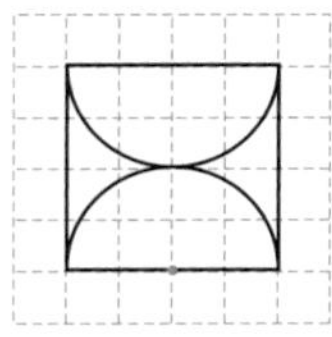
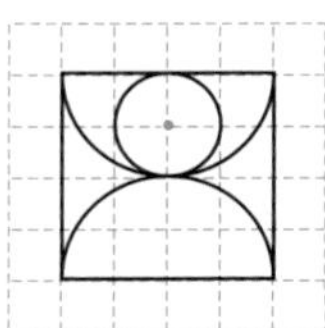
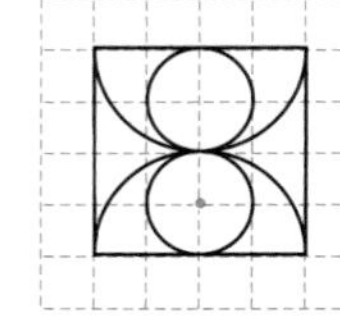

**26** 가: 원의 중심은 오른쪽으로 모눈 2칸, 3칸 이동하고 원의 반지름은 모눈 1칸, 2칸, 3칸으로 1칸씩 늘어났습니다.
나: 원의 중심은 정사각형을 이루면서 모눈 2칸씩 꼭짓점을 따라 이동하고 원의 반지름은 모눈 1칸으로 같습니다.

**27** 원들이 오른쪽으로 맞닿도록 하고 원의 반지름은 모눈 1칸, 2칸, 3칸으로 1칸씩 늘어났습니다.
⇨ 원이 오른쪽으로 맞닿도록 하고 원의 반지름은 모눈 4칸이 되도록 그립니다.

## 36쪽

**28** 반지름이 길수록 큰 원입니다.
⇨ 3.5<4이므로 더 큰 원은 ㉡입니다.

**29** 지름이 짧을수록 작은 원입니다.
⇨ 8>7이므로 더 작은 원은 ㉡입니다.

**30** ㉠ (원의 지름)$=15\times2=30$ (cm)
⇨ 30>26이므로 더 큰 원은 ㉠입니다.

**왜 틀렸을까?** 두 원의 반지름을 모두 구하거나 두 원의 지름을 모두 구한 뒤 반지름끼리 비교하거나 지름끼리 비교합니다.

**다른 풀이**
㉡ (원의 반지름)$=26\div2=13$ (cm)
⇨ 15>13이므로 더 큰 원은 ㉠입니다.

**31** 컴퍼스의 침을 꽂은 5군데가 이용한 원의 중심입니다.

**32** 원 6개를 이용하여 그렸으므로 이용한 원의 중심은 모두 6개입니다.

**33** 원의 중심 3곳에서 반지름이 모눈 1칸인 원 3개와 모눈 2칸인 원 1개를 이용했습니다.
원의 중심이 한가운데인 것은 반지름이 모눈 1칸인 원과 모눈 2칸인 원을 이용했습니다.

**왜 틀렸을까?** 원의 중심은 같고 반지름이 다른 원은 원의 중심 한 곳에서 원을 그릴 수 있습니다.

## 37쪽

**1-2** (원의 지름)=(원의 반지름)×2

**서술형 가이드** 원의 반지름을 2배 하여 원의 지름을 구하는 풀이 과정이 들어 있어야 합니다.

채점 기준

| | |
|---|---|
| 상 | 원의 반지름을 2배 하여 원의 지름을 구했음. |
| 중 | 원의 반지름을 2배 했지만 원의 지름을 잘못 구함. |
| 하 | 원의 반지름을 2배 하는 것을 모름. |

**2-2** (원의 반지름)=(원의 지름)÷2

**서술형 가이드** 원의 지름을 2로 나누어 원의 반지름을 구하는 풀이 과정이 들어 있어야 합니다.

채점 기준

| | |
|---|---|
| 상 | 원의 지름을 2로 나누어 원의 반지름을 구했음. |
| 중 | 원의 지름을 2로 나누었지만 원의 반지름을 잘못 구함. |
| 하 | 원의 지름을 2로 나누는 것을 모름. |

## 3단계 단원 유형 평가 38~40쪽

**01** 점 ㄴ
**02** 선분 ㅇㄱ (또는 선분 ㄱㅇ), 선분 ㅇㄷ (또는 선분 ㄷㅇ)
**03** 5 cm
**04** 6 cm
**05** 8
**06** 11
**07** 10 cm
**08** 1 cm
**09** 가
**10**

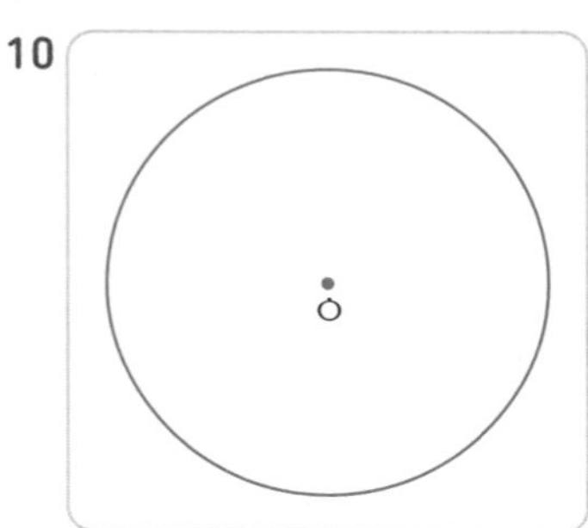

**11** 4, 반지름
**12** 3군데
**13**

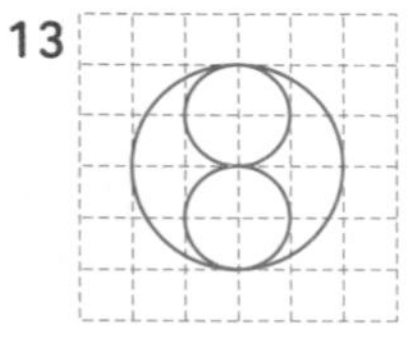

**14**

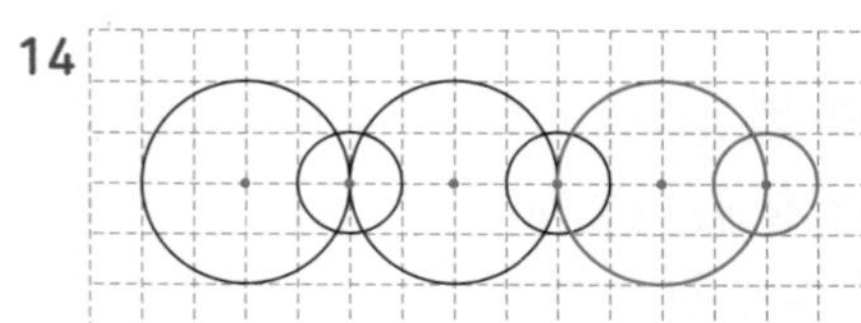

**15** ㉠
**16**

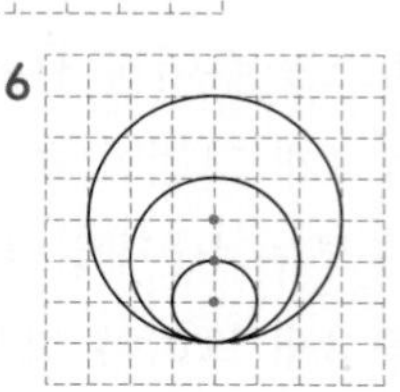

**17** ㉡
**18** 5개

19 예) 한 원에서 원의 지름은 반지름의 2배입니다.
주어진 원의 반지름은 13 cm이므로 지름은
$13 \times 2 = 26$ (cm)입니다. / 26 cm

20 예) 한 원에서 원의 반지름은 지름의 반입니다.
주어진 원의 지름은 30 cm이므로 반지름은
$30 \div 2 = 15$ (cm)입니다. / 15 cm

## 38쪽

01 원의 가장 안쪽에 있는 점을 찾습니다.

02 원의 중심과 원 위의 한 점을 이은 선분을 모두 찾습니다.

03 원의 중심과 원 위의 한 점을 이은 선분의 길이를 찾습니다.

04 원 위의 두 점을 이은 선분 중 원의 중심을 지나는 선분을 찾아 길이를 알아봅니다.
⇨ 6 cm

05 (원의 지름)=(원의 반지름)×2
=4×2=8 (cm)

06 (원의 반지름)=(원의 지름)÷2
=22÷2=11 (cm)

07 원의 반지름이 5 cm이므로 원의 지름은
5×2=10 (cm)입니다.

08 가 원의 지름은 14 cm이므로 반지름은
14÷2=7 (cm)입니다.
나 원의 반지름은 6 cm입니다.
⇨ 두 원의 반지름의 차는 7−6=1 (cm)입니다.

## 39쪽

09 반지름이 1 cm인 원을 그리려면 컴퍼스를 1 cm만큼 벌립니다.
그림 나는 컴퍼스를 2 cm만큼 벌렸습니다.

10 컴퍼스를 주어진 선분만큼 벌려서 그립니다.

12

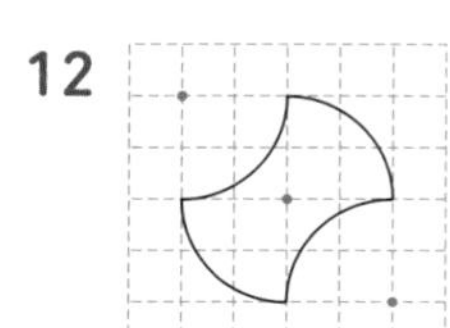

원 3개를 이용하여 그려야 하므로 컴퍼스의 침을 꽂아야 할 곳은 모두 3군데입니다.

13

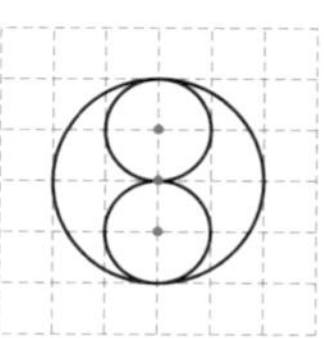

반지름이 모눈 1칸인 작은 원 2개와 반지름이 모눈 2칸인 큰 원 1개를 그립니다.

14 원의 중심은 오른쪽으로 모눈 2칸씩 이동하고, 반지름이 모눈 2칸인 원과 반지름이 모눈 1칸인 원이 반복되는 규칙입니다.

## 40쪽

15 지름이 짧을수록 작은 원입니다.
⇨ 9<9.5이므로 더 작은 원은 ㉠입니다.

16 컴퍼스의 침을 꽂은 3군데가 이용한 원의 중심입니다.

17 ㉠ (원의 지름)=17×2=34 (cm)
⇨ 34<38이므로 더 큰 원은 ㉡입니다.

**왜 틀렸을까?** 두 원의 반지름을 모두 구하거나 두 원의 지름을 모두 구한 뒤 반지름끼리 비교하거나 지름끼리 비교합니다.

**다른 풀이**
㉡ (원의 반지름)=38÷2=19 (cm)
⇨ 17<19이므로 더 큰 원은 ㉡입니다.

18

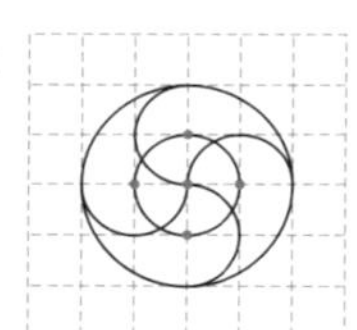

원의 중심 5곳에서 반지름이 모눈 1칸인 원 5개와 모눈 2칸인 원 1개를 이용했습니다.
따라서 이용한 원의 중심은 모두 5개입니다.

**왜 틀렸을까?** 원의 중심은 같고 반지름이 다른 원은 원의 중심 한 곳에서 원을 그릴 수 있습니다.

19 (원의 지름)=(원의 반지름)×2

**서술형 가이드** 원의 반지름을 2배 하여 원의 지름을 구하는 풀이 과정이 들어 있어야 합니다.

채점 기준

| | |
|---|---|
| 상 | 원의 반지름을 2배 하여 원의 지름을 구했음. |
| 중 | 원의 반지름을 2배 했지만 원의 지름을 잘못 구함. |
| 하 | 원의 반지름을 2배 하는 것을 모름. |

20 (원의 반지름)=(원의 지름)÷2

**서술형 가이드** 원의 지름을 2로 나누어 원의 반지름을 구하는 풀이 과정이 들어 있어야 합니다.

채점 기준

| | |
|---|---|
| 상 | 원의 지름을 2로 나누어 원의 반지름을 구했음. |
| 중 | 원의 지름을 2로 나누었지만 원의 반지름을 잘못 구함. |
| 하 | 원의 지름을 2로 나누는 것을 모름. |

# 4 분수

## 1단계 기초 문제 43쪽

1-1 (1) 2 (2) 2
1-2 (1) 4 (2) 4
2-1 (1) 진 (2) 가 (3) 진 (4) 대 (5) 가 (6) 가
2-2 (1) 가 (2) 대 (3) 가 (4) 진 (5) 대 (6) 진

## 2단계 기본 유형 44~49쪽

01 $\frac{1}{4}$
02 $\frac{2}{3}$
03 (1) 8 (2) 7, $\frac{7}{8}$
04 $\frac{4}{9}$
05 $\frac{3}{6}$
06 $\frac{2}{3}$
07 2
08 (1) 3 (2) 6
09 (1) 6 (2) 4
/ 예 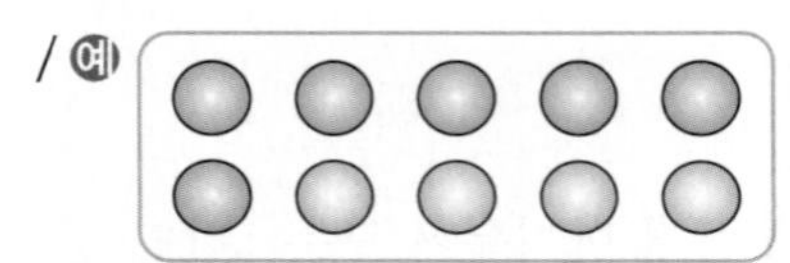
10 (1) 4 cm (2) 8 cm
11 (1) 10초 (2) 50초
12 $\frac{3}{5}$, $\frac{4}{5}$, $\frac{6}{5}$
13 $\frac{1}{4}$, $\frac{6}{7}$에 ○표 / $\frac{8}{8}$, $\frac{10}{9}$, $\frac{11}{10}$에 △표
14 2개
15 $\frac{3}{3}$
16 $1\frac{1}{4}$
17 (왼쪽에서부터) $\frac{9}{5}$, $2\frac{1}{5}$
18 $2\frac{1}{4}$, $2\frac{2}{4}$, $2\frac{3}{4}$
19 예 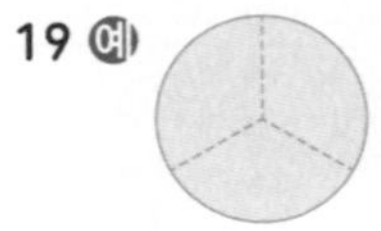 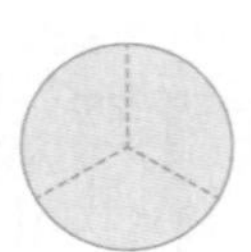 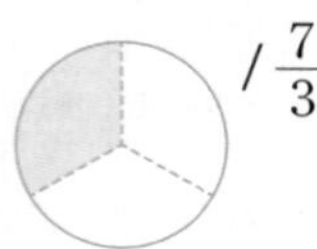 / $\frac{7}{3}$
20 예 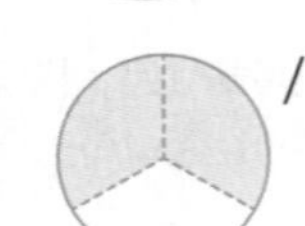 / $1\frac{2}{3}$
21 (1) $\frac{7}{2}$ (2) $\frac{11}{3}$ (3) $2\frac{4}{7}$ (4) $5\frac{5}{8}$
22 >
23 <
24 (1) < (2) <
25 동우
26 0과 4.3을 색칠
27 ③, ④, ⑤
28 2, 3, 4, 5, 6
29 6개
30 5개
31 7개

### 서술형 유형

1-1 27, >, 은주 / 은주

1-2 예 $1\frac{5}{6}=\frac{11}{6}$이므로 $1\frac{5}{6}>\frac{9}{6}$입니다.
따라서 숙제를 더 오랜 시간 동안 한 사람은 민주입니다. / 민주

2-1 7, 2, 6, 6 / 6

2-2 예 12의 $\frac{5}{6}$는 12개를 똑같이 6묶음으로 나눈 것 중의 5묶음이므로 10개입니다.
따라서 은주가 먹은 귤은 10개입니다. / 10개

### 44쪽

01 전체 4묶음 중의 1묶음이므로 $\frac{1}{4}$입니다.

02 전체 3묶음 중의 2묶음이므로 $\frac{2}{3}$입니다.

03 (1) 16을 2씩 묶으면 8묶음이 됩니다.
(2) 14는 8묶음 중 7묶음이므로 16의 $\frac{7}{8}$입니다.

04 강아지를 2마리씩 묶으면 9묶음이 되고, 8마리는 9묶음 중 4묶음이므로 $\frac{4}{9}$입니다.

05 강아지를 3마리씩 묶으면 6묶음이 되고, 9마리는 6묶음 중 3묶음이므로 $\frac{3}{6}$입니다.

06 강아지를 6마리씩 묶으면 3묶음이 되고, 12마리는 3묶음 중 2묶음이므로 $\frac{2}{3}$입니다.

참고

18마리
- 2마리씩 9묶음
- 3마리씩 6묶음
- 6마리씩 3묶음
- 9마리씩 2묶음

### 45쪽

07 4의 $\frac{1}{2}$은 4를 똑같이 2묶음으로 나눈 것 중의 1묶음이므로 2입니다.

**08** (1) 9의 $\frac{1}{3}$은 9를 똑같이 3묶음으로 나눈 것 중의 1묶음이므로 3입니다.

(2) 9의 $\frac{2}{3}$는 9를 똑같이 3묶음으로 나눈 것 중의 2묶음이므로 $3\times2=6$입니다.

**09** (1) 10의 $\frac{3}{5}$은 구슬 10개를 똑같이 5묶음으로 나눈 것 중의 3묶음이므로 $2\times3=6$(개)입니다.

(2) 10의 $\frac{2}{5}$는 구슬 10개를 똑같이 5묶음으로 나눈 것 중의 2묶음이므로 $2\times2=4$(개)입니다.

**10** (1) 12 cm의 $\frac{1}{3}$은 12 cm를 똑같이 3으로 나눈 것 중의 1이므로 4 cm입니다.

(2) 12 cm의 $\frac{2}{3}$는 12 cm를 똑같이 3으로 나눈 것 중의 2이므로 $4\times2=8$ (cm)입니다.

**11** (1) 60초의 $\frac{1}{6}$은 60초를 똑같이 6으로 나눈 것 중의 1이므로 10초입니다.

(2) 60초의 $\frac{5}{6}$는 60초를 똑같이 6으로 나눈 것 중의 5이므로 $10\times5=50$(초)입니다.

## 46쪽

**12** 분모는 모두 5이고 분자는 1씩 커집니다.

**13** 분자가 분모보다 작은 분수는 진분수, 분자가 분모와 같거나 분모보다 큰 분수는 가분수입니다.

**14** 분모가 모두 3이므로 분자가 3보다 작은 분수를 모두 찾습니다.

⇨ $\frac{1}{3}$, $\frac{2}{3}$로 2개입니다.

**15** 분모와 분자가 같은 $\frac{3}{3}$은 1과 같습니다.

**16** 1과 $\frac{1}{4}$만큼이므로 $1\frac{1}{4}$입니다.

**17** • $1\frac{4}{5}$는 $\frac{8}{5}$에서 $\frac{1}{5}$만큼 더 간 $\frac{9}{5}$와 같습니다.

• $\frac{11}{5}$은 2에서 $\frac{1}{5}$만큼 더 간 $2\frac{1}{5}$과 같습니다.

**18** 대분수의 분수 부분이 분모가 4인 진분수이므로 분수 부분은 $\frac{1}{4}$, $\frac{2}{4}$, $\frac{3}{4}$입니다.

⇨ $2\frac{1}{4}$, $2\frac{2}{4}$, $2\frac{3}{4}$

## 47쪽

**19** 2와 $\frac{1}{3}$에서 자연수 2는 $\frac{6}{3}$이므로 $\frac{1}{3}$이 6개입니다.

따라서 $2\frac{1}{3}$은 $\frac{1}{3}$이 7개인 $\frac{7}{3}$로 나타낼 수 있습니다.

**20** $\frac{3}{3}$은 1이고 $\frac{2}{3}$는 진분수이므로 $1\frac{2}{3}$로 나타낼 수 있습니다.

**21** (1) $3\frac{1}{2}$ ⇨ $\left(3과\ \frac{1}{2}\right)$ ⇨ $\left(\frac{6}{2}과\ \frac{1}{2}\right)$ ⇨ $\frac{7}{2}$

(2) $3\frac{2}{3}$ ⇨ $\left(3과\ \frac{2}{3}\right)$ ⇨ $\left(\frac{9}{3}와\ \frac{2}{3}\right)$ ⇨ $\frac{11}{3}$

(3) $\frac{18}{7}$ ⇨ $\left(\frac{14}{7}와\ \frac{4}{7}\right)$ ⇨ $\left(2와\ \frac{4}{7}\right)$ ⇨ $2\frac{4}{7}$

(4) $\frac{45}{8}$ ⇨ $\left(\frac{40}{8}과\ \frac{5}{8}\right)$ ⇨ $\left(5와\ \frac{5}{8}\right)$ ⇨ $5\frac{5}{8}$

**22** 분모가 같으므로 분자를 비교합니다.

$6>5$ ⇨ $\frac{6}{4}>\frac{5}{4}$

**23** 자연수 부분이 같으므로 진분수 부분을 비교합니다.

$\frac{1}{6}<\frac{4}{6}$ ⇨ $1\frac{1}{6}<1\frac{4}{6}$

**24** (1) $\frac{5}{2}=2\frac{1}{2}$, $1\frac{1}{2}<2\frac{1}{2}$

(2) $\frac{9}{4}=2\frac{1}{4}$, $2\frac{1}{4}<2\frac{2}{4}$

**다른 풀이**

(1) $1\frac{1}{2}=\frac{3}{2}$, $\frac{3}{2}<\frac{5}{2}$

(2) $2\frac{2}{4}=\frac{10}{4}$, $\frac{9}{4}<\frac{10}{4}$

**25** 미애의 키를 대분수로 나타내면 $1\frac{4}{10}$ m이고, $5>4$이므로 $1\frac{5}{10}>1\frac{4}{10}$입니다.

따라서 키가 더 큰 사람은 동우입니다.

**다른 풀이**

동우의 키를 가분수로 나타내면 $\frac{15}{10}$ m이고, $15>14$이므로 $\frac{15}{10}>\frac{14}{10}$입니다.

따라서 키가 더 큰 사람은 동우입니다.

## 48쪽

**26** 대분수는 자연수와 진분수로 이루어진 분수이므로 ♥는 0과 소수인 4.3이 될 수 없습니다.

**27** $\frac{★}{5}$이 진분수이므로 ★은 5보다 작아야 합니다.

따라서 5, 7, 9는 ★이 될 수 없습니다.

**28** $\frac{7}{■}$이 가분수이므로 분자인 7이 분모인 ■와 같거나 ■보다 커야 합니다.
■가 1보다 크므로 ■가 될 수 있는 수는 2, 3, 4, 5, 6, 7인데 ■가 7일 경우 $\frac{7}{7}=1$이 되므로 만족하지 않습니다. 따라서 만족하는 ■를 모두 구하면 2, 3, 4, 5, 6입니다.

**왜 틀렸을까?** $\frac{7}{■}$이 1보다 큰 가분수이므로 $\frac{7}{■}$은 1이 될 수 없습니다.

**29** 분모가 8로 같으므로 분자가 7보다 작아야 합니다.
$\frac{1}{8}$, $\frac{2}{8}$, $\frac{3}{8}$, $\frac{4}{8}$, $\frac{5}{8}$, $\frac{6}{8}$으로 모두 6개입니다.

**30** 분모가 9로 같으므로 분자가 3보다 커야 합니다.
$\frac{4}{9}$, $\frac{5}{9}$, $\frac{6}{9}$, $\frac{7}{9}$, $\frac{8}{9}$로 모두 5개입니다.

**31** 분모가 10으로 같으므로 분자가 17보다 작아야 합니다. $\frac{10}{10}$, $\frac{11}{10}$, $\frac{12}{10}$, $\frac{13}{10}$, $\frac{14}{10}$, $\frac{15}{10}$, $\frac{16}{10}$으로 모두 7개입니다.

**왜 틀렸을까?** 분모가 10인 가분수 중에서 조건에 맞는 분수를 찾아야 하므로 $\frac{10}{10}$도 포함해야 합니다.

## 49쪽

**1-1** 대분수를 가분수로 나타내어 비교합니다.

**1-2** 서술형 가이드 가분수를 대분수로 나타내거나 대분수를 가분수로 나타낸 후에 분수의 크기를 비교하는 풀이 과정이 들어 있어야 합니다.

채점 기준

| | |
|---|---|
| 상 | 가분수를 대분수로 나타내거나 대분수를 가분수로 나타낸 후에 크기를 비교하여 숙제를 더 오랜 시간 동안 한 사람을 구함. |
| 중 | 가분수를 대분수로 나타내거나 대분수를 가분수로 나타냈지만 크기를 잘못 비교함. |
| 하 | 가분수를 대분수로 나타내거나 대분수를 가분수로 나타내지 못함. |

**2-1** 21개를 똑같이 7묶음으로 나누면 1묶음은 3개입니다.

**2-2** 서술형 가이드 $\frac{5}{6}$가 똑같이 6묶음으로 나눈 것 중의 5묶음인 것을 알고 답을 구하는 풀이 과정이 들어 있어야 합니다.

채점 기준

| | |
|---|---|
| 상 | $\frac{5}{6}$가 똑같이 6묶음으로 나눈 것 중의 5묶음인 것을 알고 은주가 먹은 귤의 개수를 구함. |
| 중 | $\frac{5}{6}$가 똑같이 6묶음으로 나눈 것 중의 5묶음인 것을 알았으나 은주가 먹은 귤의 개수를 구하지 못함. |
| 하 | $\frac{5}{6}$가 똑같이 6묶음으로 나눈 것 중의 5묶음인 것을 알지 못함. |

## 3단계 단원 유형 평가 50~52쪽

01 $\frac{1}{3}$
02 $\frac{3}{4}$
03 $\frac{3}{5}$
04 $\frac{2}{3}$
05 3
06 (1) 2 (2) 4
07 (1) 2 cm (2) 6 cm
08 $\frac{3}{4}$, $\frac{5}{4}$
09 $\frac{3}{8}$, $\frac{6}{7}$, $\frac{7}{9}$에 ○표 / $\frac{11}{3}$, $\frac{5}{4}$에 △표
10 (왼쪽에서부터) $3\frac{1}{2}$, $\frac{9}{2}$
11 $1\frac{1}{3}$, $1\frac{2}{3}$
12 (1) $\frac{10}{3}$ (2) $\frac{17}{4}$ (3) $2\frac{5}{6}$ (4) $1\frac{2}{9}$
13 $<$
14 (1) $>$ (2) $<$
15 ①, ②
16 4개
17 2, 3, 4, 5, 6, 7
18 4개
19 예 $\frac{14}{10}=1\frac{4}{10}$이므로 $1\frac{3}{10}<1\frac{4}{10}$입니다.
따라서 숙제를 더 오랜 시간 동안 한 사람은 정순이입니다. / 정순
20 예 20의 $\frac{4}{5}$는 20개를 똑같이 5묶음으로 나눈 것 중의 4묶음이므로 16개입니다.
따라서 지우가 먹은 쿠키는 16개입니다. / 16개

## 50쪽

**01** 전체 3묶음 중의 1묶음입니다.
⇨ $\frac{1}{3}$

**02** 전체 4묶음 중의 3묶음입니다.
⇨ $\frac{3}{4}$

**03** 강아지를 3마리씩 묶으면 5묶음이 되고, 9마리는 5묶음 중 3묶음입니다.
⇨ $\frac{3}{5}$

**04** 강아지를 5마리씩 묶으면 3묶음이 되고, 10마리는 3묶음 중 2묶음입니다.
⇨ $\frac{2}{3}$

**05** 6의 $\frac{1}{2}$은 6을 똑같이 2묶음으로 나눈 것 중의 1묶음이므로 3입니다.

06 (1) 8의 $\frac{1}{4}$은 8을 똑같이 4묶음으로 나눈 것 중의 1묶음이므로 2입니다.

(2) 8의 $\frac{2}{4}$는 8을 똑같이 4묶음으로 나눈 것 중의 2묶음이므로 $2\times2=4$입니다.

07 (1) 10 cm의 $\frac{1}{5}$은 10 cm를 똑같이 5로 나눈 것 중의 1이므로 2 cm입니다.

(2) 10 cm의 $\frac{3}{5}$은 10 cm를 똑같이 5로 나눈 것 중의 3이므로 $2\times3=6$ (cm)입니다.

## 51쪽

08 분모는 모두 4이고 분자는 1씩 커집니다.

09 분자가 분모보다 작은 분수는 진분수, 분자가 분모와 같거나 분모보다 큰 분수는 가분수입니다.

10 • $\frac{7}{2}$은 3에서 $\frac{1}{2}$만큼 더 간 $3\frac{1}{2}$과 같습니다.

• $4\frac{1}{2}$은 $\frac{8}{2}$에서 $\frac{1}{2}$만큼 더 간 $\frac{9}{2}$와 같습니다.

11 대분수의 분수 부분이 분모가 3인 진분수이므로 분수 부분은 $\frac{1}{3}$, $\frac{2}{3}$입니다. ⇨ $1\frac{1}{3}$, $1\frac{2}{3}$

12 (1) $3\frac{1}{3}$ ⇨ (3과 $\frac{1}{3}$) ⇨ ($\frac{9}{3}$와 $\frac{1}{3}$) ⇨ $\frac{10}{3}$

(2) $4\frac{1}{4}$ ⇨ (4와 $\frac{1}{4}$) ⇨ ($\frac{16}{4}$과 $\frac{1}{4}$) ⇨ $\frac{17}{4}$

(3) $\frac{17}{6}$ ⇨ ($\frac{12}{6}$와 $\frac{5}{6}$) ⇨ (2와 $\frac{5}{6}$) ⇨ $2\frac{5}{6}$

(4) $\frac{11}{9}$ ⇨ ($\frac{9}{9}$와 $\frac{2}{9}$) ⇨ (1과 $\frac{2}{9}$) ⇨ $1\frac{2}{9}$

13 분모가 같으므로 분자를 비교합니다.

$11<19$ ⇨ $\frac{11}{7}<\frac{19}{7}$

14 (1) $\frac{16}{3}=5\frac{1}{3}$, $6\frac{1}{3}>5\frac{1}{3}$

(2) $\frac{11}{4}=2\frac{3}{4}$, $2\frac{3}{4}<3\frac{3}{4}$

다른 풀이

(1) $6\frac{1}{3}=\frac{19}{3}$, $\frac{19}{3}>\frac{16}{3}$

(2) $3\frac{3}{4}=\frac{15}{4}$, $\frac{11}{4}<\frac{15}{4}$

## 52쪽

15 $\frac{★}{3}$이 가분수이므로 ★은 3과 같거나 3보다 커야 합니다.

16 분모가 6으로 같으므로 분자가 5보다 작아야 합니다.

$\frac{1}{6}$, $\frac{2}{6}$, $\frac{3}{6}$, $\frac{4}{6}$로 모두 4개입니다.

17 $\frac{8}{■}$이 가분수이므로 분자인 8이 분모인 ■와 같거나 ■보다 커야 합니다.

■가 1보다 크므로 ■가 될 수 있는 수는 2, 3, 4, 5, 6, 7, 8인데 ■가 8일 경우 $\frac{8}{8}=1$이 되므로 만족하지 않습니다.

따라서 만족하는 ■를 모두 구하면 2, 3, 4, 5, 6, 7입니다.

왜 틀렸을까? $\frac{8}{■}$이 1보다 큰 가분수이므로 $\frac{8}{■}$은 1이 될 수 없습니다.

18 분모가 8로 같으므로 분자가 12보다 작아야 합니다.

$\frac{8}{8}$, $\frac{9}{8}$, $\frac{10}{8}$, $\frac{11}{8}$로 모두 4개입니다.

왜 틀렸을까? 분모가 8인 가분수 중에서 찾아야 하므로 $\frac{8}{8}$도 포함해야 합니다.

19 두 분수의 크기를 비교합니다.

서술형 가이드 가분수를 대분수로 나타내거나, 대분수를 가분수로 나타낸 후에 분수의 크기를 비교하는 풀이 과정이 들어 있어야 합니다.

채점 기준

| | |
|---|---|
| 상 | 가분수를 대분수로 나타내거나 대분수를 가분수로 나타낸 후에 크기를 비교하여 숙제를 더 오랜 시간 동안 한 사람을 구함. |
| 중 | 가분수를 대분수로 나타내거나 대분수를 가분수로 나타냈지만 크기를 잘못 비교함. |
| 하 | 가분수를 대분수로 나타내거나 대분수를 가분수로 나타내지 못함. |

20 20개를 5묶음으로 나누면 1묶음은 4개입니다.

서술형 가이드 $\frac{4}{5}$가 똑같이 5묶음으로 나눈 것 중의 4묶음인 것을 알고 답을 구하는 풀이 과정이 들어 있어야 합니다.

채점 기준

| | |
|---|---|
| 상 | $\frac{4}{5}$가 똑같이 5묶음으로 나눈 것 중의 4묶음인 것을 알고 지우가 먹은 쿠키의 개수를 구함. |
| 중 | $\frac{4}{5}$가 똑같이 5묶음으로 나눈 것 중의 4묶음인 것을 알았으나 지우가 먹은 쿠키의 개수를 구하지 못함. |
| 하 | $\frac{4}{5}$가 똑같이 5묶음으로 나눈 것 중의 4묶음인 것을 알지 못함. |

# 5 들이와 무게

## 1단계 기초 문제 (55쪽)

1-1 (1) 4000 (2) 6000 (3) 1700
(4) 2300 (5) 9800
1-2 (1) 3000 (2) 8000 (3) 4200
(4) 8600 (5) 6060
2-1 (1) 4000 (2) 7000 (3) 3500
(4) 6700 (5) 2800
2-2 (1) 2000 (2) 6000 (3) 8400
(4) 5100 (5) 7030

## 2단계 기본 유형 (56~61쪽)

01 음료수 캔
02 6개, 4개
03 주전자
04 (1) 6, 720 (2) 7040
05 3
06 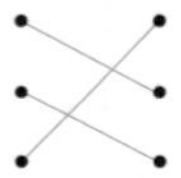
07 ( ○ )( )
08 (1) mL (2) L
09 주사기
10 재희
11 (1) 6, 700 (2) 2, 300
12 9 L 50 mL
13 1 L 800 mL
14 (1) 3, 800 (2) 2, 200
15 주사위, 볼펜, 지우개
16 다릅니다에 ○표
17 수첩, 5개
18 (1) 5, 800 (2) 1660 (3) 3
19 
20 250
21 2
22 (1) 비행기 (2) 스마트폰
23 (1) g (2) kg (3) t
24 ㉠, ㉢
25 (1) 9 kg 900 g (2) 4 kg 300 g
26 10, 300
27 2 kg 700 g
28 (1) 6, 600 (2) 3, 400
29 (1) < (2) <
30 ㉡
31 ㉠
32 (1) < (2) =
33 ㉡
34 ㉠

### 서술형 유형

1-1 2, 700, 2, 700, 7, 900 / 7, 900
1-2 예 4600 mL=4 L 600 mL이므로
2 L 250 mL+4600 mL
=2 L 250 mL+4 L 600 mL
=6 L 850 mL입니다.
/ 6 L 850 mL
2-1 4, 300 / 1, kg에 ○표
2-2 2, 700 / 예 1 kg=1000 g으로 받아내림한 수를 kg 단위의 차에서 빼지 않았습니다.

### 56쪽

01 모양과 크기가 같은 그릇에 물을 모두 옮겨 담았을 때 물의 높이가 낮은 쪽의 들이가 더 적습니다.
따라서 음료수 캔의 들이가 더 적습니다.
02 컵의 수를 세어 보면 주전자는 6개, 보온병은 4개만큼 들어갑니다.
03 모양과 크기가 같은 작은 컵에 물을 모두 옮겨 담았을 때 컵의 수가 많을수록 들이가 더 많습니다.
따라서 주전자가 보온병보다 들이가 더 많습니다.
04 (1) 6720 mL=6000 mL+720 mL
=6 L+720 mL=6 L 720 mL
(2) 7 L 40 mL=7 L+40 mL
=7000 mL+40 mL=7040 mL
05 물이 눈금 3까지 채워져 있고 단위가 L이므로 3 L입니다.
06 3 L 450 mL=3 L+450 mL
=3000 mL+450 mL
=3450 mL
3 L 455 mL=3 L+455 mL
=3000 mL+455 mL
=3455 mL
3 L 45 mL=3 L+45 mL
=3000 mL+45 mL
=3045 mL

### 57쪽

07 보온병은 들이가 1 L인 우유갑과 들이가 비슷하므로 약 1 L라고 어림할 수 있습니다.
08 (1) 음료수 캔의 들이는 250 mL가 알맞습니다.
(2) 휴지통의 들이는 20 L가 알맞습니다.

09 들이의 단위가 mL이므로 주사기와 어항 중 mL와 어울리는 물건을 찾으면 주사기입니다.

10 준수: 300 mL 우유갑으로 3번쯤 들어가면 약 900 mL입니다.
미희: 100 mL 요구르트병으로 9번쯤 들어가면 약 900 mL입니다.

11 L는 L끼리, mL는 mL끼리 계산합니다.

12
$$\begin{array}{rrr} & \overset{1}{6}\text{ L} & 700\text{ mL} \\ + & 2\text{ L} & 350\text{ mL} \\ \hline & 9\text{ L} & 50\text{ mL} \end{array}$$

13
$$\begin{array}{rrr} & \overset{5}{\cancel{6}}\text{ L} & \overset{1000}{400}\text{ mL} \\ - & 4\text{ L} & 600\text{ mL} \\ \hline & 1\text{ L} & 800\text{ mL} \end{array}$$

14 (1) 1200 mL+2600 mL=3800 mL
⇨ 3800 mL=3000 mL+800 mL
=3 L+800 mL=3 L 800 mL
(2) 5400 mL−3200 mL=2200 mL
⇨ 2200 mL=2000 mL+200 mL
=2 L+200 mL=2 L 200 mL

## 58쪽

15 볼펜과 주사위를 비교하면 볼펜이 주사위보다 무겁습니다.
볼펜과 지우개를 비교하면 볼펜이 지우개보다 가볍습니다.
따라서 무게가 가벼운 것부터 차례대로 쓰면 주사위, 볼펜, 지우개입니다.

16 10원짜리 동전과 100원짜리 동전의 무게가 다르므로 연필의 무게와 사인펜의 무게는 다릅니다.
**참고**
100원짜리 동전이 10원짜리 동전보다 더 무겁습니다.

17 수첩이 필통보다 구슬 14−9=5(개)만큼 더 가볍습니다.

18 (1) 5800 g=5000 g+800 g
=5 kg+800 g
=5 kg 800 g
(2) 1 kg 660 g=1 kg+660 g
=1000 g+660 g
=1660 g

19 • 4000 g=4 kg
• 4 t=4000 kg

20 바늘이 250 g을 가리키고 있습니다.

21 바늘이 2 kg을 가리키고 있습니다.

## 59쪽

22 (1) 500 t에 알맞은 물건은 비행기입니다.
(2) 150 g에 알맞은 물건은 스마트폰입니다.

23 (1) 지우개의 무게는 20 g이 알맞습니다.
(2) 수박의 무게는 5 kg이 알맞습니다.
(3) 기린의 무게는 2 t이 알맞습니다.

24 오토바이와 돼지는 1 kg보다 무겁고, 공책과 머리핀은 1 kg보다 가볍습니다.

25 kg은 kg끼리, g은 g끼리 계산합니다.

26
$$\begin{array}{rrr} & \overset{1}{4}\text{ kg} & 600\text{ g} \\ + & 5\text{ kg} & 700\text{ g} \\ \hline & 10\text{ kg} & 300\text{ g} \end{array}$$

27
$$\begin{array}{rrr} & \overset{3}{\cancel{4}}\text{ kg} & \overset{1000}{600}\text{ g} \\ - & 1\text{ kg} & 900\text{ g} \\ \hline & 2\text{ kg} & 700\text{ g} \end{array}$$

28 (1) 4500 g+2100 g=6600 g
⇨ 6600 g=6000 g+600 g
=6 kg+600 g=6 kg 600 g
(2) 5700 g−2300 g=3400 g
⇨ 3400 g=3000 g+400 g
=3 kg+400 g=3 kg 400 g

## 60쪽

29 (1) 5 L=5000 mL
⇨ 5000 mL<5200 mL
(2) 40 L=40000 mL
⇨ 4230 mL<40000 mL
**다른 풀이**
(1) 5200 mL=5 L 200 mL
⇨ 5 L<5 L 200 mL
(2) 4230 mL=4 L 230 mL
⇨ 4 L 230 mL<40 L

30 3 L 350 mL=3350 mL
⇨ 3240 mL<3350 mL
따라서 들이가 더 많은 것은 ㉡입니다.
**다른 풀이**
3240 mL=3 L 240 mL
⇨ 3 L 240 mL<3 L 350 mL
따라서 들이가 더 많은 것은 ㉡입니다.

**31** 5 L 65 mL=5065 mL
⇨ 5065 mL<5640 mL이므로 들이가 더 적은 것은 ㉠입니다.

**왜 틀렸을까?** 5 L 65 mL를 565 mL 또는 5650 mL로 착각하지 않도록 주의합니다.

**다른 풀이**
5640 mL=5 L 640 mL
⇨ 5 L 65 mL<5 L 640 mL이므로 들이가 더 적은 것은 ㉠입니다.

**32** (1) 4 t=4000 kg ⇨ 4 kg 300 g<4000 kg
(2) 6100 g=6 kg 100 g

**33** 2 kg 150 g=2150 g ⇨ 2150 g<2250 g
따라서 무게가 더 무거운 것은 ㉡입니다.

**다른 풀이**
2250 g=2 kg 250 g
⇨ 2 kg 150 g<2 kg 250 g
따라서 무게가 더 무거운 것은 ㉡입니다.

**34** 1 kg 25 g=1025 g
⇨ 1025 g<1150 g이므로 무게가 더 가벼운 것은 ㉠입니다.

**왜 틀렸을까?** 1 kg 25 g을 125 g 또는 1250 g으로 착각하지 않도록 주의합니다.

**다른 풀이**
1150 g=1 kg 150 g
⇨ 1 kg 25 g<1 kg 150 g이므로 무게가 더 가벼운 것은 ㉠입니다.

## 61쪽

**1-1** 2700 mL=2000 mL+700 mL
=2 L+700 mL=2 L 700 mL

**1-2** **서술형 가이드** 4600 mL를 몇 L 몇 mL로 나타내어 더하는 풀이 과정이 들어 있어야 합니다.

채점 기준

| | |
|---|---|
| 상 | 4600 mL를 몇 L 몇 mL로 나타내어 합을 구함. |
| 중 | 4600 mL를 몇 L 몇 mL로 나타내었으나 합을 구하지 못함. |
| 하 | 4600 mL를 몇 L 몇 mL로 나타내지 못함. |

**2-1**

| | kg | g |
|---|---|---|
| | 1<br>2 kg | 700 g |
| + | 1 kg | 600 g |
| | 4 kg | 300 g |

**2-2** **서술형 가이드** 잘못 계산한 곳을 찾아 잘못된 이유를 쓰고 바르게 계산해야 합니다.

채점 기준

| | |
|---|---|
| 상 | 잘못 계산한 곳을 찾아 잘못된 이유를 쓰고 바르게 계산함. |
| 중 | 잘못 계산한 곳을 찾았으나 잘못된 이유를 바르게 쓰지 못함. |
| 하 | 잘못 계산한 곳을 찾지 못함. |

## 3단계 단원 유형 평가 62~64쪽

01 물통
02 (1) 1, 990 (2) 4340
03 (선 잇기)
04 (1) L (2) mL
05 수조
06 6 L 100 mL
07 1 L 450 mL
08 사과, 5개
09 (선 잇기)
10 3
11 (1) 버스 (2) 가위
12 (1) g (2) kg
13 6, 550
14 1 kg 950 g
15 ㉡
16 ㉠
17 ㉠
18 ㉠
19 예 3250 mL=3 L 250 mL이므로
6 L 120 mL+3250 mL
=6 L 120 mL+3 L 250 mL
=9 L 370 mL입니다. / 9 L 370 mL
20 1, 300 / 예 1 kg=1000 g으로 받아내림한 수를 kg 단위의 차에서 빼지 않았습니다.

## 62쪽

**01** 모양과 크기가 같은 그릇에 물을 모두 옮겨 담았을 때 물의 높이가 낮은 쪽의 들이가 더 적습니다.
따라서 물통의 들이가 더 적습니다.

**02** (1) 1990 mL=1000 mL+990 mL
=1 L+990 mL
=1 L 990 mL
(2) 4 L 340 mL=4 L+340 mL
=4000 mL+340 mL
=4340 mL

**03** 2 L 150 mL=2 L+150 mL
=2000 mL+150 mL
=2150 mL
2 L 15 mL=2 L+15 mL
=2000 mL+15 mL
=2015 mL
2 L 115 mL=2 L+115 mL
=2000 mL+115 mL
=2115 mL

04 (1) 물병의 들이는 1 L가 알맞습니다.
(2) 우유갑의 들이는 200 mL가 알맞습니다.

05 들이의 단위가 L이므로 주사기와 수조 중 L와 어울리는 물건을 찾으면 수조입니다.

06
$$\begin{array}{rrr} & \overset{1}{4}\,\text{L} & 850\ \text{mL} \\ + & 1\,\text{L} & 250\ \text{mL} \\ \hline & 6\,\text{L} & 100\ \text{mL} \end{array}$$

07
$$\begin{array}{rrr} & \overset{3}{\cancel{4}}\,\text{L} & \overset{1000}{150}\ \text{mL} \\ - & 2\,\text{L} & 700\ \text{mL} \\ \hline & 1\,\text{L} & 450\ \text{mL} \end{array}$$

## 63쪽

08 사과가 배보다 100원짜리 동전 30－25＝5(개)만큼 더 가볍습니다.

09 • 2000 g＝2 kg
• 2 t＝2000 kg

10 바늘이 3 kg을 가리키고 있습니다.

11 (1) 10 t에 알맞은 물건은 버스입니다.
(2) 50 g에 알맞은 물건은 가위입니다.

12 (1) 연필의 무게는 5 g이 알맞습니다.
(2) 피아노의 무게는 300 kg이 알맞습니다.

13
$$\begin{array}{rrr} & \overset{1}{2}\,\text{kg} & 800\ \text{g} \\ + & 3\,\text{kg} & 750\ \text{g} \\ \hline & 6\,\text{kg} & 550\ \text{g} \end{array}$$

14
$$\begin{array}{rrr} & \overset{4}{\cancel{5}}\,\text{kg} & \overset{1000}{650}\ \text{g} \\ - & 3\,\text{kg} & 700\ \text{g} \\ \hline & 1\,\text{kg} & 950\ \text{g} \end{array}$$

## 64쪽

15 6 L 300 mL＝6300 mL
⇨ 6300 mL＜6620 mL
따라서 들이가 더 많은 것은 ㉡입니다.

다른 풀이
6620 mL＝6 L 620 mL
⇨ 6 L 300 mL＜6 L 620 mL
따라서 들이가 더 많은 것은 ㉡입니다.

16 3 kg 750 g＝3750 g
⇨ 3750 g＞3200 g
따라서 무게가 더 무거운 것은 ㉠입니다.

다른 풀이
3200 g＝3 kg 200 g
⇨ 3 kg 750 g＞3 kg 200 g
따라서 무게가 더 무거운 것은 ㉠입니다.

17 4 L 20 mL＝4 L＋20 mL
＝4000 mL＋20 mL＝4020 mL
⇨ 4020 mL＜4100 mL이므로 들이가 더 적은 것은 ㉠입니다.

왜 틀렸을까? 4 L 20 mL를 420 mL 또는 4200 mL로 착각하지 않도록 주의합니다.

다른 풀이
4100 mL＝4000 mL＋100 mL
＝4 L＋100 mL＝4 L 100 mL
⇨ 4 L 20 mL＜4 L 100 mL이므로 들이가 더 적은 것은 ㉠입니다.

18 2 kg 55 g＝2 kg＋55 g
＝2000 g＋55 g＝2055 g
⇨ 2055 g＜2110 g이므로 무게가 더 가벼운 것은 ㉠입니다.

왜 틀렸을까? 2 kg 55 g을 255 g 또는 2550 g으로 착각하지 않도록 주의합니다.

다른 풀이
2110 g＝2000 g＋110 g
＝2 kg＋110 g＝2 kg 110 g
⇨ 2 kg 55 g＜2 kg 110 g이므로 무게가 더 가벼운 것은 ㉠입니다.

19 3250 mL＝3000 mL＋250 mL
＝3 L＋250 mL＝3 L 250 mL

서술형 가이드 3250 mL를 몇 L 몇 mL로 나타내어 더하는 풀이 과정이 들어 있어야 합니다.

채점 기준

| | |
|---|---|
| 상 | 3250 mL를 몇 L 몇 mL로 나타내어 합을 구함. |
| 중 | 3250 mL를 몇 L 몇 mL로 나타내었으나 합을 구하지 못함. |
| 하 | 3250 mL를 몇 L 몇 mL로 나타내지 못함. |

20
$$\begin{array}{rrr} & \overset{2}{\cancel{3}}\,\text{kg} & \overset{1000}{200}\ \text{g} \\ - & 1\,\text{kg} & 900\ \text{g} \\ \hline & 1\,\text{kg} & 300\ \text{g} \end{array}$$

서술형 가이드 잘못 계산한 곳을 찾아 잘못된 이유를 쓰고 바르게 계산해야 합니다.

채점 기준

| | |
|---|---|
| 상 | 잘못 계산한 곳을 찾아 잘못된 이유를 쓰고 바르게 계산함. |
| 중 | 잘못 계산한 곳을 찾았으나 잘못된 이유를 바르게 쓰지 못함. |
| 하 | 잘못 계산한 곳을 찾지 못함. |

# 6 자료와 그림그래프

## 1단계 기초 문제 67쪽

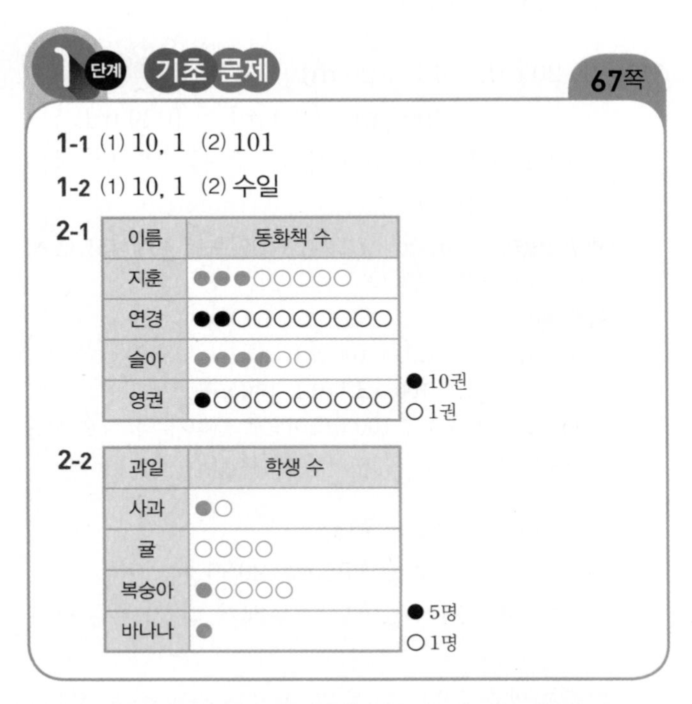

**1-1** (1) 10, 1 (2) 101

**1-2** (1) 10, 1 (2) 수일

**2-1**

| 이름 | 동화책 수 |
|---|---|
| 지훈 | ●●●○○○○○ |
| 연경 | ●●○○○○○○○ |
| 슬아 | ●●●●○○ |
| 영권 | ●○○○○○○○○○ |

● 10권 ○ 1권

**2-2**

| 과일 | 학생 수 |
|---|---|
| 사과 | ●○ |
| 귤 | ○○○○ |
| 복숭아 | ●○○○○ |
| 바나나 | ● |

● 5명 ○ 1명

**2-1** 지훈: 35권이므로 ● 3개, ○ 5개를 그립니다.
슬아: 42권이므로 ● 4개, ○ 2개를 그립니다.

**2-2** 사과: 6명이므로 ● 1개, ○ 1개를 그립니다.
귤: 4명이므로 ○ 4개를 그립니다.
복숭아: 9명이므로 ● 1개, ○ 4개를 그립니다.
바나나: 5명이므로 ● 1개를 그립니다.

## 2단계 기본 유형 68~73쪽

**01** 4, 2, 5, 3, 6, 20
**02** 6, 8, 6, 20
**03** 떡볶이, 만두
**04** 그림그래프
**05** 10명
**06** 1명
**07** 30명
**08** 예 농장별 닭의 수
**09** 100마리, 10마리
**10** 240마리
**11** 들 농장, 산 농장, 강 농장, 바다 농장
**12** 예 2가지

**13**

| 가게 | 사탕 수 |
|---|---|
| 해 | (10개 2, 1개 4) |
| 달 | (10개 1, 1개 2) |
| 별 | (10개 3, 1개 2) |
| 구름 | (10개 2, 1개 6) |

10개, 1개

**14**

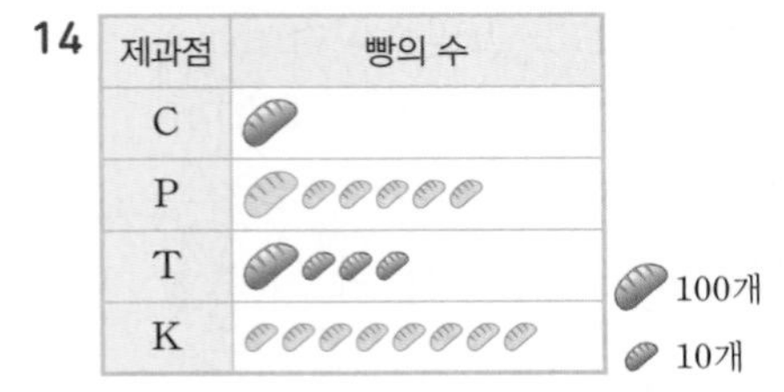

| 제과점 | 빵의 수 |
|---|---|
| C | (100개 1) |
| P | (100개 1, 10개 5) |
| T | (100개 1, 10개 3) |
| K | (10개 8) |

100개, 10개

**15**

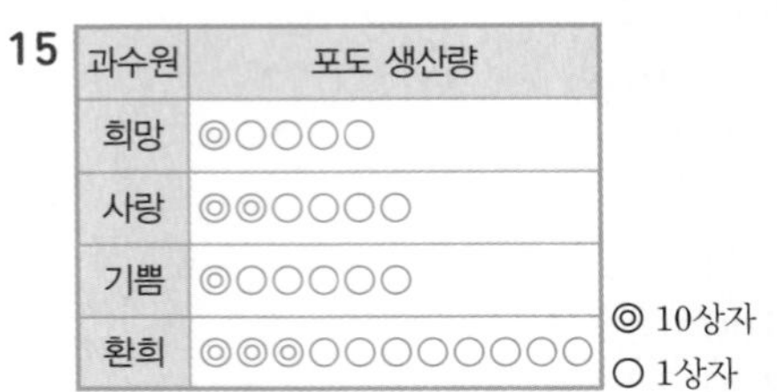

| 과수원 | 포도 생산량 |
|---|---|
| 희망 | ◎○○○○ |
| 사랑 | ◎◎○○○○ |
| 기쁨 | ◎○○○○○ |
| 환희 | ◎◎◎○○○○○○○○○ |

◎ 10상자 ○ 1상자

**16**

| 도시 | 가로수의 수 |
|---|---|
| 가 | (100그루 1, 10그루 2, 1그루 3) |
| 나 | (100그루 1, 10그루 4) |
| 다 | (100그루 2, 1그루 2) |
| 라 | (100그루 1, 1그루 5) |

100그루, 10그루, 1그루

**17** 32명
**18** 파란색
**19** 노란색
**20** 2배
**21** 21명
**22** 가을, 여름, 봄, 겨울
**23** 8명
**24** 12, 5, 7, 3, 27

**25**

| 곳 | 학생 수 |
|---|---|
| 달 | ▲△△ |
| 금성 | △△△△△ |
| 화성 | △△△△△△△ |
| 토성 | △△△ |

▲ 10명 △ 1명

**26** (위에서부터) 10, 1
**27** (위에서부터) 20, 2
**28** B 과자
**29** 식빵

### 서술형 유형

**1-1** (1) 빨간색 (2) 2

**1-2** 예 노란색 색종이를 가장 적게 갖고 있습니다.
예 현수가 갖고 있는 색종이는 모두 68장입니다.

**2-1** 26, 41, 26, 41, 67 / 67

**2-2** 예 나 마을: 41대, 다 마을: 34대이므로 나 마을은 다 마을보다 자동차가 $41-34=7$(대) 더 많습니다. / 7대

### 68쪽

**01** 자료를 보고 수를 세어 표로 나타냅니다.
치킨버거: 4명, 치즈버거: 2명, 김치만두: 5명
고기만두: 3명, 떡볶이: 6명

02 치킨버거와 치즈버거는 햄버거로, 김치만두와 고기만두는 만두로 분류합니다.
햄버거: 6명, 만두: 8명, 떡볶이: 6명
↳ 4+2=6(명) ↳ 5+3=8(명)

03 • 6>5>4>3>2이므로 가장 많은 학생이 좋아하는 음식은 떡볶이입니다.
• 8>6이므로 가장 많은 학생이 좋아하는 음식은 만두입니다.

참고
같은 자료라도 분류하는 방법에 따라 결과가 달라질 수 있습니다.

04 자료 또는 조사한 수를 그림으로 나타낸 그래프를 그림그래프라고 합니다.

05 그림그래프에서 □는 10명을 나타내고 있습니다.

06 그림그래프에서 △는 1명을 나타내고 있습니다.

07 □가 3개이므로 30명입니다.

## 69쪽

08 농장별 닭의 수를 조사하여 나타낸 그림그래프입니다.

09 (큰 닭)은 100마리를 나타내고, (작은 닭)은 10마리를 나타냅니다.

10 산 농장의 그림을 보면 (큰 닭)이 2개, (작은 닭)이 4개이므로 240마리입니다.

11 (큰 닭)의 수를 비교하면 3>2>1이므로 들 농장이 가장 많고 산 농장이 두 번째로 많습니다.
강 농장과 바다 농장의 (작은 닭)의 수를 비교하면 6>3이므로 강 농장이 더 많습니다.
따라서 닭의 수가 많은 농장부터 순서대로 쓰면 들 농장, 산 농장, 강 농장, 바다 농장입니다.

12 막대 사탕 수가 두 자리 수이므로 10개짜리와 1개짜리 그림 2가지로 나타내면 좋습니다.

13 별 가게: 32개이므로 (큰 사탕) 3개, (작은 사탕) 2개를 그립니다.
구름 가게: 25개이므로 (큰 사탕) 2개, (작은 사탕) 5개를 그립니다.

14 P 제과점: 150개이므로 (큰 빵) 1개, (작은 빵) 5개를 그립니다.
K 제과점: 80개이므로 (작은 빵) 8개를 그립니다.

## 70쪽

15 희망 과수원: 14상자이므로 ◎ 1개, ○ 4개를 그립니다.
사랑 과수원: 24상자이므로 ◎ 2개, ○ 4개를 그립니다.
기쁨 과수원: 15상자이므로 ◎ 1개, ○ 5개를 그립니다.
환희 과수원: 38상자이므로 ◎ 3개, ○ 8개를 그립니다.

16 가: 123그루이므로 (큰 나무) 1개, (중간 나무) 2개, (작은 나무) 3개를 그립니다.
나: 140그루이므로 (큰 나무) 1개, (중간 나무) 4개를 그립니다.
다: 202그루이므로 (큰 나무) 2개, (작은 나무) 2개를 그립니다.
라: 105그루이므로 (큰 나무) 1개, (작은 나무) 5개를 그립니다.

17 (큰 얼굴) 3개, (작은 얼굴) 2개이므로 32명입니다.

18 (큰 얼굴)의 수가 가장 많은 파란색이 가장 많은 학생이 좋아하는 색깔입니다.

19 (큰 얼굴)의 수가 가장 적은 노란색이 가장 적은 학생이 좋아하는 색깔입니다.

20 초록색을 좋아하는 학생은 24명이고 노란색을 좋아하는 학생은 12명이므로 2배입니다.

## 71쪽

21 (큰 얼굴) 2개, (작은 얼굴) 1개이므로 21명입니다.

22 (큰 얼굴)의 수를 비교하면 3>2>1이므로 가을이 가장 많고, 겨울이 가장 적습니다.
(큰 얼굴)의 수가 같은 봄과 여름의 (작은 얼굴)의 수를 비교하면 1<3이므로 여름이 더 많습니다.
따라서 좋아하는 학생이 많은 계절부터 순서대로 쓰면 가을, 여름, 봄, 겨울입니다.

23 여름: 23명, 겨울: 15명
⇨ 23−15=8(명)

24 (합계)=12+5+7+3=27(명)

25 달: 12명이므로 ▲ 1개, △ 2개를 그립니다.
금성: 5명이므로 △ 5개를 그립니다.
화성: 7명이므로 △ 7개를 그립니다.
토성: 3명이므로 △ 3개를 그립니다.

## 72쪽

**26** 광석이가 빌린 책은 10권이고 ■ 그림이 1개 있으므로 ■ 그림이 나타내는 수는 10권입니다.
지웅이가 빌린 책은 14권이고 ■ 그림이 1개 있으므로 □ 그림 4개가 나타내는 수는 $14-10=4$(권)입니다.
따라서 □ 그림이 나타내는 수는 $4\div4=1$(권)입니다.

**27** 가 마을에서 생산한 솜의 양은 80 kg이고 ● 그림이 4개 있으므로 ● 그림이 나타내는 무게는 $80\div4=20$ (kg)입니다.
라 마을에서 생산한 솜의 양은 46 kg이고 ● 그림이 2개 있으므로 ○ 그림 3개가 나타내는 무게는 $46-40=6$ (kg)입니다.
따라서 ○ 그림이 나타내는 무게는 $6\div3=2$ (kg)입니다.

**왜 틀렸을까?** ○ 그림 3개가 나타내는 무게를 알아보고 ○ 그림 1개가 나타내는 무게를 구해야 합니다.

**참고**
같은 그림 ▲개가 나타내는 무게가 ■ kg일 때, 그림 1개가 나타내는 무게는 (■÷▲) kg입니다.

**28** 큰 그림의 수부터 비교하면 $1<2$이므로 A 과자가 가장 적게 팔렸습니다.
큰 그림의 수가 같은 B 과자와 C 과자의 작은 그림의 수를 비교하면 $4>1$이므로 B 과자가 더 많이 팔렸습니다.
따라서 하루 동안 가장 많이 팔린 과자는 B 과자입니다.

**29** 많이 팔릴수록 적게 남으므로 가장 많이 팔린 빵을 구해야 합니다.
큰 그림의 수부터 비교하면 $2<3$이므로 단팥빵이 가장 적게 팔렸습니다.
큰 그림의 수가 같은 식빵과 피자빵의 작은 그림의 수를 비교하면 $3>1$이므로 식빵이 더 많이 팔렸습니다.
따라서 가장 적게 남은 빵은 가장 많이 팔린 식빵입니다.

**왜 틀렸을까?** 가장 적게 남은 빵은 가장 많이 팔린 빵입니다.

**참고**
각 빵의 남은 수를 구하면
식빵: $500-330=170$(개), 단팥빵: $500-260=240$(개), 피자빵: $500-310=190$(개)입니다.

## 73쪽

**1-1** (2) $18-16=2$(장)

**1-2** 서술형 가이드 '초록색 색종이가 노란색 색종이보다 3장 더 많습니다.' 등과 같이 표에서 알 수 있는 내용 2가지를 썼으면 정답입니다.

채점 기준

| | |
|---|---|
| 상 | 표에서 더 알 수 있는 내용 2가지를 씀. |
| 중 | 표에서 더 알 수 있는 내용 1가지만 씀. |
| 하 | 표에서 더 알 수 있는 내용을 쓰지 못함. |

**2-2** 서술형 가이드 나 마을과 다 마을의 자동차 수를 구해 차를 구하는 풀이 과정이 들어 있어야 합니다.

채점 기준

| | |
|---|---|
| 상 | 나 마을과 다 마을의 자동차 수를 구해 나 마을이 다 마을보다 자동차가 몇 대 더 많은지 구함. |
| 중 | 나 마을과 다 마을의 자동차 수를 구했으나 나 마을이 다 마을보다 자동차가 몇 대 더 많은지 구하지 못함. |
| 하 | 나 마을과 다 마을의 자동차 수를 구하지 못함. |

74~76쪽

01 3, 2, 4, 3, 12
02 5, 7, 12
03 10명
04 1명
05 18명
06

| 옷 | 옷 수 |
|---|---|
| 윗옷 | |
| 아래옷 | |
| 겉옷 | |

10벌
1벌

07 4명
08 원
09 사각형
10 3배
11 23명
12 진돗개, 풍산개, 삽살개
13 11명
14

| 나라 | 학생 수 |
|---|---|
| 미국 | ◆◇◇ |
| 중국 | ◇◇ |
| 일본 | ◇◇◇◇◇ |

◆10명
◇1명

15 (위에서부터) 10, 1
16 C 과자
17 (위에서부터) 50, 10
18 단팥빵
19 예 가장 많은 학생이 좋아하는 과목은 수학입니다.
예 정수네 학교 3학년 학생은 모두 234명입니다.
20 예 회화 작품: 350점, 조각 작품: 120점이므로 회화 작품은 조각 작품보다 $350-120=230$(점) 더 많이 전시되어 있습니다. / 230점

## 74쪽

01 자료를 보고 수를 세어 표로 나타냅니다.
사과주스: 3명, 포도주스: 2명,
딸기우유: 4명, 초코우유: 3명

02 사과주스와 포도주스는 주스로, 딸기우유와 초코우유는 우유로 분류합니다.
주스: $3+2=5$(명), 우유: $4+3=7$(명)

03 그림그래프에서 ▲는 10명을 나타내고 있습니다.

04 그림그래프에서 △는 1명을 나타내고 있습니다.

05 ▲가 1개, △가 8개이므로 18명입니다.

06 윗옷: 34벌이므로 큰 그림 3개, 작은 그림 4개를 그립니다.
아래옷: 26벌이므로 큰 그림 2개, 작은 그림 6개를 그립니다.
겉옷: 12벌이므로 큰 그림 1개, 작은 그림 2개를 그립니다.

07 ♥ 4개이므로 4명입니다.

08 ♥이 있는 원이 가장 많은 학생이 좋아하는 도형입니다.

09 삼각형과 사각형의 ♥의 수를 비교하면 $6>4$이므로 사각형이 가장 적은 학생이 좋아하는 도형입니다.

10 원을 좋아하는 학생은 12명이고 사각형을 좋아하는 학생은 4명이므로 3배입니다.

## 75쪽

11 큰 그림 2개, 작은 그림 3개이므로 23명입니다.

12 큰 그림의 수가 많은 진돗개가 가장 많습니다. 큰 그림의 수가 같은 삽살개와 풍산개의 작은 그림의 수를 비교하면 $2<3$이므로 풍산개가 더 많습니다.

13 진돗개: 23명, 삽살개: 12명
⇨ $23-12=11$(명)

14 미국: 12명이므로 ◆ 1개, ◇ 2개를 그립니다.
중국: 2명이므로 ◇ 2개를 그립니다.
일본: 5명이므로 ◇ 5개를 그립니다.

15 선희가 빌린 책은 10권이고 ■ 그림이 1개 있으므로 ■ 그림이 나타내는 수는 10권입니다.
은지가 빌린 책은 21권이고 ■ 그림이 2개 있으므로 □ 그림 1개가 나타내는 수는 $21-20=1$(권)입니다.
따라서 □ 그림이 나타내는 수는 1권입니다.

16 큰 그림의 수부터 비교하면 $3<4$이므로 B 과자가 가장 적게 팔렸습니다.
큰 그림의 수가 같은 A 과자와 C 과자의 작은 그림의 수를 비교하면 $0<2$이므로 C 과자가 더 많이 팔렸습니다.
따라서 하루 동안 가장 많이 팔린 과자는 C 과자입니다.

## 76쪽

17 가 마을에서 생산한 솜의 양은 100 kg이고 ● 그림이 2개 있으므로 ● 그림이 나타내는 무게는 $100\div2=50$ (kg)입니다.
다 마을에서 생산한 솜의 양은 180 kg이고 ● 그림이 3개 있으므로 ○ 그림 3개가 나타내는 무게는 $180-150=30$ (kg)입니다.
따라서 ○ 그림이 나타내는 무게는 $30\div3=10$ (kg)입니다.
**왜 틀렸을까?** ○ 그림 3개가 나타내는 무게를 알아보고 ○ 그림 1개가 나타내는 무게를 구해야 합니다.

18 큰 그림의 수부터 비교하면 $4>3$이므로 피자빵이 가장 적게 팔렸습니다.
큰 그림의 수가 같은 식빵과 단팥빵의 작은 그림의 수를 비교하면 $2<3$이므로 단팥빵이 더 많이 팔렸습니다.
따라서 가장 적게 남은 빵은 가장 많이 팔린 단팥빵입니다.
**왜 틀렸을까?** 가장 적게 남은 빵은 가장 많이 팔린 빵입니다.

19 표를 보고 알 수 있는 내용을 씁니다.
**서술형 가이드** '과학을 좋아하는 학생은 사회를 좋아하는 학생보다 11명 더 많습니다.' 등과 같이 표에서 알 수 있는 내용 2가지를 썼으면 정답입니다.

채점 기준

| | |
|---|---|
| 상 | 표에서 알 수 있는 내용 2가지를 씀. |
| 중 | 표에서 알 수 있는 내용 1가지만 씀. |
| 하 | 표에서 알 수 있는 내용을 쓰지 못함. |

20 그림그래프를 보고 회화 작품과 조각 작품의 수를 구해 뺍니다.
**서술형 가이드** 회화 작품과 조각 작품의 수를 구해 차를 구하는 풀이 과정이 들어 있어야 합니다.

채점 기준

| | |
|---|---|
| 상 | 회화 작품과 조각 작품의 수를 구해 회화 작품이 조각 작품보다 몇 점 더 많이 전시되어 있는지 구함. |
| 중 | 회화 작품과 조각 작품의 수를 구했으나 회화 작품이 조각 작품보다 몇 점 더 많이 전시되어 있는지 구하지 못함. |
| 하 | 회화 작품과 조각 작품의 수를 구하지 못함. |

# 1 곱셈

## 잘 틀리는 실력 유형 6~7쪽

유형 01 (위부터) ④, ① / ①, ④
01 4336
02 92, 83(또는 83, 92), 7636
유형 02 (위부터) ①, ④ / ④, ①
03 2127
04 16, 27(또는 27, 16), 432
유형 03 3, 324, 324, 972
05 852
06 예 어떤 수를 □라 하면 잘못 계산한 식은
□−27=49입니다. 덧셈과 뺄셈의 관계를 이용하면
27+49=□, □=76입니다.
따라서 바르게 계산한 값을 구하는 식은
□×27이므로 76×27=2052입니다. / 2052
07 184, 920
08 320원
09 1081원

### 6쪽

**01** 8>5>4>2이므로 곱하는 수에 가장 큰 수인 8을 놓고 남은 수로 가장 큰 세 자리 수를 만들면 542입니다.
⇨ 542×8=4336
**왜 틀렸을까?** ①>②>③>④인 수로 가장 큰 (세 자리 수)×(한 자리 수) 만들기
⇨ ②③④×①

**02** 9>8>3>2이므로

```
  9 2
× 8 3
```
⇨ 92×83=7636입니다.

**왜 틀렸을까?** ①>②>③>④인 수로 가장 큰 (두 자리 수)×(두 자리 수) 만들기
⇨ ①④×②③

**03** 9>7>3>0에서 가장 작은 수인 0은 곱하는 수가 될 수 없으므로 두 번째로 작은 수인 3을 곱하는 수에 놓고 남은 수로 가장 작은 세 자리 수를 만들면 709입니다.
⇨ 709×3=2127
**왜 틀렸을까?** ①>②>③>④인 수로 가장 작은 (세 자리 수)×(한 자리 수) 만들기
⇨ ③②①×④

**04** 7>6>2>1이므로

```
  1 6
× 2 7
```
⇨ 16×27=432입니다.

**왜 틀렸을까?** ①>②>③>④인 수로 가장 작은 (두 자리 수)×(두 자리 수) 만들기
⇨ ④②×③①

### 7쪽

**05** 어떤 수를 □라 하면 □+4=217,
217−4=□, □=213입니다.
⇨ 바르게 계산하면 213×4=852입니다.
**왜 틀렸을까?** 잘못 계산한 식: □+4=217
바르게 계산한 식: □×4

**06** • 잘못 계산한 식: □−27
• 바르게 계산한 식: □×27
**서술형 가이드** 어떤 수를 □라 하여 잘못 계산한 식을 세우고 □의 값을 구한 뒤 바르게 계산한 값을 구하는 풀이 과정이 들어 있어야 합니다.

채점 기준

| | |
|---|---|
| 상 | 어떤 수를 □라 하여 잘못 계산한 식을 세우고 □의 값을 구한 뒤 바르게 계산한 값을 구했음. |
| 중 | 어떤 수를 □라 하여 잘못 계산한 식을 세우고 □의 값은 구했지만 바르게 계산한 값을 구하지 못함. |
| 하 | 어떤 수를 □라 하여 잘못 계산한 식만 세움. |

**07** 중국 돈 5위안
=(중국 돈 1위안)×5
=(우리나라 돈 184원)×5
=우리나라 돈 920원

**08** 러시아 돈 20루블
=(러시아 돈 1루블)×20
=(우리나라 돈 16원)×20
=우리나라 돈 320원

**09** 필리핀 돈 47페소
=(필리핀 돈 1페소)×47
=(우리나라 돈 23원)×47
=우리나라 돈 1081원

## 다르지만 같은 유형 8~9쪽

01 264, 1320
02 (위부터) 3864, 483, 8
03 (계산 순서대로) 32, 960, 8640
04 11
05 21
06 15
07 1428 cm
08 108 cm
09 760 cm
10 (위부터) 2, 4, 8
11 (위부터) 3, 5
12 (왼쪽부터) 3, 8, 6 / 3, 8, 6

### 8쪽

01~03 핵심
두 수의 곱을 순서대로 바르게 계산합니다.

**01** $24\times11=264$, $264\times5=1320$

**02** $7\times69=483$, $2\times4=8$
⇨ $483\times8=3864$

**03** $2\times16=32 \rightarrow 32\times30=960$
$\rightarrow 960\times9=8640$

04~06 핵심
□ 안에 적당한 수를 넣어 곱셈을 계산하여 □ 안에 들어갈 수 있는 수를 찾습니다.

**04** $35\times10=350$, $35\times11=385$, $35\times12=420$⋯⋯이므로 □ 안에 들어갈 수 있는 수는 1, 2⋯⋯10, 11입니다.
따라서 □ 안에 들어갈 수 있는 수 중 가장 큰 수는 11입니다.

**05** $29\times12=348$이므로 $50\times\square<348$입니다.
$50\times6=300$, $50\times7=350$⋯⋯이므로 □ 안에 들어갈 수 있는 수는 1, 2, 3, 4, 5, 6입니다.
⇨ $1+2+3+4+5+6=21$

**06** $28\times14=392$, $28\times15=420$⋯⋯이므로 □ 안에 들어갈 수 있는 수는 15, 16, 17⋯⋯입니다.
$63\times12=756$, $63\times13=819$⋯⋯이므로 □ 안에 들어갈 수 있는 수는 13, 14, 15⋯⋯입니다.
따라서 □ 안에 공통으로 들어갈 수 있는 수는 15, 16, 17⋯⋯이므로 가장 작은 수는 15입니다.

### 9쪽

07~09 핵심
굵은 선으로 표시된 부분은 정사각형의 한 변이 몇 개인지 세어 봅니다.

**07** 네 변의 길이가 모두 같으므로 모든 변의 길이의 합은 한 변의 길이의 4배입니다.
⇨ $357\times4=1428$ (cm)

**08** 굵은 선으로 표시된 부분은 정사각형의 한 변의 길이의 12배입니다.
⇨ $9\times12=108$ (cm)

**09** 굵은 선으로 표시된 부분은 정사각형의 한 변의 길이의 20배입니다.
⇨ $38\times20=760$ (cm)

10~12 핵심
두 수를 곱한 계산 결과의 일의 자리 숫자를 보고 □ 안에 알맞은 수를 구합니다.

**10**
$$\begin{array}{r} 7\ ㉠ \\ \times\ ㉡\ 5 \\ \hline 3\ 6\ 0 \\ 2\ ㉢\ 8\ 0 \\ \hline 3\ 2\ 4\ 0 \end{array}$$

• $7㉠\times5=360$이므로 ㉠$=2$입니다.
• $3240-360=2880$이므로 ㉢$=8$입니다.
• $72\times㉡0=2880$이므로 ㉡$=4$입니다.

**11**
$$\begin{array}{r} 1\ 7\ 4 \\ \times\ \ ㉠ \\ \hline ㉡\ 2\ 2 \end{array}$$

$4\times㉠$의 일의 자리 숫자가 2이므로 ㉠$=3$ 또는 ㉠$=8$입니다.
• ㉠$=3$일 때 $174\times3=522$이므로 ㉡$=5$입니다. (○)
• ㉠$=8$일 때 $174\times8=1392$ (×)

**12**
$$\begin{array}{r} ㉠\ 7\ ㉡ \\ +\ \ \ ㉢ \\ \hline 3\ 8\ 4 \end{array} \qquad \begin{array}{r} ㉠\ 7\ ㉡ \\ \times\ \ \ ㉢ \\ \hline 2\ 2\ 6\ 8 \end{array}$$

덧셈식에서 ㉠$=3$이고, ㉡$+$㉢에서 받아올림이 있으므로 ㉡$+$㉢은 $9+5$, $8+6$, $7+7$, $6+8$, $5+9$가 될 수 있습니다.
이 중에서 ㉡$\times$㉢의 일의 자리 숫자가 8이 되는 경우는 $8\times6$, $6\times8$이므로
㉡$=8$, ㉢$=6$ 또는 ㉡$=6$, ㉢$=8$입니다.
• ㉠$=3$, ㉡$=8$, ㉢$=6$인 경우
$378\times6=2268$ (○)
• ㉠$=3$, ㉡$=6$, ㉢$=8$인 경우
$376\times8=3008$ (×)
따라서 두 수는 378과 6입니다.

## 응용 유형 10~13쪽

| | |
|---|---|
| 01 300원 | 02 1440자루 |
| 03 756쪽 | 04 132 |
| 05 도화지, 88장 | 06 446분 |
| 07 180원 | 08 3300자루 |
| 09 2520대 | 10 1554쪽 |
| 11 27명 | 12 210 |
| 13 색종이, 195장 | 14 3216 |
| 15 3901 | 16 499분 |
| 17 4, 7 | 18 5 cm |

### 10쪽

**01** (색연필 2자루의 값)$=350\times2=700$(원)
⇨ (거스름돈)=(낸 돈)−(색연필 2자루의 값)
$=1000-700=300$(원)

**02** (한 상자에 들어 있는 연필 수)
$=12\times40=480$(자루)
⇨ (3상자에 들어 있는 연필 수)
$=480\times3=1440$(자루)

**03** (은주가 읽은 책의 쪽수)$=148\times3=444$(쪽),
(윤아가 읽은 책의 쪽수)$=156\times2=312$(쪽)
⇨ (두 사람이 읽은 책의 쪽수)
$=444+312=756$(쪽)

### 11쪽

**04** 연속된 두 자연수를 각각 □, □+1이라 하면
□+□+1=23, □+□=22이므로
□=11입니다.
연속된 두 자연수가 각각 11, 12이므로 두 수의 곱은 $11\times12=132$입니다.

**05** 색종이의 수: $299\times4=1196$, $1196+9=1205$이므로 1205장입니다.
도화지의 수: $126\times9=1134$, $1134-17=1117$이므로 1117장입니다.
따라서 도화지가 색종이보다
$1205-1117=88$(장) 더 적습니다.

**06** 철근을 33도막으로 자르려면 32번을 잘라야 합니다.
(철근을 자르기만 하는 데 걸리는 시간)
$=12\times32=384$(분)
철근을 32번 자르는 동안 쉬는 횟수는 31번입니다.
(총 쉬는 시간)$=2\times31=62$(분)
⇨ (철근을 모두 자르는 데 걸리는 시간)
$=384+62=446$(분)

### 12쪽

**07** (구슬 7개의 값)$=260\times7=1820$(원)
⇨ (거스름돈)$=2000-1820=180$(원)

**08** (한 상자에 들어 있는 연필 수)
$=12\times55=660$(자루)
⇨ (5상자에 들어 있는 연필 수)
$=660\times5=3300$(자루)

09 문제 분석

**09** ❶자동차 공장에서 자동차를 한 시간에 18대씩 만듭니다. / ❷이 공장에서 일주일 동안 만들 수 있는 자동차는 모두 몇 대입니까? / ❶(단, 이 공장은 하루에 20시간씩 자동차를 만듭니다.)

❶ 하루에 만들 수 있는 자동차 수를 구합니다.
❷ 일주일 동안 만들 수 있는 자동차 수를 구합니다.

❶(하루 동안 만들 수 있는 자동차 수)
$=18\times20=360$(대)
❷⇨ (일주일 동안 만들 수 있는 자동차 수)
$=360\times7=2520$(대)

**10** (성현이가 읽은 책의 쪽수)$=162\times5=810$(쪽),
(지홍이가 읽은 책의 쪽수)$=186\times4=744$(쪽)
⇨ (두 사람이 읽은 책의 쪽수)
$=810+744=1554$(쪽)

11 문제 분석

**11** ❷석희네 반 학생들이 나무를 한 사람당 3그루씩 심었더니 심은 나무는 모두 81그루였습니다. / ❶석희네 반 학생은 몇 명입니까?

❶ 학생 수는 두 자리 수이므로 □□라 놓고 구합니다.
❷ (한 사람당 심은 나무 수)×(학생 수)=(심은 전체 나무 수)이므로 식을 세워 구합니다.

❶
$$\begin{array}{r} 3 \\ \times\ ㉠㉡ \\ \hline 8\ 1 \end{array}$$

❷• $3\times$㉡의 일의 자리 숫자가 1이므로 ㉡=7입니다.
• 일의 자리에서 올림한 수 2가 있으므로 $3\times$㉠=6, ㉠=2입니다.

따라서 석희네 반 학생은 27명입니다.

12 연속된 두 자연수를 각각 □, □+1이라 하면
□+□+1=29, □+□=28이므로 □=14입니다.
연속된 두 자연수가 각각 14, 15이므로 두 수의 곱은 $14\times15=210$입니다.

## 13쪽

13 색종이의 수: $35\times23=805$, $805+24=829$이므로 829장입니다.
도화지의 수: $28\times37=1036$, $1036-12=1024$이므로 1024장입니다.
따라서 색종이가 도화지보다
$1024-829=195$(장) 더 적습니다.

14 문제 분석

14 ❶수 카드 0, 8, 3, 6을 한 번씩 사용하여 (세 자리 수)×(한 자리 수)의 식을 만들었습니다. 계산 결과가 가장 큰 경우와 / ❷가장 작은 경우의 / ❸두 계산 결과의 차는 얼마입니까? (단, 곱은 0이 아닙니다.)

❶ 계산 결과가 가장 큰 (세 자리 수)×(한 자리 수)를 구합니다.
❷ 계산 결과가 가장 작은 (세 자리 수)×(한 자리 수)를 구합니다.
❸ ❶과 ❷에서 나온 계산 결과의 차를 구합니다.

❶$8>6>3>0$
계산 결과가 가장 큰 경우: $630\times8=5040$,
❷계산 결과가 가장 작은 경우: $608\times3=1824$
❸⇨ 두 계산 결과의 차는
$5040-1824=3216$입니다.

15 문제 분석

15 ❶수 카드 2, 3, 5, 9를 한 번씩 사용하여 (두 자리 수)×(두 자리 수)의 식을 만들었습니다. 계산 결과가 가장 큰 경우와 / ❷가장 작은 경우의 / ❸두 계산 결과의 차는 얼마입니까?

❶ 계산 결과가 가장 큰 (두 자리 수)×(두 자리 수)를 구합니다.
❷ 계산 결과가 가장 작은 (두 자리 수)×(두 자리 수)를 구합니다.
❸ ❶과 ❷에서 나온 계산 결과의 차를 구합니다.

❶$9>5>3>2$
계산 결과가 가장 큰 경우: $92\times53=4876$,
❷계산 결과가 가장 작은 경우: $25\times39=975$
❸⇨ 두 계산 결과의 차는
$4876-975=3901$입니다.

16 철근을 25도막으로 자르려면 24번을 잘라야 합니다.
(철근을 자르기만 하는 데 걸리는 시간)
$=16\times24=384$(분)
철근을 24번 자르는 동안 쉬는 횟수는 23번입니다.
(총 쉬는 시간)$=5\times23=115$(분)
⇨ (철근을 모두 자르는 데 걸리는 시간)
$=384+115=499$(분)

17 문제 분석

17 ❶오른쪽에서 ●와 ★은 서로 다른 한 자리 수입니다. / ❸●와 ★을 각각 구하시오. / (단, ❷●는 ★보다 작습니다.)

❶ ★과 ●의 곱에서 일의 자리 숫자가 8이 나오는 식을 모두 만듭니다.
❷ ❶에서 만든 식 중 ●는 ★보다 작은 수가 되는지 확인합니다.
❸ ❷에서 만든 식을 계산한 결과가 3478이 나올 때의 ●와 ★을 각각 구합니다.

❶,❷★×●의 일의 자리 숫자가 8이 되는 경우는
$9\times2$, $8\times1$, $8\times6$, $7\times4$, $6\times3$, $4\times2$입니다.
❸$29\times92=2668$ (×), $18\times81=1458$ (×),
$68\times86=5848$ (×), $47\times74=3478$ (◯),
$36\times63=2268$ (×), $24\times42=1008$ (×)
⇨ ●=4, ★=7

18 문제 분석

18 ❶길이가 32 cm인 색 테이프 17장을 그림과 같이 일정하게 겹치게 이어 붙였습니다. / ❷이어 붙인 색 테이프의 전체 길이가 464 cm일 때 / ❸색 테이프를 몇 cm씩 겹치게 이어 붙인 것입니까?

❶ 32 cm 32 cm 32 cm ……

❶ 색 테이프 17장의 길이를 구합니다.
❷ (색 테이프의 전체 길이)
=(색 테이프 17장의 길이)−(겹치는 부분의 길이의 합)
이므로 겹치는 부분의 길이의 합을 구합니다.
❸ 겹치게 이어 붙인 한 부분의 길이를 □cm라 하고
□×(겹치는 부분의 수)=(겹치는 부분의 길이의 합)
임을 이용하여 □의 값을 구합니다.

❶(색 테이프 17장의 길이)$=32\times17=544$ (cm)
❷(겹치는 부분의 길이의 합)$=544-464=80$ (cm)
❸겹치는 부분이 $17-1=16$(군데)이므로 겹치게 이어 붙인 한 부분의 길이를 □cm라 하면
□$\times16=80$, $5\times16=80$에서 □$=5$입니다.

## 사고력 유형 14~15쪽

**1** 3822 **2** 104
**3** 450 m
**4** 762 / 1448 / 475, 6, 2850 / 867, 9, 7803

### 14쪽

**1**

| 도형 | 변의 수(개) | 세 자리 수 |
|---|---|---|
| | 5 | |
| | 4 | 546 |
| | 6 | |

오각형의 변의 수는 5개, 사각형의 변의 수는 4개, 육각형의 변의 수는 6개이므로 만든 세 자리 수는 546입니다.
⇨ $546\times7=3822$

**2**

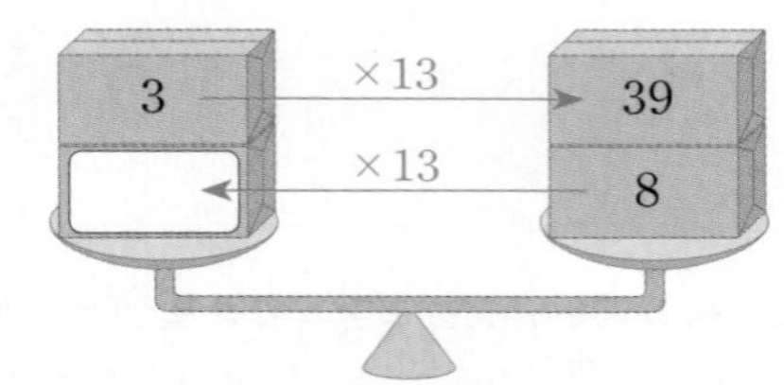


$3\times□=39\times8$이고 39는 3의 13배이므로 □는 8의 13배가 됩니다.
⇨ $□=8\times13=104$

**다른 풀이**
$3\times□=39\times8$ ⇨ $3\times□=3\times13\times8$
⇨ $□=13\times8$
⇨ $□=104$

### 15쪽

**3** (나무 사이의 간격 수)=(나무의 수)−1
=31−1=30(군데)
(도로의 길이)
=(나무 사이의 간격)×(나무 사이의 간격 수)
이므로
(도로의 길이)=$15\times30=450$ (m)입니다.

**4** 바깥에 있는 세 수를 시계 방향으로 차례로 읽어 세 자리 수를 만들고 만든 세 자리 수와 가운데 수를 곱하는 규칙입니다.

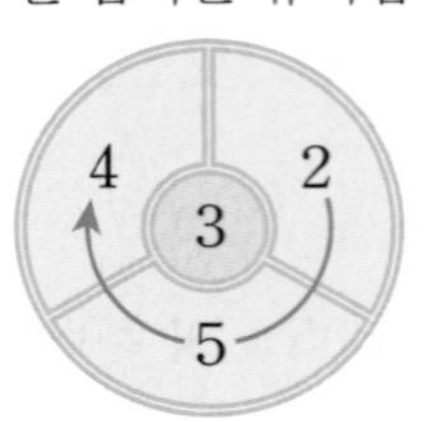


⇨ $254\times3=762$

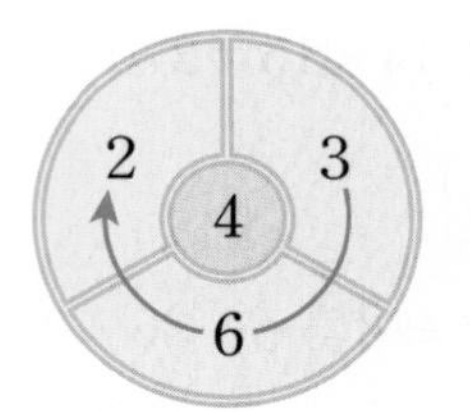


⇨ $362\times4=1448$

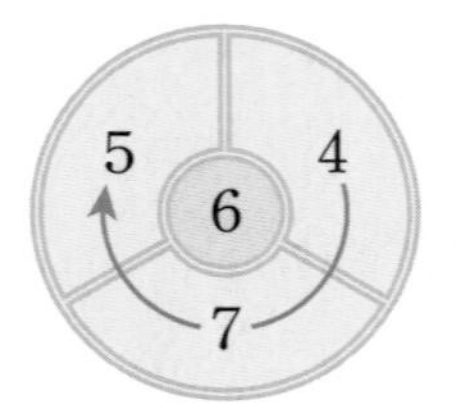


⇨ $475\times6=2850$

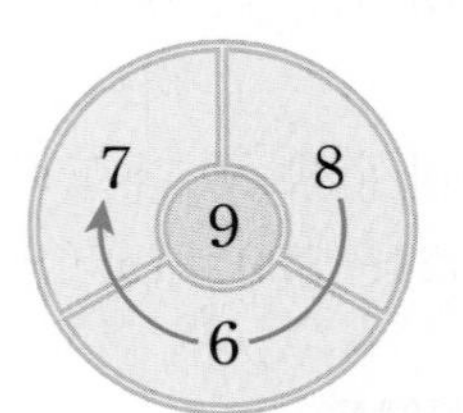


⇨ $867\times9=7803$

## 도전! 최상위 유형 16~17쪽

**1** 500 **2** 714
**3** 2736 **4** 588

### 16쪽

**1** 차가 5인 두 자연수를 각각 □, □+5라 하면
□+□+5=45, □+□=45−5, □+□=40이므로 □=20입니다.
두 자연수가 각각 20, 25이므로 두 수의 곱은 $20\times25=500$입니다.

**다른 풀이**
차가 5인 두 자연수를 각각 □−5, □라 하면
□−5+□=45, □+□=50이므로 □=25입니다.
두 자연수가 각각 20, 25이므로 두 수의 곱은 $20\times25=500$입니다.

**2** 수 카드 4장을 한 번씩 모두 사용하여 만든 차가 26인 두 자리 수를 각각 □, □+26이라 하면
□+□+26=80, □+□=80−26,
□+□=54이므로 27+27=54에서
□=27입니다.
□+26=27+26=53입니다.
수 카드 4장으로 만든 두 자리 수가 53, 27이므로 수 카드 4장의 수는 2, 3, 5, 7입니다.

따라서 수 카드 4장을 한 번씩 모두 사용하여 (세 자리 수)×(한 자리 수)를 만들 때 $7>5>3>2$이므로 곱하는 수에 가장 작은 수인 2를 놓고 남은 수 카드로 가장 작은 세 자리 수를 만들면 357입니다. ⇨ $357\times2=714$

## 17쪽

**3** ㉠: 가장 큰 수를 만들려면 백의 자리 숫자를 최대한 크게 해야 합니다.
(백의 자리 숫자)<(십의 자리 숫자)<(일의 자리 숫자)이고
각 자리 숫자의 합이 15이므로
$4+5+6=15$에서 456입니다.
㉡: 합이 13인 두 수는 4와 9, 5와 8, 6과 7이므로 이 중에서 곱이 42인 두 수는 6과 7입니다.
6과 7 중 작은 수는 6입니다.
⇨ $456\times6=2736$

**4** 29개의 연속된 자연수 중 한가운데 있는 수가 15번째이므로 이 수를 □라 하면 29개의 연속된 자연수는
□−14, □−13……□−2, □−1, □, (14개)
□+1, □+2……□+13, □+14입니다. (14개)
가장 작은 수와 가장 큰 수의 합은
□−14+□+14=□+□,
두 번째로 작은 수와 두 번째로 큰 수의 합은
□−13+□+13=□+□, ……
13번째로 작은 수와 13번째로 큰 수의 합은
□−2+□+2=□+□,
14번째로 작은 수와 14번째로 큰 수의 합은
□−1+□+1=□+□입니다.
한가운데 있는 수인 □까지의 합은
□+□+□+□……□+□+□+□+□이므로 (□+□가 14개)
□를 29개 더한 것과 같습니다.
29개의 연속된 자연수의 합은 □×29이므로
□×29=28×29에서 □=28입니다.
가장 큰 수는 □+14=28+14=42,
가장 작은 수는 □−14=28−14=14입니다.
따라서 가장 큰 수와 가장 작은 수의 곱은
$42\times14=588$입니다.

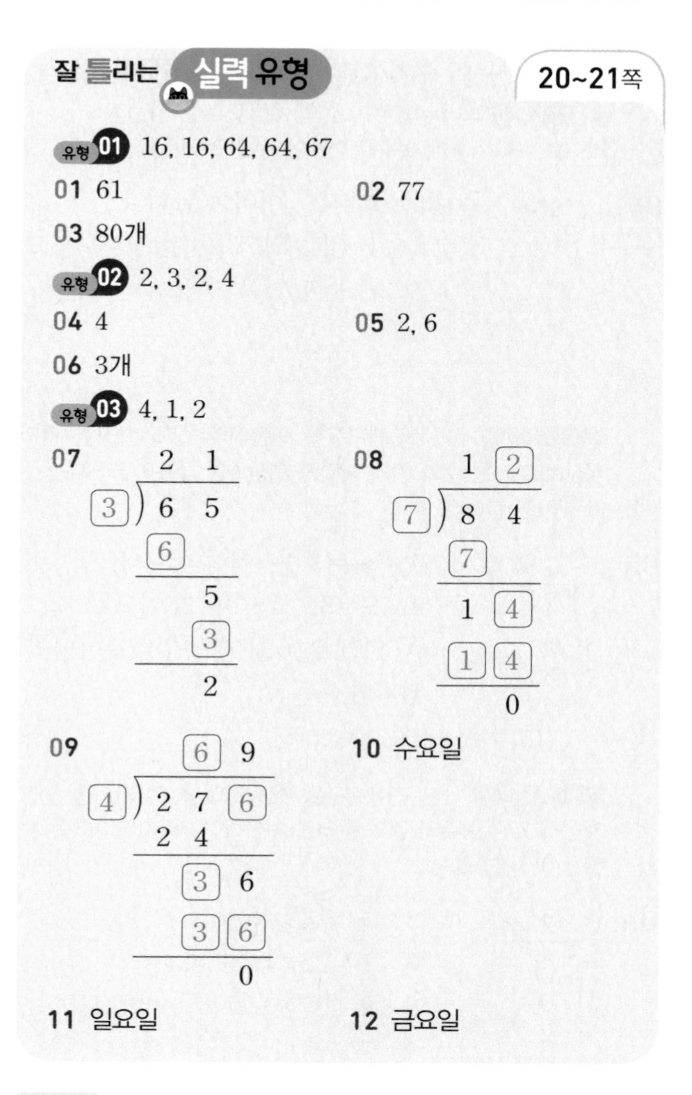

# 2 나눗셈

잘 틀리는 실력 유형 20~21쪽

유형 01 16, 16, 64, 64, 67
01 61
02 77
03 80개
유형 02 2, 3, 2, 4
04 4
05 2, 6
06 3개
유형 03 4, 1, 2
07 $65\div3=21\cdots2$ (3) 65, 6, 5, 3, 2
08 $84\div7=12$ (7) 84, 7, 14, 14, 0
09 $276\div4=69$ (4) 276, 24, 36, 36, 0
10 수요일
11 일요일
12 금요일

## 20쪽

**01** 어떤 수를 □라 하면 □÷7=8…5입니다.
$7\times8=56$ ⇨ 56+5=□, □=61
따라서 어떤 수는 61입니다.

**왜 틀렸을까?** ■÷●=▲…★에서 나눗셈을 맞게 계산했는지 확인하는 방법은 나누는 수와 몫의 곱인 ●×▲에 나머지인 ★을 더하면 나누어지는 수인 ■가 되어야 합니다.

**02** 어떤 수를 □라 하면 □÷3=25…2입니다.
$3\times25=75$ ⇨ 75+2=□, □=77
따라서 어떤 수는 77입니다.

**왜 틀렸을까?** (나누어지는 수)÷(나누는 수)=(몫)…(나머지)에서 나눗셈을 맞게 계산했는지 확인하는 방법은 (나누는 수)와 (몫)의 곱에 (나머지)를 더하면 (나누어지는 수)가 나와야 합니다.

**03** 나누어 주기 전 초콜릿 수를 □개라 하면
□÷6=13…2입니다.
6×13=78 ⇨ 78+2=□, □=80
따라서 나누어 주기 전의 초콜릿은 80개입니다.

**왜 틀렸을까?** 나누어 주기 전의 초콜릿 수는 나눗셈식 ■÷●=▲…★에서 (나누어지는 수)인 ■가 됩니다.

**04**

```
    1 ▲
6 ) 8 □
    6
    2 □
    2 □
      0
```

⇨ 6×▲=2□이어야 합니다.
6×4=24이므로 □ 안에 4를 넣으면 나누어떨어집니다.

**왜 틀렸을까?** 6단 곱셈구구를 이용하여 십의 자리를 먼저 계산하고 남은 수와 일의 자리를 계산하여 나누어떨어지는 수를 찾아야 합니다.

**05**

```
    1 ▲
4 ) 7 □
    4
    3 □
    3 □
      0
```

⇨ 4×▲=3□이어야 합니다.
4×8=32, 4×9=36이므로
□ 안에 2, 6을 넣으면 나누어떨어집니다.

**왜 틀렸을까?** 4단 곱셈구구를 이용하여 십의 자리를 먼저 계산하고 남은 수와 일의 자리를 계산하여 나누어떨어지는 수를 찾아야 합니다.

**06**

```
    2 ▲
3 ) 8 □
    6
    2 □
    2 □
      0
```

⇨ 3×▲=2□이어야 합니다.
3×7=21, 3×8=24,
3×9=27이므로 □ 안에 1, 4, 7을 넣으면 나누어떨어집니다.
따라서 □ 안에 들어갈 수 있는 수는 모두 3개입니다.

**왜 틀렸을까?** 3단 곱셈구구를 이용하여 십의 자리를 먼저 계산하고 남은 수와 일의 자리를 계산하여 나누어떨어지는 수를 찾아야 합니다.

## 21쪽

**07**

```
     2 1
㉠ ) 6 5
     ㉡
       5
       ㉢
       2
```

6−㉡=0이므로 ㉡=6입니다.
5−㉢=2이므로 ㉢=3입니다.
㉠×2=㉡이므로 ㉠×2=6,
㉠=3입니다.

**왜 틀렸을까?** □ 안에 알맞은 수는 십의 자리를 먼저 계산한 뒤 일의 자리를 계산하여 찾아야 합니다.

**08**

```
     1 ㉠
㉡ ) 8 4
     ㉢
     1 ㉣
     ㉤ ㉥
        0
```

8−㉢=1에서 ㉢=7입니다.
㉣은 4를 그대로 내려 쓴 것이므로
㉣=4입니다.
14−㉤㉥=0이므로
㉤=1, ㉥=4입니다.
㉡×1=7이므로
㉡=7입니다.
7×㉠=14이므로
㉠=2입니다.

**왜 틀렸을까?** □ 안에 알맞은 수는 쉽게 찾을 수 있는 것부터 찾고 나눗셈의 세로셈에서 내려 쓴 수도 찾아야 합니다.

**09**

```
       ㉠ 9
㉡ ) 2 7 ㉢
     2 4
       ㉣ 6
       ㉤ ㉥
          0
```

㉢을 그대로 내려 쓴 수가 6이므로 ㉢=6입니다.
27−24=㉣이므로
㉣=3입니다.
36−㉤㉥=0이므로
㉤=3, ㉥=6입니다.
㉡×9=36이므로
㉡=4입니다.
4×㉠=24이므로
㉠=6입니다.

**왜 틀렸을까?** □ 안에 알맞은 수는 나눗셈의 세로셈에서 계산할 수 있는 것과 내려 쓴 수를 먼저 찾고 나누는 수를 찾아야 합니다.

**10** 일주일마다 같은 요일이 반복되고 내년 2월은 29일까지 있으므로 내년 한글날은 366일 후입니다.
⇨ 366÷7=52…2
따라서 366일은 52주와 2일이므로 내년 한글날은 월요일보다 2일 뒤인 수요일입니다.

**11** 일주일마다 같은 요일이 반복되므로 작년 한글날은 365일 전입니다.
⇨ 365÷7=52…1
따라서 365일은 52주와 1일이므로 작년 한글날은 월요일보다 1일 전인 일요일입니다.

**12** 일주일마다 같은 요일이 반복되고
내년 2월은 29일까지 있으므로 내후년 개천절은 366+365=731(일) 후입니다.
⇨ 731÷7=104…3
따라서 731일은 104주와 3일이므로 내후년 개천절은 화요일보다 3일 뒤인 금요일입니다.

## 다르지만 같은 유형 22~23쪽

01 15 cm　　02 13개
03 24 cm　　04 30마리
05 28상자　　06 23개
07 38자루　　08 2, 4, 7, 8
09 68 / 51 / 40⋯4 / 34 / 3, 4, 6
10 예 $84 \div 5 = 16 \cdots 4$, $84 \div 6 = 14$, $84 \div 7 = 12$, $84 \div 8 = 10 \cdots 4$, $84 \div 9 = 9 \cdots 3$
따라서 84를 나누어떨어지게 하는 수는 6, 7입니다.
/ 6, 7
11 17개　　12 16개
13 예 동화책과 위인전의 전체 쪽수:
$140 + 176 = 316$(쪽)
$316 \div 8 = 39 \cdots 4$이므로 동화책과 위인전을 하루에 8쪽씩 읽으면 39일 동안 읽고, 4쪽이 남습니다.
남는 4쪽도 읽어야 하므로 동화책과 위인전을 모두 읽는 데 최소한 40일 걸립니다. / 40일

### 22쪽

01~03 핵심
주어진 길이를 똑같은 간격으로 나누거나 자른다면 나눗셈을 이용합니다.

01 수직선을 똑같이 6칸으로 나누었으므로 작은 눈금 한 칸의 길이는 $90 \div 6 = 15$ (cm)입니다.

02 (필요한 가로등의 수)
=(가로등과 가로등 사이의 간격 수)
이므로
(가로등과 가로등 사이의 간격 수)
=(호수의 둘레)÷(가로등과 가로등 사이의 간격)
입니다.
⇨ $78 \div 6 = 13$(개)

03 (정사각형 1개를 만들 때 사용한 색 테이프의 길이)
=(색 테이프의 전체 길이)÷(만든 정사각형의 수)
이므로 $288 \div 3 = 96$ (cm)입니다.
(정사각형 1개를 만들 때 사용한 색 테이프의 길이)
=(정사각형 1개의 네 변의 길이의 합)
이고 정사각형은 네 변의 길이가 모두 같으므로
(한 변의 길이)=(네 변의 길이의 합)÷4입니다.
⇨ $96 \div 4 = 24$ (cm)

04~07 핵심
나눗셈에서 몫을 구하는 것입니다.

04 굴비 한 두름이 20마리이므로 3두름은
$20 \times 3 = 60$(마리)입니다.
⇨ (한 명이 가질 수 있는 굴비 수)
=(전체 굴비 수)÷(사람 수)
$= 60 \div 2 = 30$(마리)

05 곶감의 수: 84개
⇨ (필요한 상자의 수)
=(곶감의 수)÷(한 상자에 담는 곶감의 수)
$= 84 \div 3 = 28$(상자)

06 $94 \div 4 = 23 \cdots 2$이므로
머리띠를 23개까지 만들고 보석 2개가 남습니다.
남는 보석 2개로는 머리띠를 만들 수 없습니다.

07 (연필 16타)$= 12 \times 16 = 192$(자루)
$192 \div 5 = 38 \cdots 2$
따라서 학생 한 명이 가지는 연필은 38자루입니다.

### 23쪽

08~10 핵심
나눗셈식에서 나머지가 0이면 나누어떨어진다고 합니다.

08 나누어떨어진다는 것은 나머지가 0일 때를 말하므로 주어진 나눗셈식 중 나머지가 0인 것을 찾습니다.
$56 \div 2 = 28$　　$56 \div 4 = 14$
$56 \div 7 = 8$　　$56 \div 8 = 7$
따라서 56을 나누어떨어지게 하는 수는 2, 4, 7, 8입니다.

09 $204 \div 3 = 68$　　$204 \div 4 = 51$
$204 \div 5 = 40 \cdots 4$　　$204 \div 6 = 34$
따라서 204를 나누어떨어지게 하는 수는 3, 4, 6입니다.

10 서술형 가이드 나눗셈을 계산하여 나머지가 0이 나왔을 때의 나누는 수를 모두 구하는 풀이 과정이 들어 있어야 합니다.

채점 기준

| | |
|---|---|
| 상 | 84÷5, 84÷6, 84÷7, 84÷8, 84÷9를 모두 계산하여 나머지가 0이 나왔을 때의 나누는 수를 모두 구했음. |
| 중 | 84÷5, 84÷6, 84÷7, 84÷8, 84÷9를 모두 계산했지만 나머지가 0이 나왔을 때의 나누는 수를 구하지 못함. |
| 하 | 84÷5, 84÷6, 84÷7, 84÷8, 84÷9 중 일부만 계산함. |

11~13 핵심
나눗셈에서 몫을 구한 뒤 (몫+1)을 구하는 것입니다.

**11** (간격의 수)=(도로의 길이)÷(가로등 사이의 간격)
=80÷5=16(군데)
⇨ (필요한 가로등의 수)
=(간격의 수)+1
=16+1=17(개)

**12** 93÷6=15⋯3
⇨ 6자루씩 필통 15개에 넣고 남는 3자루도 넣어야 하므로 필통은 최소한 15+1=16(개) 필요합니다.

**13** 동화책과 위인전을 모두 읽는 데 최소한 (몫+1)일이 걸립니다.

서술형 가이드 동화책과 위인전의 전체 쪽수를 구한 뒤 나눗셈을 계산하여 답을 구하는 풀이 과정이 들어 있어야 합니다.

채점 기준

| | |
|---|---|
| 상 | 동화책과 위인전의 전체 쪽수를 구한 뒤 나눗셈을 계산하여 답을 구했음. |
| 중 | 동화책과 위인전의 전체 쪽수를 구한 뒤 나눗셈을 계산했지만 답을 구하지 못함. |
| 하 | 동화책과 위인전의 전체 쪽수만 구함. |

## 응용 유형 24~27쪽

| | |
|---|---|
| 01 47 | 02 10상자 |
| 03 12, 5 | 04 7마리 |
| 05 266장 | 06 7, 3, 2 |
| 07 12 cm | 08 25 |
| 09 3상자 | 10 44그루 |
| 11 23, 3 | 12 6마리, 8마리 |
| 13 12마리 | 14 322장 |
| 15 3, 8 | 16 854 |
| 17 1, 4, 3 | 18 40번 |

### 24쪽

**01** 몫이 가장 크게 되려면 나누어지는 수는 가장 큰 두 자리 수이고 나누는 수는 가장 작은 한 자리 수이어야 합니다.
2, 5, 9로 만들 수 있는 가장 큰 두 자리 수는 95, 가장 작은 한 자리 수는 2입니다.
⇨ 95÷2=47⋯1이므로 나올 수 있는 가장 큰 몫은 47입니다.

**02** (전체 수건의 수)=7×4=28(장)
수건 28장을 한 상자에 2장씩 담으려면 필요한 상자는 28÷2=14(상자)입니다.
처음에 4상자가 있었으므로 더 필요한 상자는 최소한 14−4=10(상자)입니다.

**03** 어떤 수를 □라 하면 □÷3=37⋯2입니다.
3×37=111 ⇨ 111+2=□, □=113
따라서 어떤 수는 113입니다.
⇨ 바른 계산: 113÷9=12⋯5

### 25쪽

**04** 다리는 2개가 한 쌍이므로 78÷2=39에서 다리가 모두 39쌍입니다.
이 중 장수풍뎅이의 다리는 18쌍이므로 사마귀의 다리는 39−18=21(쌍)입니다.
사마귀 한 마리의 다리는 3쌍이므로 사마귀는 21÷3=7(마리)입니다.

**05** (벽의 가로 한 줄에 붙일 수 있는 타일 수)
=95÷5=19(장)
(타일의 세로 줄 수)=70÷5=14(줄)
⇨ (필요한 타일 수)=19×14=266(장)

**06** 7㉠÷㉡=25⋯㉢
나머지는 나누는 수보다 작으므로 ㉡>㉢입니다.
㉡에는 가장 작은 수인 2가 들어갈 수 없으므로 ㉡에 들어갈 수 있는 수는 3, 7입니다.
㉡=3일 때 ㉢에는 3보다 작은 수 2가 들어갈 수 있습니다.
⇨ 77÷3=25⋯2 (○)
㉡=7일 때 ㉢에는 7보다 작은 수 2, 3이 들어갈 수 있습니다.
⇨ 73÷7=25⋯2 (×), 72÷7=25⋯3 (×)
따라서 알맞은 나눗셈식은 77÷3=25⋯2입니다.

### 26쪽

07 문제 분석

**07** ❶길이가 96 cm인 철사를 두 도막으로 똑같이 나누고, / ❷그중 한 도막을 모두 사용하여 가장 큰 정사각형 하나를 만들었습니다. / ❸만든 정사각형의 한 변의 길이는 몇 cm입니까?

❶ 철사 한 도막의 길이를 구합니다.
❷ 철사 한 도막의 길이는 가장 큰 정사각형의 네 변의 길이의 합과 같습니다.
❸ (한 변의 길이)=(네 변의 길이의 합)÷4

❶(철사 한 도막의 길이)$=96\div2=48$ (cm)
❷만든 정사각형의 네 변의 길이의 합은 철사 한 도막의 길이와 같은 48 cm이므로
❸만든 정사각형의 한 변의 길이는 $48\div4=12$ (cm)입니다.

**08** 몫이 가장 크게 되려면 나누어지는 수는 가장 큰 두 자리 수이고 나누는 수는 가장 작은 한 자리 수이어야 합니다.
3, 6, 7로 만들 수 있는 가장 큰 두 자리 수는 76, 가장 작은 한 자리 수는 3입니다.
⇨ $76\div3=25\cdots1$이므로 나올 수 있는 가장 큰 몫은 25입니다.

**09** (전체 인형의 수)$=8\times9=72$(개)
인형 72개를 한 상자에 6개씩 담으려면 필요한 상자는 $72\div6=12$(상자)입니다.
처음에 9상자가 있었으므로 더 필요한 상자는 최소한 $12-9=3$(상자)입니다.

10 문제 분석

**10** ❶길이가 84 m인 곧게 뻗은 / ❷산책로의 양쪽에 / ❶처음부터 끝까지 4 m 간격으로 가로수를 심으려고 합니다. / ❷필요한 가로수는 모두 몇 그루입니까? (단, 가로수의 두께는 생각하지 않습니다.)

❶ 간격의 수를 나눗셈으로 구해 산책로의 한쪽에 필요한 가로수의 수를 구합니다.
❷ 산책로의 양쪽에 가로수를 심어야 하므로 한쪽에 필요한 가로수의 수의 2배를 구합니다.

❶(간격의 수)
=(산책로의 길이)÷(가로수 사이의 간격)
$=84\div4=21$(군데)
(산책로의 한쪽 가로수의 수)
=(간격의 수)+1
$=21+1=22$(그루)
❷⇨ (산책로의 양쪽 가로수의 수)
=(산책로의 한쪽 가로수의 수)×2
$=22\times2=44$(그루)

**11** 어떤 수를 □라 하면 □$\div3=54\cdots2$입니다.
$3\times54=162$ ⇨ $162+2=$□, □$=164$이므로 어떤 수는 164입니다.
⇨ 바른 계산: $164\div7=23\cdots3$

12 문제 분석

**12** ❶당근이 한 봉지에 6개씩 들어 있습니다. 16봉지에 들어 있는 당근을 토끼에게 남지 않게 똑같이 나누어 주려고 합니다. / ❸토끼 몇 마리에게 당근을 나누어 줄 수 있는지 모두 구하시오. / (❷단, 토끼 수는 5마리부터 9마리까지입니다.)

❶ (전체 당근의 수)
=(한 봉지에 들어 있는 당근의 수)×(봉지의 수)
❷ 전체 당근의 수를 5, 6, 7, 8, 9로 나누는 나눗셈을 만들어 계산합니다.
❸ ❷에서 계산한 나눗셈 중 나누어떨어질 때의 나누는 수를 모두 구합니다.

❶(전체 당근의 수)$=6\times16=96$(개)
❷$96\div5=19\cdots1$, $96\div6=16$,
$96\div7=13\cdots5$, $96\div8=12$,
$96\div9=10\cdots6$이므로
❸96을 6, 8로 나누면 나누어떨어집니다.
⇨ 6마리, 8마리

## 27쪽

**13** 다리는 2개가 한 쌍이므로 $96\div2=48$에서 다리가 모두 48쌍입니다.
이 중 장수하늘소의 다리는 12쌍이므로 무당벌레의 다리는 $48-12=36$(쌍)입니다.
무당벌레 한 마리의 다리는 3쌍이므로 무당벌레는 $36\div3=12$(마리)입니다.

다른 풀이
쌍이 아닌 낱개의 수로 문제를 풀 수도 있습니다.
장수하늘소의 다리 수는 $12\times2=24$(개)입니다.
무당벌레와 장수하늘소의 전체 다리가 96개이므로
무당벌레의 다리는 $96-24=72$(개)입니다.
무당벌레 한 마리의 다리는 $2\times3=6$(개)이므로
무당벌레는 $72\div6=12$(마리)입니다.

**14** (벽의 가로 한 줄에 붙일 수 있는 타일 수)
=(벽의 가로)÷(타일의 한 변의 길이)
$=92\div4=23$(장)
(타일의 세로 줄 수)
=(벽의 세로)÷(타일의 한 변의 길이)
$=56\div4=14$(줄)
⇨ (필요한 타일 수)
=(벽의 가로 한 줄에 붙일 수 있는 타일 수)
×(타일의 세로 줄 수)
$=23\times14=322$(장)

15 문제 분석

**15** 오른쪽 나눗셈에서 ❸㉠에 들어갈 수 있는 수를 모두 구하시오.

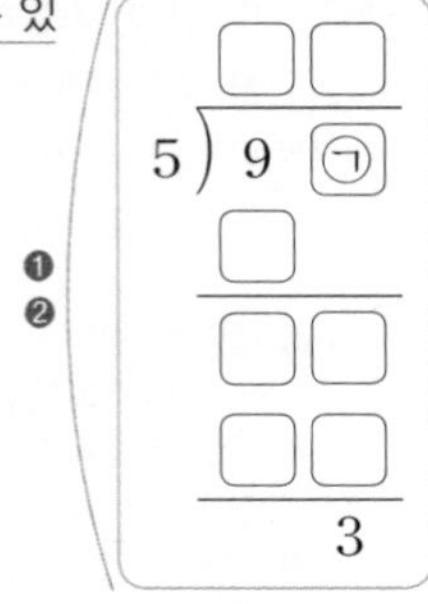

❶ 9÷5를 계산하여 □ 안에 알맞은 수를 구합니다.
❷ 나눗셈을 맞게 계산했는지 확인하는 식을 만든 뒤 몫의 일의 자리에 여러 수를 넣어 보면서 알맞은 수를 구합니다.
❸ ㉠에 들어갈 수 있는 수를 모두 구합니다.

❶$9 \div 5 = 1 \cdots 4$이므로 ㉢$=4$입니다.
❷4㉠$\div 5 =$㉡$\cdots 3$에서
㉡$=8$일 때
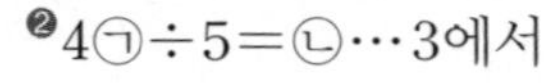
$5 \times 8 = 40$ ⇨ $40 + 3 = 43$,
㉡$=9$일 때
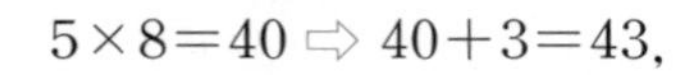
$5 \times 9 = 45$ ⇨ $45 + 3 = 48$입니다.
❸따라서 ㉠에 들어갈 수 있는 수는 3, 8입니다.

16 문제 분석

**16** ❶어떤 세 자리 수를 9로 나누었더니 몫이 47이었습니다. / ❷어떤 세 자리 수 중 가장 작은 수와 가장 큰 수의 / ❸합은 얼마입니까?

❶ 어떤 세 자리 수를 □라 하여 나눗셈식을 만듭니다.
❷ 어떤 세 자리 수 중 가장 작은 수는 나머지가 0일 때이고 가장 큰 수는 나머지가 8일 때이므로 나눗셈을 맞게 계산했는지 확인하는 식을 이용하여 가장 작은 수와 가장 큰 수를 구합니다.
❸ ❷에서 구한 가장 작은 수와 가장 큰 수의 합을 구합니다.

❶어떤 세 자리 수를 □라 하면
$□ \div 9 = 47 \cdots \triangle$입니다.
❷⇨ 가장 작은 수: $\triangle = 0$일 때
$□ \div 9 = 47$이므로
$9 \times 47 = □$, $□ = 423$입니다.
가장 큰 수: $\triangle = 8$일 때
$□ \div 9 = 47 \cdots 8$이므로
$9 \times 47 = 423$, $423 + 8 = □$,
$□ = 431$입니다.
❸따라서 가장 작은 수와 가장 큰 수의 합은
$423 + 431 = 854$입니다.

**17** 7㉠$\div$㉡$=17\cdots$㉢
나머지는 나누는 수보다 작으므로 ㉡>㉢입니다.
㉡에는 가장 작은 수인 1이 들어갈 수 없으므로
㉡에 들어갈 수 있는 수는 3, 4입니다.
㉡$=3$일 때 ㉢에는 3보다 작은 수 1이 들어갈 수 있습니다.
⇨ $74 \div 3 = 17 \cdots 1$ (×)
㉡$=4$일 때 ㉢에는 4보다 작은 수 1, 3이 들어갈 수 있습니다.
⇨ $73 \div 4 = 17 \cdots 1$ (×), $71 \div 4 = 17 \cdots 3$ (○)
따라서 알맞은 나눗셈식은 $71 \div 4 = 17 \cdots 3$입니다.

18 문제 분석

**18** ❷부산역에서는 아침 8시부터 4분마다 안내 방송이 나옵니다. / ❶아침 8시 정각에 부산역에 도착한다면, 동대구역으로 가는 기차가 출발할 때까지 / ❸안내 방송을 몇 번 들을 수 있습니까?

열차 시간표 현재 시각 08:00

| 출발지 | 도착지 | 출발 시각 | 도착 시각 |
|---|---|---|---|
| 부산역 | 동대구역 | 10:36 | 11:24 |
| 부산역 | 서울역 | 09:25 | 12:35 |

❶ 부산역에 도착한 시각부터 동대구역으로 가는 기차가 출발할 때까지 걸리는 시간을 구합니다.
❷ ❶에서 걸리는 시간을 4로 나누어 몫을 구합니다.
❸ ❷에서 구한 몫에 1을 더하여 안내 방송을 몇 번 들을 수 있는지 구합니다.

❶8시부터 동대구역으로 가는 기차가 출발할 때까지
10시 36분−8시=2시간 36분=156분 걸립니다.
❷4분마다 안내 방송이 나오므로
$156 \div 4 = 39$(번)이고,
❸8시 정각에도 안내 방송이 나오므로 안내 방송을
$39 + 1 = 40$(번) 들을 수 있습니다.

## 사고력 유형 28~29쪽

1 271
2 ❶ 72 cm ❷ 18 cm
3 ❶ 3, 16, 16 ❷ 4, 17, 2, 17, 2 ❸ 7, 52, 5, 2

## 28쪽

1 어떤 수를 □라 하면 □÷4=67…3입니다.
나눗셈을 맞게 계산했는지 확인하는 식을 이용하면
4×67=268, 268+3=□ ⇨ □=271입니다.

2 ❶ (만든 정사각형의 네 변의 길이의 합)
=(만든 삼각형의 세 변의 길이의 합)
=(한 변의 길이)×3
=24×3=72 (cm)
❷ (정사각형의 한 변의 길이)
=(만든 정사각형의 네 변의 길이의 합)÷4
=72÷4=18 (cm)

## 29쪽

3 ❶ 48÷3=16
❷ 70÷4=17…2
⇨ 몫 17은 바구니 1개에 담은 사과 수를 나타내고 나머지 2는 바구니에 담지 못한 사과 수를 나타냅니다.
❸ 369÷7=52…5
(더 필요한 최소한의 배 수)
=(바구니 수)−(나머지)
⇨ 7−5=2(개)

참고 [확인] 369+2=371(개) ⇨ 371÷7=53(개)
⇨ 바구니 1개에 배를 53개씩 담았다는 것을 알 수 있습니다.

도전! 최상위 유형 30~31쪽

| | |
|---|---|
| 1 3 | 2 144 |
| 3 14개 | 4 112 |

## 30쪽

1 주어진 수를 9개씩 구분하면 처음 9개의 수 8, 5, 4, 6, 9, 2, 3, 7, 1이 반복되는 규칙입니다.
385÷9=42…7이므로 385번째에 놓일 수는 처음 9개의 수가 42번 반복되고 처음 9개의 수에서 7번째로 놓인 수와 같습니다.
따라서 385번째에 놓일 수는 8, 5, 4, 6, 9, 2, 3, 7, 1에서 7번째에 놓인 수인 3입니다.

2 두 자리 수(10부터 99까지)를 □라 하면
□÷6=△…3입니다.
△=1이면 □÷6=1…3에서
6×1=6 ⇨ 6+3=9입니다.
△=2이면 □÷6=2…3에서
6×2=12 ⇨ 12+3=15입니다.
……
△=15이면 □÷6=15…3에서
6×15=90 ⇨ 90+3=93입니다.
△=16이면 □÷6=16…3에서
6×16=96 ⇨ 96+3=99입니다.
따라서 □는 △=2일 때부터 △=16일 때까지이므로 ㉠=16−2+1=15입니다.
세 자리 수(100부터 999까지)를 ■라 하면
■÷7=▲…4입니다.
▲=13이면 ■÷7=13…4에서
7×13=91 ⇨ 91+4=95입니다.
▲=14이면 ■÷7=14…4에서
7×14=98 ⇨ 98+4=102입니다.
……
▲=142이면 ■÷7=142…4에서
7×142=994 ⇨ 994+4=998입니다.
▲=143이면 ■÷7=143…4에서
7×143=1001 ⇨ 1001+4=1005입니다.
따라서 ■는 ▲=14일 때부터 ▲=142일 때까지이므로 ㉡=142−14+1=129입니다.
⇨ ㉠+㉡=15+129=144

## 31쪽

3 2와 4로 만든 두 자리 수는 24와 42이고 남은 수는 6과 8이므로
24÷6=4, 24÷8=3, 42÷6=7, 42÷8=5…2
→ 3개입니다.
2와 6으로 만든 두 자리 수는 26과 62이고 남은 수는 4와 8이므로
26÷4=6…2, 26÷8=3…2, 62÷4=15…2,
62÷8=7…6 → 0개입니다.
2와 8로 만든 두 자리 수는 28과 82이고 남은 수는 4와 6이므로
28÷4=7, 28÷6=4…4, 82÷4=20…2,
82÷6=13…4 → 1개입니다.

다음 페이지에 풀이 계속

4와 6으로 만든 두 자리 수는 46과 64이고 남은 수는 2와 8이므로

$46 \div 2 = 23$, $46 \div 8 = 5 \cdots 6$, $64 \div 2 = 32$,

$64 \div 8 = 8$ → 3개입니다.

4와 8로 만든 두 자리 수는 48과 84이고 남은 수는 2와 6이므로

$48 \div 2 = 24$, $48 \div 6 = 8$, $84 \div 2 = 42$, $84 \div 6 = 14$

→ 4개입니다.

6과 8로 만든 두 자리 수는 68과 86이고 남은 수는 2와 4이므로

$68 \div 2 = 34$, $68 \div 4 = 17$, $86 \div 2 = 43$,

$86 \div 4 = 21 \cdots 2$ → 3개입니다.

⇨ $3+0+1+3+4+3=14$(개)

**4** [㉮]끼리 먼저 계산하면

$50 \div 5 = 10$, $52 \div 5 = 10 \cdots 2$, $54 \div 5 = 10 \cdots 4$,

$56 \div 5 = 11 \cdots 1$, $58 \div 5 = 11 \cdots 3$이므로

[50]=0, [52]=2, [54]=4, [56]=1, [58]=3입니다.

→ $0+2+4+1+3=10$

[60]+[62]+……+[68]=10,

[70]+[72]+……+[78]=10,

[80]+[82]+……+[88]=10,

[90]+[92]+……+[98]=10,

[100]+[102]+……+[108]=10,

[110]+[112]+……+[118]=10,

[120]+[122]+[124]=0+2+4=6

→ $10+10+10+10+10+10+10+6=76$

〈㉮〉끼리 계산하면

$51 \div 3 = 17$, $53 \div 3 = 17 \cdots 2$, $55 \div 3 = 18 \cdots 1$,

$57 \div 3 = 19$, $59 \div 3 = 19 \cdots 2$, $61 \div 3 = 20 \cdots 1$이므로

〈51〉=0, 〈53〉=2, 〈55〉=1,

〈57〉=0, 〈59〉=2, 〈61〉=1입니다.

즉, 0, 2, 1이 계속 반복되는 규칙입니다.

→ $0+2+1=3$

1부터 홀수를 세었을 때 51은 26번째, 123은 62번째 홀수입니다.

51부터 123까지의 수 중 홀수는

$62-26+1=37$(개)이므로 $37 \div 3 = 12 \cdots 1$입니다.

→ $3 \times 12 = 36$이고 〈123〉=0이므로 36입니다.

⇨ $76+36=112$

# 3 원

## 잘 틀리는 실력 유형 34~35쪽

유형 01 6, 10, 16

01 20 cm　　02 11 cm

03 6 cm

유형 02 4, 4, 4, 6

04 7 cm　　05 12 cm

유형 03 지름, 2, 2, 4

06 6　　07 30

08

09

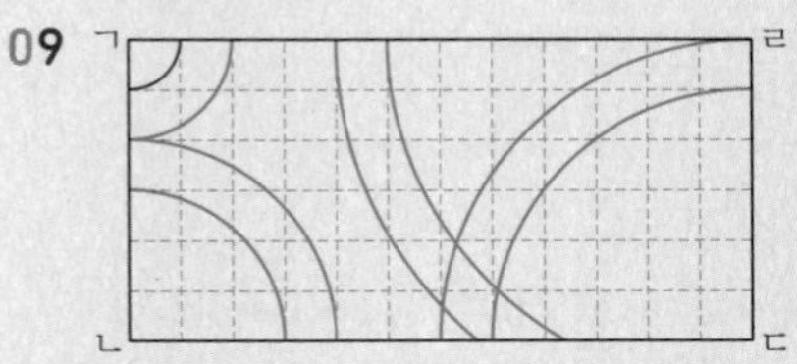


### 34쪽

**01** (큰 원의 지름)=(큰 원의 반지름)×2

=6×2=12 (cm)

(작은 원의 지름)=(작은 원의 반지름)×2

=4×2=8 (cm)

⇨ (선분 ㄱㄴ의 길이)

=(큰 원의 지름)+(작은 원의 지름)

=12+8=20 (cm)

**왜 틀렸을까?** 두 원의 지름을 구하여 더하지 않고 반지름을 더했는지 확인합니다.

**02** (작은 원의 반지름)=6÷2=3 (cm)

(큰 원의 반지름)=16÷2=8 (cm)

⇨ (선분 ㄱㄴ의 길이)

=(작은 원의 반지름)+(큰 원의 반지름)

=3+8=11 (cm)

**왜 틀렸을까?** 두 원의 반지름을 구하여 더하지 않고 지름을 더했는지 확인합니다.

**03** (작은 원의 지름)$=2\times2=4$ (cm)
(큰 원의 반지름)=(작은 원의 지름)$=4$ cm
⇨ (선분 ㄱㄴ의 길이)
=(작은 원의 반지름)+(큰 원의 반지름)
$=2+4=6$ (cm)

**왜 틀렸을까?** 큰 원의 반지름이 작은 원의 지름임을 이용하여 큰 원의 반지름을 구하여 작은 원의 반지름과 더했는지 확인합니다.

**04** 선분 ㄱㄴ의 길이는 원의 반지름의 6배입니다.
⇨ (원의 반지름)=(선분 ㄱㄴ의 길이)$\div6$
$=42\div6=7$ (cm)

**왜 틀렸을까?** 겹친 원의 수가 □개일 때 선분 ㄱㄴ의 길이는 원의 반지름의 (□+1)배입니다.

**05** 선분 ㄱㄴ의 길이는 원의 반지름의 8배입니다.
⇨ (원의 반지름)=(선분 ㄱㄴ의 길이)$\div8$
$=96\div8=12$ (cm)

**왜 틀렸을까?** 겹친 원에서 선분 ㄱㄴ의 길이가 원의 반지름의 몇 배인지 알아봅니다.

## 35쪽

**06** 직사각형에서 짧은 변의 길이인 □cm는 원의 지름이므로 원의 반지름의 2배입니다.
⇨ □$=3\times2=6$

**왜 틀렸을까?** 직사각형에서 □cm는 짧은 변의 길이를 나타내고 원의 지름과 같으므로 원의 반지름의 2배를 계산해야 합니다.

**07** 직사각형에서 긴 변의 길이인 □cm는 원의 반지름의 6배입니다.
⇨ □$=5\times6=30$

**왜 틀렸을까?** 직사각형에서 □cm는 긴 변의 길이를 나타내고 원의 지름의 3배 또는 원의 반지름의 6배와 같다는 것을 이용해야 합니다.

**08**

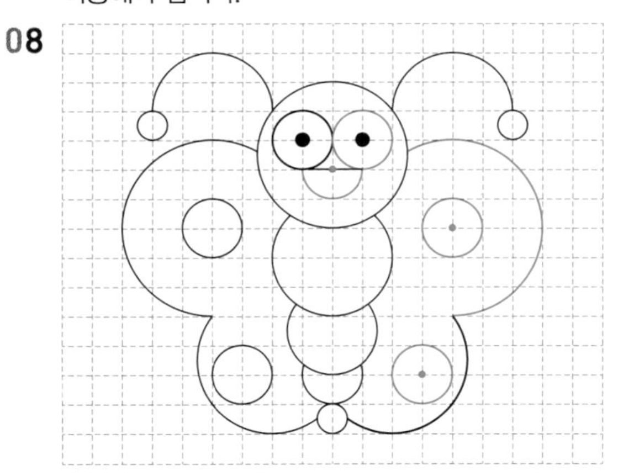

눈 1개를 그리고 입은 원의 반만 그립니다.
오른쪽 날개는 왼쪽 날개와 똑같게 그립니다.

**09** 꼭짓점 ㄱ에서 원의 반지름이 모눈 1칸, 2칸인 원의 일부를 그립니다.
꼭짓점 ㄴ에서 원의 반지름이 모눈 3칸, 4칸인 원의 일부를 그립니다.
꼭짓점 ㄷ에서 원의 반지름이 모눈 5칸, 6칸인 원의 일부를 그립니다.
꼭짓점 ㄹ에서 원의 반지름이 모눈 7칸, 8칸인 원의 일부를 그립니다.

### 다르지만 같은 유형 36~37쪽

| | |
|---|---|
| 01 14 cm | 02 12 cm |
| 03 35 cm | 04 23 cm |
| 05 96 mm | 06 84 cm |
| 07 4 | 08 7 cm |
| 09 8 cm | 10 15 cm |
| 11 5 cm | 12 7 |

## 36쪽

01~03 **핵심**
주어진 선분의 길이를 원의 반지름이나 지름의 합으로 나타내어 계산합니다.

**01** 반지름이 2 cm인 원의 지름: $2\times2=4$ (cm)
반지름이 3 cm인 원의 지름: $3\times2=6$ (cm)
⇨ (선분 ㄱㄴ의 길이)
=(가장 큰 원의 지름)
$=4+6+4=14$ (cm)

**02** (가장 작은 원의 지름)$=1\times2=2$ (cm)
(두 번째로 작은 원의 지름)$=2\times2=4$ (cm)
(가장 큰 원의 지름)$=4\times2=8$ (cm)
⇨ (선분 ㄱㅂ의 길이)
=(가장 큰 원의 지름)
+(두 번째로 작은 원의 지름)
$=8+4=12$ (cm)

**03** 선분 ㄷㄹ은 원의 지름이므로
(원의 반지름)=(선분 ㄷㄹ의 길이)$\div2$
$=14\div2=7$ (cm)입니다.
선분 ㄱㄴ의 길이는 원의 반지름의 5배이므로
(선분 ㄱㄴ의 길이)=(원의 반지름)$\times5$
$=7\times5=35$ (cm)입니다.

04~06 핵심
주어진 원의 반지름을 이용하여 각 변의 길이를 구하면 모든 변의 길이의 합을 구할 수 있습니다.

**04** (변 ㄱㄴ의 길이)$=5$ cm,
(변 ㄴㄷ의 길이)$=8$ cm,
(변 ㄱㄷ의 길이)$=5+8-3=10$ (cm)
⇨ (세 변의 길이의 합)
$=$(변 ㄱㄴ의 길이)$+$(변 ㄴㄷ의 길이)
$+$(변 ㄱㄷ의 길이)
$=5+8+10=23$ (cm)

**05** 사각형의 네 변의 길이가 모두 원의 반지름의 2배와 같으므로 사각형의 네 변의 길이의 합은 원의 반지름의 8배입니다.
⇨ (네 변의 길이의 합)$=$(원의 반지름)$\times 8$
$=12\times 8=96$ (mm)

**06** 사각형의 긴 변의 길이는 원의 반지름의 4배와 같고 짧은 변의 길이는 원의 반지름의 2배와 같으므로 사각형의 네 변의 길이의 합은 원의 반지름의 12배입니다.
⇨ (네 변의 길이의 합)$=$(원의 반지름)$\times 12$
$=7\times 12=84$ (cm)

다른 풀이
(긴 변의 길이)$=7\times 4=28$ (cm),
(짧은 변의 길이)$=7\times 2=14$ (cm)
⇨ (네 변의 길이의 합)
$=28+14+28+14=84$ (cm)

## 37쪽

07~09 핵심
만든 삼각형은 세 변의 길이가 모두 같으므로 한 변의 길이가 원의 반지름의 몇 배인지 알면 세 변의 길이의 합이 원의 반지름의 몇 배인지 알 수 있습니다.

**07** 삼각형 ㄱㄴㄷ의 각 변의 길이는 모두 원의 반지름과 같습니다.
⇨ (삼각형의 한 변의 길이)
$=$(세 변의 길이의 합)$\div 3$
$=12\div 3=4$ (cm)

**08** 삼각형 ㄱㄴㄷ의 세 변의 길이의 합은 원의 반지름의 6배입니다.
⇨ (원의 반지름)$=$(세 변의 길이의 합)$\div 6$
$=42\div 6=7$ (cm)

**09** 삼각형의 세 변의 길이가 모두 원의 반지름의 4배이므로 삼각형 ㄱㄴㄷ의 세 변의 길이의 합은 원의 반지름의 12배입니다.
원의 반지름을 □ cm라 하면
□$\times 12=96$이므로 $8\times 12=96$에서
□$=8$입니다.

다른 풀이
(한 변의 길이)$=$(세 변의 길이의 합)$\div 3$
$=96\div 3=32$ (cm)
⇨ (원의 반지름)$=$(한 변의 길이)$\div 4$
$=32\div 4=8$ (cm)

10~12 핵심
만든 사각형은 네 변의 길이가 모두 같으므로 한 변의 길이가 원의 반지름의 몇 배인지 알면 네 변의 길이의 합이 원의 반지름의 몇 배인지 알 수 있습니다.

**10** 사각형의 네 변의 길이가 모두 원의 반지름과 같으므로 사각형 ㄱㄴㄷㄹ의 네 변의 길이의 합은 원의 반지름의 4배입니다.
⇨ (원의 반지름)$=$(네 변의 길이의 합)$\div 4$
$=60\div 4=15$ (cm)

**11** 사각형의 네 변의 길이가 모두 원의 반지름의 2배와 같으므로 사각형 ㄱㄴㄷㄹ의 네 변의 길이의 합은 원의 반지름의 8배입니다.
⇨ (원의 반지름)$=$(네 변의 길이의 합)$\div 8$
$=40\div 8=5$ (cm)

다른 풀이
(한 변의 길이)$=$(네 변의 길이의 합)$\div 4$
$=40\div 4=10$ (cm)
(원의 반지름)$=$(한 변의 길이)$\div 2$
$=10\div 2=5$ (cm)

**12** 정사각형은 네 변의 길이가 모두 원의 반지름의 2배와 같으므로 정사각형의 네 변의 길이의 합은 한 변의 길이의 4배이고 원의 반지름의 8배입니다.
⇨ □$=$(원의 반지름)
$=$(네 변의 길이의 합)$\div 8$
$=56\div 8=7$

다른 풀이
(정사각형의 한 변의 길이)$=56\div 4=14$ (cm)
⇨ □$=$(원의 반지름)
$=$(원의 지름)$\div 2$
$=$(정사각형의 한 변의 길이)$\div 2$
$=14\div 2=7$

## 응용 유형 38~41쪽

| | |
|---|---|
| 01 9 cm | 02 6 cm |
| 03 32 cm | 04 33 cm |
| 05 120 cm | 06 76 cm |
| 07 6 cm | 08 12 cm |
| 09 8 cm | 10 26 cm |
| 11 4 | 12 44 cm |
| 13 96 cm | 14 44 cm |
| 15 3 cm | 16 288 cm |
| 17 136 cm | 18 4 cm |

### 38쪽

01 삼각형의 세 변의 길이의 합은 원의 반지름의 3배 입니다.
⇨ (원의 반지름)=(세 변의 길이의 합)÷3
=27÷3=9 (cm)

02 (변 ㅇㄱ의 길이)+(변 ㅇㄴ의 길이)
+(변 ㄱㄴ의 길이)=19 cm,
(변 ㅇㄱ의 길이)+(변 ㅇㄴ의 길이)
=19−7=12 (cm),
(변 ㅇㄱ의 길이)=(변 ㅇㄴ의 길이)
=(원의 반지름)이므로
(원의 반지름)=12÷2=6 (cm)입니다.

03 (변 ㄱㄴ의 길이)=4+6=10 (cm),
(변 ㄴㄷ의 길이)=6+6=12 (cm),
(변 ㄷㄱ의 길이)=6+4=10 (cm)
⇨ (세 변의 길이의 합)
=(변 ㄱㄴ의 길이)+(변 ㄴㄷ의 길이)
+(변 ㄷㄱ의 길이)
=10+12+10=32 (cm)

### 39쪽

04 (선분 ㄱㄴ의 길이)=(가장 작은 원의 반지름)
=3 cm
(선분 ㄴㄷ의 길이)=(중간 원의 반지름)
=3×2=6 (cm)
(선분 ㄷㄹ의 길이)=(가장 큰 원의 반지름)
=6×2=12 (cm)
(선분 ㄹㅁ의 길이)=(선분 ㄷㄹ의 길이)
=12 cm
⇨ (선분 ㄱㅁ의 길이)
=(선분 ㄱㄴ의 길이)+(선분 ㄴㄷ의 길이)
+(선분 ㄷㄹ의 길이)+(선분 ㄹㅁ의 길이)
=3+6+12+12
=33 (cm)

05
1 2 3 4 5 6 7 8 9 10 11 12

둘러싼 선분의 길이의 합은 원의 지름의 12배입니다.
⇨ (둘러싼 선분의 길이의 합)=10×12
=120 (cm)

06 원의 반지름은 왼쪽 원부터 각각 2 cm, 3 cm, 4 cm, 5 cm, 6 cm입니다.
(직사각형의 긴 변의 길이)=2+3+4+5+6+6
=26 (cm),
(직사각형의 짧은 변의 길이)=6×2=12 (cm)
⇨ (네 변의 길이의 합)
=26+12+26+12=76 (cm)

### 40쪽

07 삼각형의 세 변의 길이의 합은 원의 반지름의 3배 입니다.
⇨ (원의 반지름)=(세 변의 길이의 합)÷3
=18÷3=6 (cm)

08 문제 분석

08 ❶점 ㄷ을 원의 중심으로 하는 가장 큰 원 안에 점 ㄱ, 점 ㄴ, 점 ㄹ을 각 원의 중심으로 하고 반지름이 각각 3 cm, 4 cm, 5 cm인 원을 맞닿게 그렸습니다. / ❷가장 큰 원의 반지름은 몇 cm입니까?

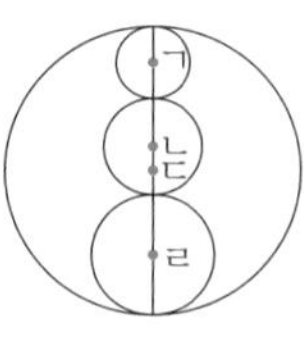


❶ 가장 큰 원의 지름은 세 원의 지름의 합과 같습니다.
❷ (가장 큰 원의 반지름)
=(가장 큰 원의 지름)÷2

❶세 원의 지름은 3×2=6 (cm), 4×2=8 (cm), 5×2=10 (cm)입니다.
(가장 큰 원의 지름)=6+8+10=24 (cm)
❷⇨ (가장 큰 원의 반지름)=24÷2=12 (cm)

**09** (변 ㅇㄱ의 길이)+(변 ㅇㄴ의 길이)
+(변 ㄱㄴ의 길이)=26 cm,
(변 ㅇㄱ의 길이)+(변 ㅇㄴ의 길이)
=26−10=16 (cm),
(변 ㅇㄱ의 길이)=(변 ㅇㄴ의 길이)
=(원의 반지름)이므로
(원의 반지름)=16÷2=8 (cm)입니다.

**10** (변 ㄱㄴ의 길이)=3+5=8 (cm),
(변 ㄴㄷ의 길이)=5+5=10 (cm),
(변 ㄷㄱ의 길이)=5+3=8 (cm)
⇨ (세 변의 길이의 합)
=(변 ㄱㄴ의 길이)+(변 ㄴㄷ의 길이)
+(변 ㄷㄱ의 길이)
=8+10+8=26 (cm)

**11 문제 분석**

**11** ❶점 ㄴ, 점 ㄹ은 원의 중심입니다. 사각형 ㄱㄴㄷㄹ의 네 변의 길이의 / ❷합이 20 cm일 때 □ 안에 알맞은 수를 써넣으시오.

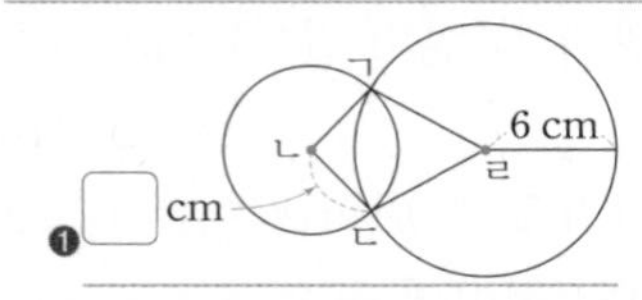


❶ 점 ㄴ을 원의 중심으로 하는 원의 반지름은 모두 같고 점 ㄹ을 원의 중심으로 하는 원의 반지름은 모두 같으므로 네 변의 길이를 구합니다.
❷ (변 ㄱㄴ의 길이)+(변 ㄴㄷ의 길이)+(변 ㄷㄹ의 길이)+(변 ㄹㄱ의 길이)=20 cm

❶(변 ㄱㄴ의 길이)=(변 ㄴㄷ의 길이)
=(작은 원의 반지름),
(변 ㄷㄹ의 길이)=(변 ㄱㄹ의 길이)
=(큰 원의 반지름)이므로
(변 ㄱㄹ의 길이)=(변 ㄷㄹ의 길이)=6 cm입니다.
❷(변 ㄱㄴ의 길이)+(변 ㄴㄷ의 길이)
=20−6−6=8 (cm),
(변 ㄱㄴ의 길이)=(변 ㄴㄷ의 길이)이므로
(변 ㄴㄷ의 길이)=8÷2=4 (cm)입니다.

**다른 풀이**
사각형 ㄱㄴㄷㄹ의 네 변의 길이의 합은 두 원의 지름의 합과 같습니다.
(작은 원의 지름)+(큰 원의 지름)=20 cm,
(큰 원의 지름)=6×2=12 (cm)이므로
(작은 원의 지름)=8 cm입니다.
⇨ (작은 원의 반지름)=(작은 원의 지름)÷2
=8÷2=4 (cm)

**12 문제 분석**

**12** ❶네 원을 맞닿게 그린 후 네 원의 중심을 이었습니다. 사각형 ㄱㄴㄷㄹ의 네 변의 길이의 / ❷합은 몇 cm입니까?

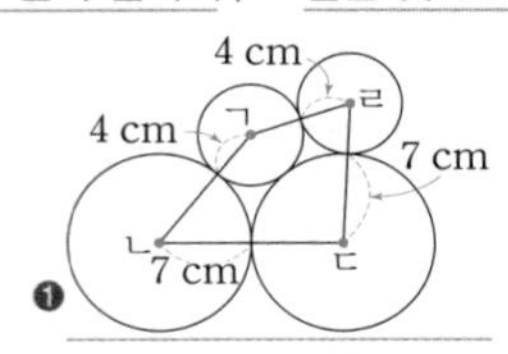


❶ 각 변의 길이를 두 원의 반지름의 합으로 구합니다.
❷ (변 ㄱㄴ의 길이)+(변 ㄴㄷ의 길이)+(변 ㄷㄹ의 길이)+(변 ㄹㄱ의 길이)를 구합니다.

❶(변 ㄱㄴ의 길이)=4+7=11 (cm),
(변 ㄴㄷ의 길이)=7+7=14 (cm),
(변 ㄷㄹ의 길이)=7+4=11 (cm),
(변 ㄹㄱ의 길이)=4+4=8 (cm)
❷⇨ (네 변의 길이의 합)=11+14+11+8
=44 (cm)

## 41쪽

**13 문제 분석**

**13** ❶반지름이 4 cm인 원 8개를 맞닿게 그린 후 선분으로 둘러쌌습니다. 직사각형 ㄱㄴㄷㄹ의 네 변의 길이의 / ❷합은 몇 cm입니까?

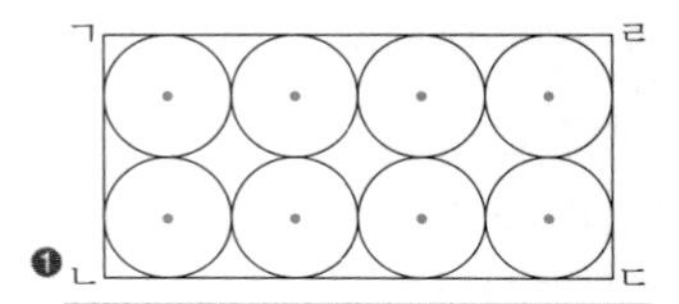


❶ (직사각형의 긴 변의 길이)=(원의 지름)×4
(직사각형의 짧은 변의 길이)=(원의 지름)×2이므로 네 변의 길이가 원의 반지름의 몇 배인지 구합니다.
❷ 네 변의 길이의 합이 원의 반지름의 몇 배인지 구합니다.

❶(변 ㄱㄴ의 길이)=(직사각형의 짧은 변의 길이)
=(원의 지름)×2
=(원의 반지름)×4,
(변 ㄴㄷ의 길이)=(직사각형의 긴 변의 길이)
=(원의 지름)×4
=(원의 반지름)×8,
(변 ㄷㄹ의 길이)=(직사각형의 짧은 변의 길이)
=(원의 지름)×2
=(원의 반지름)×4,
(변 ㄹㄱ의 길이)=(직사각형의 긴 변의 길이)
=(원의 지름)×4
=(원의 반지름)×8이므로

❷(네 변의 길이의 합)
=(직사각형의 긴 변의 길이)
+(직사각형의 짧은 변의 길이)
+(직사각형의 긴 변의 길이)
+(직사각형의 짧은 변의 길이)입니다.
⇨ (네 변의 길이의 합)=(원의 반지름)$\times$24
$=4\times24=96$ (cm)

**14** (선분 ㄱㄴ의 길이)=(가장 작은 원의 반지름)
=4 cm
(선분 ㄴㄷ의 길이)=(중간 원의 반지름)
$=4\times2=8$ (cm)
(선분 ㄷㄹ의 길이)=(가장 큰 원의 반지름)
$=8\times2=16$ (cm)
(선분 ㄹㅁ의 길이)=(선분 ㄷㄹ의 길이)
=16 cm
⇨ (선분 ㄱㅁ의 길이)
=(선분 ㄱㄴ의 길이)+(선분 ㄴㄷ의 길이)
+(선분 ㄷㄹ의 길이)+(선분 ㄹㅁ의 길이)
$=4+8+16+16$
$=44$ (cm)

**15 문제 분석**

**15** ❶크기가 같은 작은 원 2개와 반지름이 6 cm인 큰 원 2개를 맞닿게 그린 후 네 원의 중심을 이었습니다. 사각형 ㄱㄴㄷㄹ의 네 변의 길이의 / ❷합이 36 cm일 때 작은 원의 반지름은 몇 cm입니까?

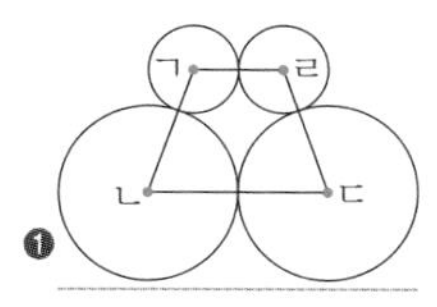


❶ 각 변의 길이를 두 원의 반지름의 합으로 구합니다.
❷ (변 ㄱㄴ의 길이)+(변 ㄴㄷ의 길이)+(변 ㄷㄹ의 길이)+(변 ㄹㄱ의 길이)=36 cm입니다.

작은 원의 반지름을 □ cm라 하면
❶(변 ㄱㄴ의 길이)=(□+6) cm,
(변 ㄴㄷ의 길이)=(6+6) cm,
(변 ㄷㄹ의 길이)=(6+□) cm,
(변 ㄹㄱ의 길이)=(□+□) cm입니다.
❷사각형 ㄱㄴㄷㄹ의 네 변의 길이의 합은 36 cm이므로 (변 ㄱㄴ의 길이)+(변 ㄴㄷ의 길이)+(변 ㄷㄹ의 길이)+(변 ㄹㄱ의 길이)=36 cm입니다.

⇨ □+6+6+6+6+□+□+□=36,
□+□+□+□+24=36,
□+□+□+□=12,
□$\times$4=12, 12$\div$4=□,
□=3

**16**

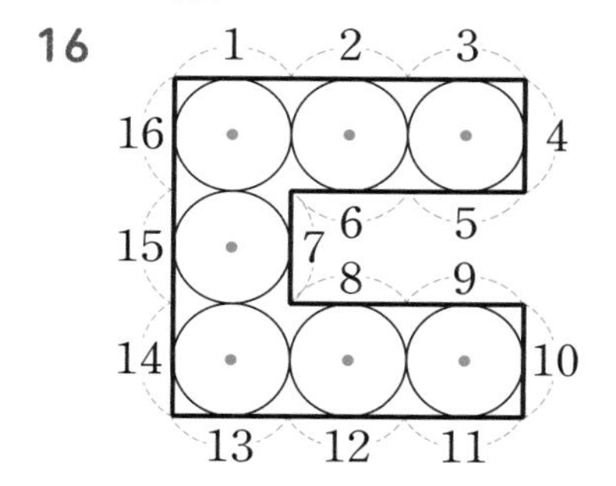


둘러싼 선분의 길이의 합은 원의 지름의 16배입니다.
⇨ (둘러싼 선분의 길이의 합)$=18\times16$
$=288$ (cm)

**17** 원의 반지름은 왼쪽 원부터 각각 3 cm, 5 cm, 7 cm, 9 cm, 11 cm입니다.
(직사각형의 긴 변의 길이)
$=3+5+7+9+11+11=46$ (cm)
(직사각형의 짧은 변의 길이)$=11\times2=22$ (cm)
⇨ (직사각형의 네 변의 길이의 합)
$=46+22+46+22=136$ (cm)

**18 문제 분석**

**18** ❶직사각형 ㄱㄴㄷㄹ의 네 변의 길이의 합은 52 cm입니다. / ❷점 ㄱ, 점 ㄴ, 점 ㄷ을 각 원의 중심으로 하는 원 3개의 일부를 그렸을 때 / ❸선분 ㄱㅁ의 길이는 몇 cm입니까?

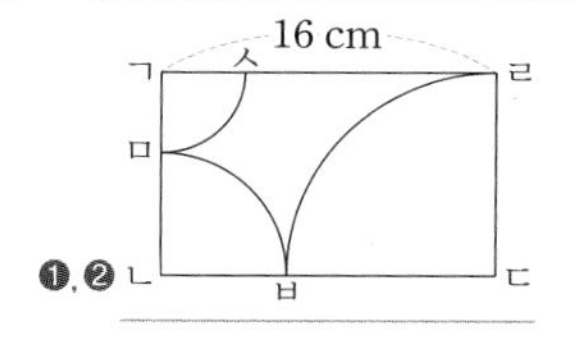


❶ (네 변의 길이의 합)
=(직사각형의 긴 변의 길이)
+(직사각형의 짧은 변의 길이)
+(직사각형의 긴 변의 길이)
+(직사각형의 짧은 변의 길이)
❷ 한 원에서 반지름은 모두 같다는 것을 이용하여 선분 ㅂㄷ의 길이와 선분 ㅁㄴ의 길이를 구합니다.
❸ (선분 ㄱㅁ의 길이)
=(직사각형의 짧은 변의 길이)−(선분 ㅁㄴ의 길이)

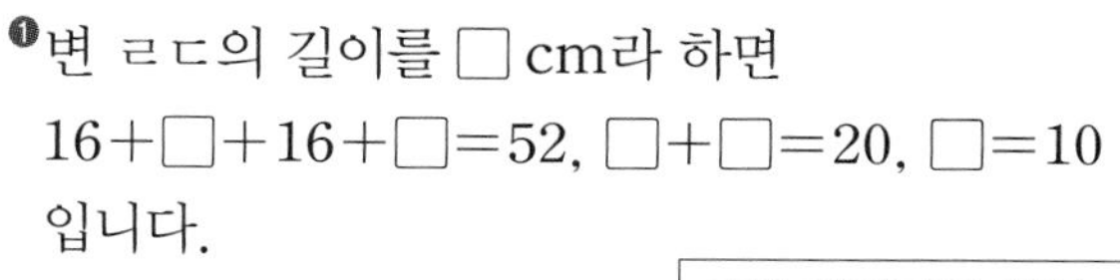

❶변 ㄹㄷ의 길이를 □ cm라 하면
16+□+16+□=52, □+□=20, □=10 입니다.

다음 페이지에 풀이 계속

❷(선분 ㅂㄷ의 길이)=(변 ㄹㄷ의 길이)=10 cm 이므로
(선분 ㄴㅂ의 길이)=16−10=6 (cm)입니다.
(선분 ㅁㄴ의 길이)=(선분 ㄴㅂ의 길이)=6 cm 이므로
❸(선분 ㄱㅁ의 길이)=10−6=4 (cm)입니다.

## 사고력 유형 42~43쪽

1 120 cm
2 (그림)
3 64 cm
4 66 mm

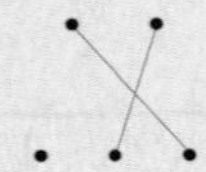

### 42쪽

**1** 굴렁쇠가 움직인 거리는 굴렁쇠의 반지름의 4배입니다.
⇨ (굴렁쇠가 움직인 거리)
=(반지름)×4
=30×4=120 (cm)

**2** 피자가 상자 안에 딱 맞게 들어갈 때 상자의 네 변의 길이의 합은 몇 cm인지 알아봅니다.
반지름이 18 cm인 피자: 18×8=144 (cm)
⇨ 네 변의 길이의 합이 148 cm인 상자에 담습니다.
지름이 23 cm인 피자: 23×4=92 (cm)
⇨ 네 변의 길이의 합이 96 cm인 상자에 담습니다.

### 43쪽

**3** (변 ㄱㄹ의 길이)=(원의 반지름)×10
=8×10=80 (cm),
(변 ㄱㄴ의 길이)=(원의 반지름)×2
=8×2=16 (cm)
⇨ 변 ㄱㄹ의 길이는 변 ㄱㄴ의 길이보다
80−16=64 (cm) 더 깁니다.

**4** (10원짜리 동전의 반지름)
=(10원짜리 동전의 지름)÷2
=18÷2=9 (mm)
(100원짜리 동전의 반지름)
=(100원짜리 동전의 지름)÷2
=24÷2=12 (mm)
(변 ㄱㄴ의 길이)=12+9=21 (mm),
(변 ㄴㄷ의 길이)=9+12=21 (mm),
(변 ㄷㄱ의 길이)=12+12=24 (mm)
⇨ (삼각형 ㄱㄴㄷ의 세 변의 길이의 합)
=(변 ㄱㄴ의 길이)+(변 ㄴㄷ의 길이)
+(변 ㄷㄱ의 길이)
=21+21+24=66 (mm)

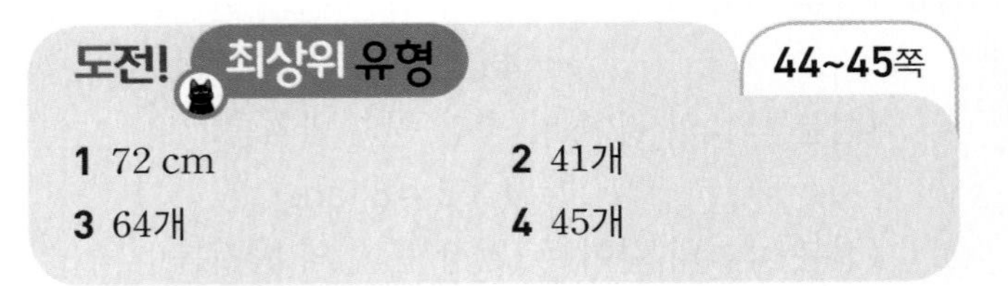

## 도전! 최상위 유형 44~45쪽

1 72 cm
2 41개
3 64개
4 45개

### 44쪽

**1**

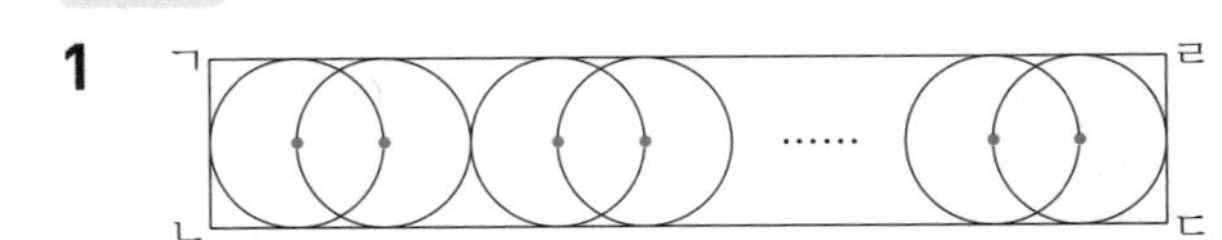


위 그림의 ㅁ(그림)ㅂ 모양에서
선분 ㅁㅂ의 길이는 원의 반지름의 3배이므로
(선분 ㅁㅂ의 길이)=3×3=9 (cm)입니다.
위 그림에 (그림) 모양이
16÷2=8(번) 들어가므로
(변 ㄴㄷ의 길이)=(선분 ㅁㅂ의 길이)×8
=9×8=72 (cm)
입니다.

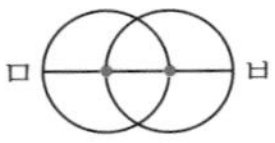

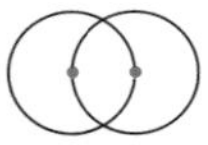

**2** 원의 수와 원이 만나서 생기는 점의 수를 알아보면 다음과 같습니다.

| 그림 | 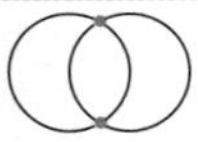 (그림) | 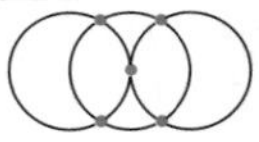 (그림) |  (그림) | ...... |
|---|---|---|---|---|
| 원의 수(개) | 2 | 3 | 4 | ...... |
| 원이 만나서 생기는 점의 수(개) | 2 | 2+3=5 | 2+3+3=8 | ...... |

원 2개가 만나서 생기는 점은 2개이고 원을 1개씩 더 그릴 때마다 점은 3개씩 늘어납니다.
따라서 원 15개가 만나서 생기는 점은
2+3+3……3+3=41(개)입니다.
(3+3……3+3: 13개)

## 45쪽

**3**

| 순서 | 첫 번째 | 두 번째 | 세 번째 | …… | □번째 |
|---|---|---|---|---|---|
| 정사각형의 한 변에 놓인 원의 수(개) | 2 | 3 | 4 | …… | □+1 |
| 만든 정사각형의 한 변의 길이(cm) | $3\times2$ | $3\times4$ | $3\times6$ | …… | $3\times(□\times2)$ |
| 만든 정사각형의 네 변의 길이의 합(cm) | $3\times2\times4$ | $3\times4\times4$ | $3\times6\times4$ | …… | $3\times(□\times2)\times4$ |
| 원의 수(개) | $2\times2=4$ | $3\times3=9$ | $4\times4=16$ | …… | $(□+1)\times(□+1)$ |

정사각형의 네 변의 길이의 합이 168 cm이므로 정사각형의 한 변의 길이는
$168\div4=42$ (cm)입니다.
$42\div3=14$이므로 $□\times2=14$, $□=7$입니다.
따라서 7번째에 사용한 원은 모두 $8\times8=64$(개)입니다.

**4** 만든 삼각형의 세 변의 길이는 모두 같습니다.
원의 수와 만든 삼각형의 한 변의 길이를 알아보면 다음과 같습니다.

| 순서 | 첫 번째 | 두 번째 | 세 번째 | …… | □번째 |
|---|---|---|---|---|---|
| 삼각형의 한 변에 놓인 원의 수(개) | 2 | 3 | 4 | …… | □+1 |
| 만든 삼각형의 한 변의 길이(cm) | $4\times2$ | $4\times4$ | $4\times6$ | …… | $4\times(□\times2)$ |
| 만든 삼각형의 세 변의 길이의 합(cm) | $4\times2\times3$ | $4\times4\times3$ | $4\times6\times3$ | …… | $4\times(□\times2)\times3$ |
| 원의 수(개) | $1+2=3$ | $1+2+3=6$ | $1+2+3+4=10$ | …… | $1+2+\cdots\cdots+□+(□+1)$ |

삼각형의 세 변의 길이의 합이 192 cm이므로 삼각형의 한 변의 길이는
$192\div3=64$ (cm)입니다.
$64\div4=16$이므로 $□\times2=16$, $□=8$입니다.
따라서 8번째에 사용한 원은 모두
$1+2\cdots\cdots8+9=45$(개)입니다.

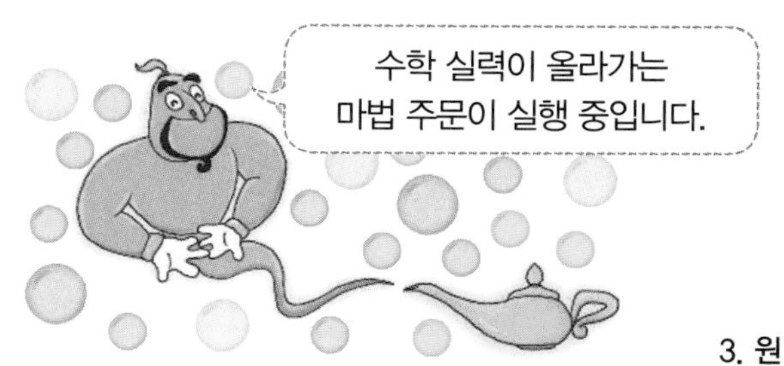

수학 실력이 올라가는
마법 주문이 실행 중입니다.

# 4 분수

## 잘 틀리는 실력 유형 48~49쪽

유형 01 100, 100, 50

01 120　　02 2500 m

03 35 mm

유형 02 60, 60, 30

04 90　　05 10초

06 16시간

유형 03 3, 5, $\frac{2}{5}$, $\frac{3}{5}$

07 $\frac{4}{7}$, $\frac{4}{9}$, $\frac{7}{9}$　　08 $\frac{6}{4}$, $\frac{7}{4}$, $\frac{7}{6}$

09 9시간　　10 8시간

11 예

### 48쪽

**01** 2 m를 cm로 바꾸면 200 cm입니다.
200 cm의 $\frac{1}{5}$은 40 cm이므로 $\frac{3}{5}$은
$40 \times 3 = 120$ (cm)입니다.

**왜 틀렸을까?** 2 m를 200 cm로 바꾼 후에 200 cm의 $\frac{3}{5}$을 구하는 것을 알고 있는지 확인합니다.

**02** 4 km를 m로 바꾸면 4000 m입니다.
4000 m의 $\frac{1}{8}$은 500 m이므로 $\frac{5}{8}$는
$500 \times 5 = 2500$ (m)입니다.

**왜 틀렸을까?** 4 km를 4000 m로 바꾼 후에 4000 m의 $\frac{5}{8}$를 구하는 것을 알고 있는지 확인합니다.

**03** 6 cm를 mm로 바꾸면 60 mm입니다.
60 mm의 $\frac{1}{12}$은 5 mm이므로 $\frac{7}{12}$은
$5 \times 7 = 35$ (mm)입니다.

**왜 틀렸을까?** 6 cm를 60 mm로 바꾼 후에 60 mm의 $\frac{7}{12}$을 구하는 것을 알고 있는지 확인합니다.

**04** 6시간을 분으로 바꾸면 360분입니다.
360분의 $\frac{1}{4}$은 360분을 똑같이 4로 나눈 것 중의 1이므로 90분입니다.

**왜 틀렸을까?** 6시간을 360분으로 바꾼 후에 360분의 $\frac{1}{4}$을 구하는 것을 알고 있는지 확인합니다.

**05** 1분은 60초입니다.
60초의 $\frac{1}{6}$은 60초를 똑같이 6으로 나눈 것 중의 1이므로 10초입니다.

**왜 틀렸을까?** 1분을 60초로 바꾼 후에 60초의 $\frac{1}{6}$을 구하는 것을 알고 있는지 확인합니다.

**06** 2일은 48시간입니다.
48시간의 $\frac{1}{3}$은 48시간을 똑같이 3으로 나눈 것 중의 1이므로 16시간입니다.

**왜 틀렸을까?** 2일을 48시간으로 바꾼 후에 48시간의 $\frac{1}{3}$을 구하는 것을 알고 있는지 확인합니다.

### 49쪽

**07** 진분수는 분자가 분모보다 작으므로 분모에 7, 9를 놓을 수 있습니다.
분모가 7일 때: $\frac{4}{7}$
분모가 9일 때: $\frac{4}{9}$, $\frac{7}{9}$

**왜 틀렸을까?** 분모에 놓을 수 있는 수가 7 또는 9인 것을 알고 있는지 확인합니다.

**08** 가분수는 분자가 분모와 같거나 분모보다 크므로 분모에 4, 6을 놓을 수 있습니다.
분모가 4일 때: $\frac{6}{4}$, $\frac{7}{4}$
분모가 6일 때: $\frac{7}{6}$

**왜 틀렸을까?** 분모에 놓을 수 있는 수가 4 또는 6인 것을 알고 있는지 확인합니다.

**09** 하루는 24시간입니다.
24시간의 $\frac{1}{8}$은 3시간이므로 $\frac{3}{8}$은 $3 \times 3 = 9$(시간)입니다.

**10** 하루는 24시간입니다.
24시간의 $\frac{1}{3}$은 24시간을 똑같이 3으로 나눈 것 중의 1이므로 8시간입니다.

**11** 15개의 $\frac{1}{3}$은 5개이므로 $\frac{2}{3}$는 $5 \times 2 = 10$(개)입니다.

## 다르지만 같은 유형 50~51쪽

01 35 02 48개

03 예 ㉠을 똑같이 9묶음으로 나눈 것 중의 1묶음은 11입니다.
1묶음이 11이므로 전체 9묶음은 $11\times9=99$입니다.
⇨ ㉠=99 / 99

04 3 05 10, 7

06 ㉡ 07 $5\frac{2}{9}$

08 $2\frac{5}{7}$에 ○표

09 예 $\frac{43}{12}$를 대분수로 나타내면 $3\frac{7}{12}$입니다.
따라서 ㉠=3, ㉡=7, ㉢=12이므로
㉠+㉡+㉢=3+7+12=22입니다. / 22

10 ㉠ 11 ㉡, ㉢, ㉠

12 예 혜린이가 갖고 있는 사탕은 16개의 $\frac{3}{4}$만큼이므로 12개이고, 안나가 갖고 있는 사탕은 24개의 $\frac{5}{8}$만큼이므로 15개입니다.
따라서 12<15이므로 안나가 사탕을 더 많이 갖고 있습니다. / 안나

## 50쪽

01~03 핵심
1묶음이 ▲일 때 ■묶음은 ▲×■입니다.

01 □를 똑같이 7묶음으로 나눈 것 중의 1묶음이 5이므로 전체 7묶음은 $5\times7=35$입니다. ⇨ □=35

02 바둑돌을 똑같이 8묶음으로 나눈 것 중의 1묶음은 6개이므로 전체 8묶음은 $6\times8=48$(개)입니다.

03 서술형 가이드 1묶음이 11인 것을 알고 ㉠을 구하는 풀이 과정이 들어 있어야 합니다.

채점 기준

| | |
|---|---|
| 상 | 1묶음이 11인 것을 알고 ㉠에 알맞은 수를 구함. |
| 중 | 1묶음이 11인 것을 알았지만 ㉠을 구하지 못함. |
| 하 | 1묶음이 11인 것을 알지 못함. |

04~06 핵심
$\frac{▲}{■}$에서 ■는 전체 묶음의 수, ▲는 해당하는 묶음의 수입니다.

04 42를 6씩 묶으면 7묶음이 됩니다. $18\div6=3$에서 18은 7묶음 중 3묶음이므로 42의 $\frac{3}{7}$입니다.

05 20을 2씩 묶으면 10묶음이 됩니다. 14는 10묶음 중 7묶음이므로 20의 $\frac{7}{10}$입니다. ⇨ ㉠=10
18을 2씩 묶으면 9묶음이 됩니다. 14는 9묶음 중 7묶음이므로 18의 $\frac{7}{9}$입니다. ⇨ ㉡=7

06 ㉠ 16을 4씩 묶으면 4묶음이 됩니다.
12는 4묶음 중 3묶음이므로 16의 $\frac{3}{4}$입니다.
⇨ □=4
㉡ 32를 4씩 묶으면 8묶음이 됩니다.
20은 8묶음 중 5묶음이므로 32의 $\frac{5}{8}$입니다.
⇨ □=5
따라서 4<5이므로 □ 안에 알맞은 수가 더 큰 것은 ㉡입니다.

## 51쪽

07~09 핵심
가분수를 자연수 부분과 진분수 부분으로 바꾸어 대분수로 나타냅니다.

07 $\frac{1}{9}$이 47개인 수는 $\frac{47}{9}$입니다.
$\frac{47}{9}$ ⇨ $\left(\frac{45}{9}\text{와 }\frac{2}{9}\right)$ ⇨ $\left(5\text{와 }\frac{2}{9}\right)$ ⇨ $5\frac{2}{9}$

08 $\frac{15}{7}$ ⇨ $\left(\frac{14}{7}\text{와 }\frac{1}{7}\right)$ ⇨ $\left(2\text{와 }\frac{1}{7}\right)$ ⇨ $2\frac{1}{7}$
따라서 크기가 다른 분수는 $2\frac{5}{7}$입니다.

다른 풀이
$2\frac{5}{7}$, $2\frac{1}{7}$을 각각 가분수로 나타내면 $\frac{19}{7}$, $\frac{15}{7}$입니다.
따라서 크기가 다른 분수는 $2\frac{5}{7}$입니다.

09 서술형 가이드 가분수를 대분수로 나타내어 ㉠+㉡+㉢을 구하는 풀이 과정이 들어 있어야 합니다.

채점 기준

| | |
|---|---|
| 상 | 가분수를 대분수로 나타내어 ㉠+㉡+㉢의 값을 구함. |
| 중 | 가분수를 대분수로 나타냈지만 ㉠+㉡+㉢의 값을 잘못 구함. |
| 하 | 가분수를 대분수로 나타내지 못함. |

10~12 핵심
분수만큼이 얼마인지 구해 크기를 비교합니다.

10 ㉠ 40의 $\frac{1}{5}$은 8이므로 $\frac{2}{5}$는 $8\times2=16$입니다.
㉡ 40의 $\frac{1}{8}$은 5이므로 $\frac{3}{8}$은 $5\times3=15$입니다.
⇨ 16>15이므로 더 큰 것은 ㉠입니다.

**11** ㉠ 28의 $\frac{1}{2}$ : 14

㉡ 28의 $\frac{1}{4}$ : 7 ⇨ 28의 $\frac{3}{4}$ : $7\times3=21$

㉢ 28의 $\frac{1}{7}$ : 4 ⇨ 28의 $\frac{5}{7}$ : $4\times5=20$

따라서 $21>20>14$이므로 수가 큰 순서대로 기호를 쓰면 ㉡, ㉢, ㉠입니다.

**12** 서술형 가이드 헤린이와 안나가 갖고 있는 사탕의 수를 구해 크기를 비교하는 풀이 과정이 들어 있어야 합니다.

채점 기준

| | |
|---|---|
| 상 | 헤린이와 안나가 갖고 있는 사탕의 수를 구해 크기를 바르게 비교함. |
| 중 | 헤린이와 안나가 갖고 있는 사탕의 수 중 하나를 바르게 구하지 못함. |
| 하 | 헤린이와 안나가 갖고 있는 사탕의 수를 모두 구하지 못함. |

## 응용 유형 52~55쪽

01 10개
02 $\frac{7}{10}$
03 $\frac{34}{7}$, $\frac{35}{7}$
04 21명
05 8 m
06 $7\frac{5}{7}$, $9\frac{3}{7}$, $9\frac{5}{7}$
07 2개
08 55분
09 15개
10 $\frac{5}{8}$
11 63 mm
12 $\frac{38}{10}$, $\frac{39}{10}$, $\frac{40}{10}$, $\frac{41}{10}$, $\frac{42}{10}$
13 25명
14 $7\frac{2}{3}$, $\frac{23}{3}$
15 10분
16 9 m
17 $4\frac{4}{6}$, $4\frac{5}{6}$
18 예 $\frac{1}{4}$, $\frac{2}{8}$, $\frac{5}{20}$, $\frac{10}{40}$

### 52쪽

**01** 18개의 $\frac{1}{9}$은 2개이므로 보라가 먹은 쿠키는 18개의 $\frac{4}{9}$인 $2\times4=8$(개)입니다.
따라서 남은 쿠키는 $18-8=10$(개)입니다.

**02** 진분수를 $\frac{▲}{■}$라고 하면 ▲<■입니다.
두 수의 합이 17인 경우 중에 차가 3이 되는 경우를 찾습니다.

| ■ | 16 | 15 | 14 | 13 | 12 | 11 | 10 | 9 |
|---|---|---|---|---|---|---|---|---|
| ▲ | 1 | 2 | 3 | 4 | 5 | 6 | 7 | 8 |
| 차 | 15 | 13 | 11 | 9 | 7 | 5 | ③ | 1 |

따라서 조건을 모두 만족하는 분수는 $\frac{7}{10}$입니다.

**03** 대분수를 가분수로 나타내어 크기를 비교합니다.

$4\frac{5}{7}$ ⇨ $\left(4와\ \frac{5}{7}\right)$ ⇨ $\left(\frac{28}{7}과\ \frac{5}{7}\right)$ ⇨ $\frac{33}{7}$

$5\frac{1}{7}$ ⇨ $\left(5와\ \frac{1}{7}\right)$ ⇨ $\left(\frac{35}{7}와\ \frac{1}{7}\right)$ ⇨ $\frac{36}{7}$

$\frac{33}{7}<□<\frac{36}{7}$이므로 □ 안에 들어갈 수 있는 분모가 7인 가분수는 $\frac{34}{7}$, $\frac{35}{7}$입니다.

### 53쪽

**04** 반 전체 학생 수의 $\frac{1}{3}$이 7명이므로 반 전체 학생은 $7\times3=21$(명)입니다.

**05** 18 m의 $\frac{1}{3}$은 6 m이므로 공이 첫 번째로 튀어 오르는 높이는 18 m의 $\frac{2}{3}$인 $6\times2=12$ (m)입니다.
12 m의 $\frac{1}{3}$은 4 m이므로 두 번째로 튀어 오르는 높이는 12 m의 $\frac{2}{3}$인 $4\times2=8$ (m)입니다.

**06** 만들 수 있는 분모가 7인 대분수는 $3\frac{3}{7}$, $3\frac{5}{7}$, $5\frac{3}{7}$, $5\frac{5}{7}$, $7\frac{3}{7}$, $7\frac{5}{7}$, $9\frac{3}{7}$, $9\frac{5}{7}$입니다.
$\frac{53}{7}=7\frac{4}{7}$이므로 만든 대분수 중 $7\frac{4}{7}$보다 큰 분수는 $7\frac{5}{7}$, $9\frac{3}{7}$, $9\frac{5}{7}$입니다.

### 54쪽

07 문제 분석

07 ❷□ 안에 들어갈 수 있는 자연수는 모두 몇 개입니까?

❶ $\frac{39}{12}>3\frac{□}{12}$

❶ 가분수를 대분수로 나타냅니다.
❷ 분모가 같은 대분수끼리 크기를 비교합니다.

❶ $\frac{39}{12}$ ⇨ $\left(\frac{36}{12}과\ \frac{3}{12}\right)$ ⇨ $\left(3과\ \frac{3}{12}\right)$ ⇨ $3\frac{3}{12}$

❷ $\frac{39}{12}>3\frac{□}{12}$ ⇨ $3\frac{3}{12}>3\frac{□}{12}$이므로 $3>□$입니다.
따라서 □ 안에 들어갈 수 있는 자연수는 1, 2로 모두 2개입니다.

08 문제 분석

**08** ❶연희는 2시 40분부터 6시 20분까지 공부를 했는데 / ❸그중 $\frac{1}{4}$은 수학 공부를 했습니다. / ❷수학 공부를 한 시간은 몇 분입니까?

❶ (공부한 시간)=6시 20분−2시 40분
❷ ❶에서 구한 시간을 분으로 나타냅니다.
❸ (수학 공부한 시간)=❷에서 구한 시간의 $\frac{1}{4}$

❶(공부한 시간)=6시 20분−2시 40분=3시간 40분
❷3시간 40분=3시간+40분
=180분+40분=220분
❸⇨ (수학 공부한 시간)=220분의 $\frac{1}{4}$=55분

**09** 연지가 먹은 사탕은 42개의 $\frac{1}{6}$인 7개입니다.
서희가 먹은 사탕은 42−7=35(개)의 $\frac{1}{7}$이 5개이므로 $\frac{4}{7}$인 5×4=20(개)입니다.
따라서 두 사람이 먹고 남은 사탕은
42−7−20=15(개)입니다.

**10** 진분수를 $\frac{▲}{■}$라고 하면 ▲<■입니다.
두 수의 합이 13인 경우 중에서 차가 3인 경우를 찾습니다.

| ■ | 12 | 11 | 10 | 9 | 8 | 7 |
|---|---|---|---|---|---|---|
| ▲ | 1 | 2 | 3 | 4 | 5 | 6 |
| 차 | 11 | 9 | 7 | 5 | ③ | 1 |

따라서 조건을 만족하는 분수는 $\frac{5}{8}$입니다.

11 문제 분석

**11** ❶색 테이프 25.2 cm의 $\frac{1}{2}$을 강우가 가져가고, / ❷남은 색 테이프의 $\frac{1}{2}$을 지혜가 가져갔습니다. / 지혜가 가져간 색 테이프는 몇 mm입니까?

❶ 강우가 가져간 색 테이프의 길이를 구합니다.
❷ 강우가 가져가고 남은 색 테이프에서 지혜가 가져간 색 테이프의 길이를 구합니다.

❶25.2 cm=252 mm입니다.
강우는 252 mm의 $\frac{1}{2}$인 126 mm를 가져갔습니다.
❷남은 색 테이프의 길이는
252 mm−126 mm=126 mm입니다.
따라서 지혜는 126 mm의 $\frac{1}{2}$인 63 mm를 가져갔습니다.

**12** $3\frac{7}{10}=\frac{37}{10}$, $4\frac{3}{10}=\frac{43}{10}$
$\frac{37}{10}<\square<\frac{43}{10}$이므로 □ 안에 들어갈 수 있는 분모가 10인 가분수는 $\frac{38}{10}$, $\frac{39}{10}$, $\frac{40}{10}$, $\frac{41}{10}$, $\frac{42}{10}$입니다.

## 55쪽

**13** 반 전체 학생 수의 $\frac{3}{5}$이 15명이므로 3묶음이 15명이고, 1묶음은 15÷3=5(명)입니다.
따라서 반 전체 학생은 5묶음이므로 5×5=25(명)입니다.

14 문제 분석

**14** ❶3장의 수 카드가 있습니다. / ❷수 카드를 한 번씩 모두 사용하여 분모가 3인 대분수를 만들고, / ❸그 수를 가분수로 나타내어 보시오.

❶ 2 3 7

❶ 수 카드에 써 있는 수는 2, 3, 7입니다.
❷ 분모에 3을 놓고 대분수를 만듭니다.
❸ ❷에서 만든 분수를 가분수로 나타냅니다.

❶,❷만들 수 있는 분모가 3인 대분수는 $7\frac{2}{3}$입니다.
❸$7\frac{2}{3}$ ⇨ $\left(7과\ \frac{2}{3}\right)$ ⇨ $\left(\frac{21}{3}과\ \frac{2}{3}\right)$ ⇨ $\frac{23}{3}$입니다.

15 문제 분석

**15** ❶일정하게 물이 나오는 수도로 빈 욕조에 물을 가득 받는 데 $\frac{1}{5}$시간이 걸립니다. / ❷지금까지 물을 욕조의 $\frac{5}{6}$만큼 받았다면 몇 분 동안 물을 받은 것입니까?

❶ $\frac{1}{5}$시간이 몇 분인지 구합니다.
❷ ❶에서 구한 시간의 $\frac{5}{6}$만큼이 몇 분인지 구합니다.

❶$\frac{1}{5}$시간은 1시간의 $\frac{1}{5}$이고 1시간을 분으로 바꾸면 60분이므로 60분의 $\frac{1}{5}$은 12분입니다.
❷12분의 $\frac{1}{6}$은 2분이므로 12분의 $\frac{5}{6}$인 2×5=10(분) 동안 물을 받았습니다.

**16** 25 m의 $\frac{1}{5}$은 5 m이므로 공이 첫 번째로 튀어 오르는 높이는 $5 \times 3 = 15$ (m)입니다.
15 m의 $\frac{1}{5}$은 3 m이므로 두 번째로 튀어 오르는 높이는 $3 \times 3 = 9$ (m)입니다.

**17** 만들 수 있는 분모가 6인 대분수는
$4\frac{4}{6}$, $4\frac{5}{6}$, $5\frac{4}{6}$, $5\frac{5}{6}$, $6\frac{4}{6}$, $6\frac{5}{6}$, $7\frac{4}{6}$, $7\frac{5}{6}$입니다.
$\frac{31}{6} = 5\frac{1}{6}$이므로 만든 대분수 중 $5\frac{1}{6}$보다 작은 분수는 $4\frac{4}{6}$, $4\frac{5}{6}$입니다.

**18** ❶천재 박물관에 입장한 사람 수를 조사한 것입니다. / ❷어린이 수는 입장한 전체 사람 수의 얼마인지 / ❸4가지 분수로 나타내어 보시오.

❶

| | |
|---|---|
| 어린이 | 10명 |
| 청소년 | 9명 |
| 어른 | 21명 |

❶ (전체 입장객 수)
=(어린이 수)+(청소년 수)+(어른 수)
❷ 전체 입장객 수와 어린이 수를 똑같이 묶는 방법을 알아봅니다.
❸ 어린이 수가 전체 묶음 수 중 몇 묶음이 되는지 알아봅니다.

❶(전체 입장객 수)$=10+9+21=40$(명)

❷
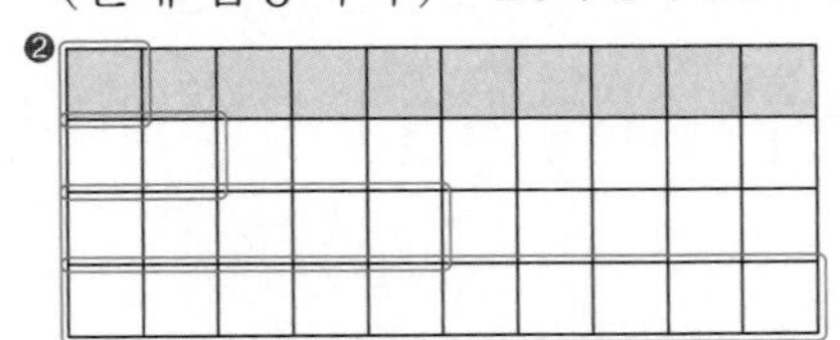

그림과 같이 입장객을 □, 어린이를 ■라 하고 전체 입장객 수와 어린이 수를 똑같이 묶는 방법은 4가지입니다.

❸ • 40을 1씩 묶으면 40묶음이 됩니다.
⇨ 10은 10묶음이므로 40의 $\frac{10}{40}$입니다.
• 40을 2씩 묶으면 20묶음이 됩니다.
⇨ 10은 5묶음이므로 40의 $\frac{5}{20}$입니다.
• 40을 5씩 묶으면 8묶음이 됩니다.
⇨ 10은 2묶음이므로 40의 $\frac{2}{8}$입니다.
• 40을 10씩 묶으면 4묶음이 됩니다.
⇨ 10은 1묶음이므로 40의 $\frac{1}{4}$입니다.

## 사고력 유형 56~57쪽

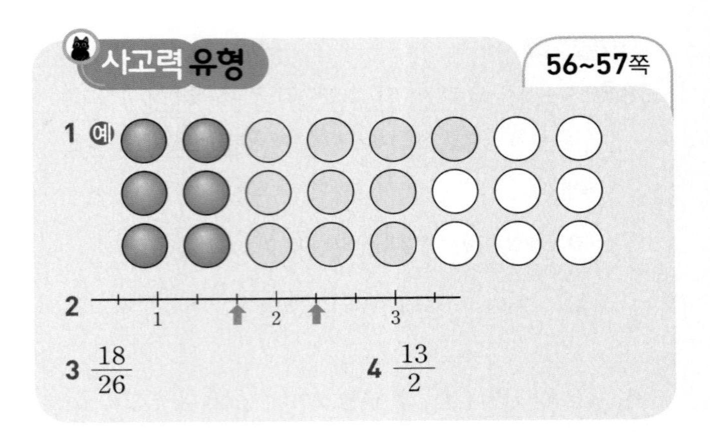


### 56쪽

**1** 전체 8묶음 중의 3묶음이 6개이므로 1묶음은 $6 \div 3 = 2$(개)입니다.
따라서 전체 구슬은 16개이고,
파란 구슬은 $16-6=10$(개)입니다.

**2** 3을 분모에 놓고 만들 수 있는 대분수는 $1\frac{2}{3}$, $2\frac{1}{3}$입니다.

### 57쪽

**3** $\frac{15}{20}$ ⇨ $\frac{14}{25}$ ⇨ $\frac{19}{25}$ ⇨ $\frac{19}{26}$ ⇨ $\frac{18}{26}$

**4** ◆ 5개는 5이고, ▲ 3개는 $\frac{3}{2}$입니다.
⇨ $\left(5와\ \frac{3}{2}\right)$ ⇨ $\left(\frac{10}{2}과\ \frac{3}{2}\right)$ ⇨ $\frac{13}{2}$

## 도전! 최상위 유형 58~59쪽

**1** $3\frac{5}{6}$ **2** 120명
**3** 39개 **4** 45가지

### 58쪽

**1** 정희는 (사다리꼴)을 5개 가지고 있으므로 (육각형)을 2개 만들고 (사다리꼴)이 1개 남습니다.
용식이는 △을 8개 가지고 있으므로 (육각형)을 1개 만들고 △이 2개 남습니다.

△은 $\frac{1}{6}$을 나타내고 ⏢은 △이 3개인 것과 같으므로 $\frac{3}{6}$으로 나타낼 수 있습니다. 따라서 두 사람이 가지고 있는 모든 조각은 $3\frac{5}{6}$입니다.

**2** 9명이 희진이네 반 학생 수를 똑같이 8묶음으로 나눈 것 중의 3묶음이므로 1묶음은 $9 \div 3 = 3$(명)입니다.
⇨ 희진이네 반 학생 수는 $3 \times 8 = 24$(명)입니다.
24명이 3학년 학생 수를 똑같이 10묶음으로 나눈 것 중의 2묶음이므로 1묶음은 $24 \div 2 = 12$(명)입니다.
⇨ 3학년 학생 수는 $12 \times 10 = 120$(명)입니다.

**59쪽**

**3** 만들 수 있는 분모가 5인 가장 작은 대분수: $1\frac{3}{5}$
만들 수 있는 분모가 5인 가장 큰 대분수: $9\frac{3}{5}$
가분수로 나타내면 $1\frac{3}{5} = \frac{8}{5}$, $9\frac{3}{5} = \frac{48}{5}$입니다.
따라서 $\frac{8}{5}$과 $\frac{48}{5}$ 사이에 분모가 5인 가분수는 $\frac{9}{5}, \frac{10}{5} \cdots\cdots \frac{47}{5}$로 모두 39개 있습니다.

**4** ① 분수 부분 $\frac{②}{③}$가 될 수 있는 경우를 구해 봅니다.
③ 자리에 1이 들어가면 $\frac{②}{③}$는 진분수가 될 수 없으므로 대분수를 만들 수 없습니다.
③ 자리에 2가 들어가면 ② 자리에 들어갈 수 있는 수는 1입니다. ⇨ 1가지
③ 자리에 3이 들어가면 ② 자리에 들어갈 수 있는 수는 1, 2입니다. ⇨ 2가지
③ 자리에 4가 들어가면 ② 자리에 들어갈 수 있는 수는 1, 2, 3입니다. ⇨ 3가지
③ 자리에 5가 들어가면 ② 자리에 들어갈 수 있는 수는 1, 2, 3, 4입니다. ⇨ 4가지
③ 자리에 6이 들어가면 ② 자리에 들어갈 수 있는 수는 1, 2, 3, 4, 5입니다. ⇨ 5가지
따라서 ① 자리에 1이 들어가면 $①\frac{②}{③}$가 대분수인 경우는 모두 15가지이고, ① 자리에 1부터 3까지의 수가 들어갈 수 있으므로 모두 $15 \times 3 = 45$(가지)입니다.

# 5 들이와 무게

**잘 틀리는 실력 유형** 62~63쪽

유형 01 200, 2
01 (위에서부터) 5, 600　02 (위에서부터) 800, 4
03 (위에서부터) 100, 3
유형 02 100, 2
04 (위에서부터) 6, 400　05 (위에서부터) 10, 650
06 (위에서부터) 300, 5
유형 03 5, 3, 많습니다에 ○표, ㉯
07 가 컵　08 가 컵　09 가 컵
10 다 모둠　11 나 모둠

**62쪽**

**01**
$$\begin{array}{rrr} & ㉠\ L & 300\ mL \\ + & 2\ L & ㉡\ mL \\ \hline & 7\ L & 900\ mL \end{array}$$
mL끼리 계산하면 300+㉡=900이므로
900−300=㉡, ㉡=600입니다.
L끼리 계산하면 ㉠+2=7이므로
7−2=㉠, ㉠=5입니다.
**왜 틀렸을까?** 300+□=900이므로 900−300=□입니다.

**02**
$$\begin{array}{rrr} & 4\ L & ㉡\ mL \\ + & ㉠\ L & 500\ mL \\ \hline & 9\ L & 300\ mL \end{array}$$
mL끼리 계산하면 ㉡+500=1300이므로
1300−500=㉡, ㉡=800입니다.
L끼리 계산하면 1+4+㉠=9이므로
5+㉠=9, 9−5=㉠, ㉠=4입니다.
**왜 틀렸을까?** □+500=300이 될 수 없으므로 □+500=1300이고 1 L를 받아올림합니다.

**03**
$$\begin{array}{rrr} & 6\ L & ㉡\ mL \\ - & ㉠\ L & 700\ mL \\ \hline & 2\ L & 400\ mL \end{array}$$
mL끼리 계산하면 1000+㉡−700=400이므로
300+㉡=400, 400−300=㉡, ㉡=100입니다.
L끼리 계산하면 6−1−㉠=2이므로
5−㉠=2, 5−2=㉠, ㉠=3입니다.
**왜 틀렸을까?** □−700=400이 될 수 없으므로 1000 mL를 받아내림하여 1000+□−700=400입니다.

**04**

$$\begin{array}{rrr} & \boxed{㉠}\ \text{kg} & 400\ \text{g} \\ + & 1\ \text{kg} & \boxed{㉡}\ \text{g} \\ \hline & 7\ \text{kg} & 800\ \text{g} \end{array}$$

g끼리 계산하면 400+㉡=800이므로
800−400=㉡, ㉡=400입니다.
kg끼리 계산하면 ㉠+1=7이므로
7−1=㉠, ㉠=6입니다.

**왜 틀렸을까?** 400+□=800이므로 800−400=□입니다.

**05**

$$\begin{array}{rrr} & \boxed{㉠}\ \text{kg} & 200\ \text{g} \\ - & 4\ \text{kg} & \boxed{㉡}\ \text{g} \\ \hline & 5\ \text{kg} & 550\ \text{g} \end{array}$$

g끼리 계산하면 1000+200−㉡=550이므로
1200−㉡=550, 1200−550=㉡, ㉡=650입니다.
kg끼리 계산하면 ㉠−1−4=5이므로
㉠−5=5, 5+5=㉠, ㉠=10입니다.

**왜 틀렸을까?** 200−□=550이 될 수 없으므로
1000 g을 받아내림하여 1000+200−□=550입니다.

**06**

$$\begin{array}{rrr} & 3\ \text{kg} & \boxed{㉡}\ \text{g} \\ + & \boxed{㉠}\ \text{kg} & 700\ \text{g} \\ \hline & 9\ \text{kg} & \end{array}$$

g끼리 계산하면 ㉡+700=1000이므로
1000−700=㉡, ㉡=300입니다.
kg끼리 계산하면 1+3+㉠=9이므로
4+㉠=9, 9−4=㉠, ㉠=5입니다.

**왜 틀렸을까?** □+700=0이 될 수 없으므로
□+700=1000이고 1 kg을 받아올림합니다.

## 63쪽

**07** 똑같은 수조에 물을 가득 채울 때는 부은 횟수가 적을수록 들이가 더 많습니다.
⇨ 8번<14번이므로 가 컵의 들이가 더 많습니다.

**왜 틀렸을까?** 가 컵이 나 컵보다 부은 횟수가 더 적으므로 가 컵의 들이가 더 많습니다.

**08** 똑같은 수조에 물을 가득 채울 때는 부은 횟수가 많을수록 들이가 더 적습니다.
⇨ 7번>5번이므로 가 컵의 들이가 더 적습니다.

**왜 틀렸을까?** 가 컵이 나 컵보다 부은 횟수가 더 많으므로 가 컵의 들이가 더 적습니다.

**09** 부은 횟수가 적을수록 들이가 더 많습니다.
⇨ 3번<6번<8번이므로 들이가 가장 많은 컵은 가 컵입니다.

**왜 틀렸을까?** 부은 횟수가 적을수록 들이가 더 많습니다.

**10** 1 L=1000 mL이므로 1000 mL와의 차를 각각 구해 비교합니다.
가: 1000 mL−850 mL=150 mL
나: 1000 mL−920 mL=80 mL
다: 1040 mL−1000 mL=40 mL
라: 1100 mL−1000 mL=100 mL
따라서 40 mL<80 mL<100 mL<150 mL이므로 1 L에 가장 가깝게 물을 담은 모둠은 다 모둠입니다.

**11** 1 kg=1000 g이므로 1000 g과의 차를 각각 구해 비교합니다.
가: 1000 g−970 g=30 g
나: 1000 g−990 g=10 g
다: 1020 g−1000 g=20 g
라: 1050 g−1000 g=50 g
따라서 10 g<20 g<30 g<50 g이므로 1 kg에 가장 가깝게 물건을 모은 모둠은 나 모둠입니다.

## 다르지만 같은 유형 (64~65쪽)

| | |
|---|---|
| 01 < | 02 ㉡ |
| 03 연지 | 04 < |
| 05 ㉠ | |

06 예 진희: 410 g+860 g=1270 g
준기: 670 g+550 g=1220 g
따라서 1270 g>1220 g이므로 산 고기의 무게가 더 무거운 사람은 진희입니다. / 진희

| | |
|---|---|
| 07 3 L | 08 천재 마트 |
| 09 B 세제 | 10 2 kg |
| 11 820 g | 12 3봉지 |

## 64쪽

**01~03 핵심**
L는 L끼리, mL는 mL끼리 계산하여 L부터 차례로 수를 비교합니다.

01 2700 mL+550 mL=3250 mL
⇨ 3250 mL<3285 mL

02 ㉠ 8 L 500 mL+6 L 500 mL=15 L
㉡ 19 L 200 mL−4 L 100 mL=15 L 100 mL
⇨ 15 L<15 L 100 mL

03 성우: 1 L 310 mL+740 mL=2 L 50 mL
연지: 860 mL+1 L 200 mL=2 L 60 mL
따라서 2 L 50 mL<2 L 60 mL이므로 연지가 섞은 페인트의 양이 더 많습니다.

04~06 핵심
kg은 kg끼리, g은 g끼리 계산하여 kg부터 차례로 수를 비교합니다.

04 1250 g+760 g=2010 g
2800 g−680 g=2120 g
⇨ 2010 g<2120 g

05 ㉠ 4 kg 800 g+2 kg 600 g=7 kg 400 g
㉡ 9 kg 170 g−1 kg 810 g=7 kg 360 g
⇨ 7 kg 400 g>7 kg 360 g

06 서술형 가이드 진희가 산 고기 무게와 준기가 산 고기 무게를 구해 두 사람이 산 고기의 무게를 비교하는 풀이 과정이 들어 있어야 합니다.

채점 기준

| | |
|---|---|
| 상 | 진희와 준기가 산 고기의 무게를 구한 뒤 두 사람이 산 고기의 무게를 바르게 비교함. |
| 중 | 진희와 준기가 산 고기의 무게를 구했으나 두 사람이 산 고기의 무게를 잘못 비교함. |
| 하 | 진희와 준기가 산 고기의 무게를 구하지 못함. |

## 65쪽

07~09 핵심
물건을 ▲개 사면 들이를 ▲번 더해야 합니다.

07 1600원으로 물병을 2개 살 수 있습니다.
1 L 500 mL+1 L 500 mL=3 L

08 해법 마트에서 2000원으로 살 수 있는 주스 양: 800 mL
천재 마트에서 2000원으로 살 수 있는 주스 양: 500 mL+500 mL=1000 mL
⇨ 800 mL<1000 mL이므로 천재 마트에서 더 많은 양의 주스를 살 수 있습니다.

09 A 세제는 12000원으로 2 L 600 mL를 살 수 있습니다.
B 세제는 12000원으로 3통을 살 수 있으므로
900 mL+900 mL+900 mL
=2700 mL=2 L 700 mL
를 살 수 있습니다.
따라서 2 L 600 mL<2 L 700 mL이므로 B 세제를 사야 합니다.

10~12 핵심
물건을 ▲개 사면 무게를 ▲번 더해야 합니다.

10 500 g+500 g+500 g+500 g=2000 g
이므로 소금 4봉지의 무게는 2 kg입니다.

11 (주문한 꽃등심의 무게)
=130 g+130 g+130 g+130 g=520 g
(주문한 안심의 무게)=150 g+150 g=300 g
⇨ (주문한 음식의 무게)=520 g+300 g=820 g

12 1 kg 200 g=1200 g
=400 g+400 g+400 g
이므로 딸기와 같은 무게로 사려면 설탕을 3봉지 사야 합니다.

## 응용 유형 66~69쪽

| | |
|---|---|
| 01 400 g | 02 세현, 150 mL |
| 03 2 kg 500 g | 04 4 L 900 mL |
| 05 840 g | 06 200 mL |
| 07 ㉠ | 08 ㉢ |
| 09 1 L 980 mL | 10 1 kg 400 g |
| 11 지훈이네, 50 mL | 12 우주 |
| 13 3 kg 550 g | 14 3 L 900 mL |
| 15 880 g | 16 550 mL |
| 17 1 L 400 mL | 18 26 kg 300 g |

## 66쪽

01 저울에서 바늘이 가리키는 눈금을 읽으면 2 kg에서 3칸 더 간 곳을 가리키므로 2 kg 300 g입니다.
⇨ 2 kg 700 g−2 kg 300 g=400 g

02 진영이가 산 음료수의 양:
1 L 200 mL+500 mL=1 L 700 mL
세현이가 산 음료수의 양:
350 mL+1 L 500 mL=1 L 850 mL
따라서 세현이가 산 음료수의 양이
1 L 850 mL−1 L 700 mL=150 mL
더 많습니다.

03 (추 3개의 무게)=200×3=600 (g)
600 g+(쇠 그릇의 무게)=3 kg 100 g
⇨ (쇠 그릇의 무게)
=3 kg 100 g−600 g=2 kg 500 g

## 67쪽

04 (2분 동안 나온 물의 양)
=1 L 350 mL+1 L 350 mL=2 L 700 mL
(4분 동안 나온 물의 양)
=2 L 700 mL+2 L 700 mL=5 L 400 mL
⇨ (양동이의 들이)
=5 L 400 mL−500 mL=4 L 900 mL

05 감 2개의 무게가 사과 1개의 무게와 같은 280 g이므로 감 1개의 무게는 280÷2=140 (g)입니다.
⇨ (감 6개의 무게)=140×6=840 (g)
따라서 멜론 1개의 무게는 840 g입니다.

06 (전체 물의 양)=2 L 300 mL+1 L 900 mL
=4 L 200 mL
4 L 200 mL=2 L 100 mL+2 L 100 mL
이므로 각 수조의 물이 2 L 100 mL가 되어야 합니다.
따라서 가 수조에서 나 수조로 물을
2 L 300 mL−2 L 100 mL=200 mL
부어야 합니다.

## 68쪽

07 문제 분석

07 ❷들이가 가장 많은 것의 기호를 쓰시오.

❶ ㉠ 7 L 580 mL
㉡ 7085 mL
㉢ 6 L 900 mL

❶ 같은 단위로 통일하여 ■ L ▲ mL 또는 ◆ mL로 나타냅니다.
❷ L, mL 순으로 나타내는 수가 클수록 더 많은 들이입니다.

❶㉡ 7085 mL=7 L 85 mL
❷⇨ 7 L 580 mL>7 L 85 mL>6 L 900 mL이므로 들이가 가장 많은 것은 ㉠입니다.

08 문제 분석

08 ❷무게가 가장 무거운 것의 기호를 쓰시오.

❶ ㉠ 3 kg 500 g　㉡ 3005 g
㉢ 3550 g　㉣ 3 kg 50 g

❶ 같은 단위로 통일하여 ■ kg ▲ g 또는 ◆ g으로 나타냅니다.
❷ kg, g 순으로 나타내는 수가 클수록 더 무거운 무게입니다.

❶㉠ 3 kg 500 g=3500 g　㉣ 3 kg 50 g=3050 g
❷⇨ 3550 g>3500 g>3050 g>3005 g이므로 가장 무거운 것은 ㉢입니다.

09 문제 분석

09 ❶한주는 콩 한 되와 보리 한 홉을 샀습니다. / ❷한주가 산 콩과 보리는 모두 약 몇 L 몇 mL입니까?

❶ 한 되: 약 1 L 800 mL
한 홉: 약 180 mL

❶ 한 되와 한 홉의 들이를 각각 알아봅니다.
❷ mL는 mL끼리 더합니다.

❶한 되는 약 1 L 800 mL이고, 한 홉은 약 180 mL입니다.
❷⇨ 1 L 800 mL+180 mL=1 L 980 mL

10 저울에서 바늘이 가리키는 눈금을 읽으면 1 kg에서 6칸 더 간 곳을 가리키므로 1 kg 600 g입니다.
⇨ 3 kg−1 kg 600 g=1 kg 400 g

11 지훈이네: 1 L 300 mL+850 mL=2 L 150 mL
세란이네: 950 mL+1 L 150 mL=2 L 100 mL
따라서 지훈이네 가족이
2 L 150 mL−2 L 100 mL=50 mL 더 많이 마셨습니다.

12 문제 분석

12 ❶무게가 2 kg 100 g인 의자의 무게를 도영이는 2 kg 350 g, / ❷우주는 1 kg 900 g으로 어림하였습니다. / ❸더 가깝게 어림한 사람은 누구입니까?

❶ 도영이가 어림한 무게와 실제 무게의 차를 구합니다.
❷ 우주가 어림한 무게와 실제 무게의 차를 구합니다.
❸ 어림한 무게와 실제 무게의 차가 더 작아야 합니다.

❶도영: 2 kg 350 g−2 kg 100 g=250 g
❷우주: 2 kg 100 g−1 kg 900 g=200 g
❸⇨ 200 g<250 g이므로 더 가깝게 어림한 사람은 우주입니다.

## 69쪽

**13** (추 5개의 무게)=100×5=500 (g)
500 g+(쇠 그릇의 무게)=4 kg 50 g
⇨ (쇠 그릇의 무게)
=4 kg 50 g−500 g=3 kg 550 g

**14** (3분 동안 나온 물의 양)
=1 L 500 mL+1 L 500 mL+1 L 500 mL
=4 L 500 mL
⇨ (냄비의 들이)=4 L 500 mL−600 mL
=3 L 900 mL

**15** (참외 3개의 무게)
=(멜론 1개의 무게)+(자두 1개의 무게)
=620 g+40 g=660 g이므로
참외 1개의 무게는 660÷3=220 (g)입니다.
⇨ (참외 4개의 무게)=220×4=880 (g)
따라서 파인애플 1개의 무게는 880 g입니다.

**16** (전체 물의 양)=3 L 850 mL+2 L 750 mL
=6 L 600 mL
6 L 600 mL=3 L 300 mL+3 L 300 mL이므로 각 수조의 물이 3 L 300 mL가 되어야 합니다.
따라서 가 수조에서 나 수조로 물을
3 L 850 mL−3 L 300 mL=550 mL
부어야 합니다.

17 문제 분석

**17** ❶가, 나 물통에 물을 가득 채운 후 빈 수조에 옮겨 담았더니 3 L 200 mL입니다. / ❷그리고 가 물통에 다시 물을 가득 채운 후 수조에 옮겨 담으니 5 L가 되었습니다. / ❸나 물통의 들이는 몇 L 몇 mL입니까?

❶ (가와 나 물통의 들이)=3 L 200 mL
❷ 채워진 물의 양이 가 물통의 들이입니다.
❸ (나 물통의 들이)=(가와 나 물통의 들이)−(가 물통의 들이)

❶(가와 나의 들이의 합)=3 L 200 mL이고
❷(가와 나의 들이의 합)+(가의 들이)=5 L이므로
3 L 200 mL+(가의 들이)=5 L,
5 L−3 L 200 mL=(가의 들이),
(가의 들이)=1 L 800 mL입니다.
❸⇨ (나의 들이)
=(가와 나의 들이의 합)−(가의 들이)
=3 L 200 mL−1 L 800 mL
=1 L 400 mL

18 문제 분석

**18** ❷진호, 현철, 근우가 한꺼번에 저울에 올라가서 몸무게를 재어 보니 84 kg이었습니다. / ❶진호의 몸무게는 29 kg 800 g이고, 현철이의 몸무게는 진호의 몸무게보다 1 kg 900 g 더 가볍습니다. / ❷근우의 몸무게는 몇 kg 몇 g입니까?

❶ (현철이의 몸무게)=(진호의 몸무게)−1 kg 900 g
❷ (진호의 몸무게)+(현철이의 몸무게)+(근우의 몸무게)
=84 kg임을 이용하여 근우의 몸무게를 구합니다.

❶(현철이의 몸무게)=29 kg 800 g−1 kg 900 g
=27 kg 900 g
❷(진호의 몸무게)+(현철이의 몸무게)
=29 kg 800 g+27 kg 900 g=57 kg 700 g
⇨ (근우의 몸무게)=84 kg−57 kg 700 g
=26 kg 300 g

## 사고력 유형 70~71쪽

**1** 1 L
**2** 예 들이가 5 L인 물통에 물을 가득 담아 수조에 1번 붓고, 들이가 5 L인 물통에 물을 가득 담아 들이가 3 L인 물통에 가득 찰 때까지 부은 뒤 남은 물을 수조에 붓습니다.
**3** ❶ 16, 48 ❷ 32, 64
❸ 40, 24

## 70쪽

**1** 물 4 L를 양동이에 한 번 부으면 4 L입니다.
물 4 L를 한 번 더 부으면 4 L+4 L=8 L입니다.
따라서 양동이의 물을 7 L 덜어 내면
8 L−7 L=1 L입니다.

**2** • 들이가 5 L인 물통에 물을 가득 담아 들이가 3 L인 물통에 가득 찰 때까지 부은 뒤 남은 물을 수조에 붓고, 들이가 5 L인 물통에 물을 가득 담아 수조에 붓습니다.
• 들이가 5 L인 물통에 물을 가득 담아 수조에 2번 붓고, 수조에서 들이가 3 L인 물통에 물을 가득 채워 덜어 냅니다. 등 다양한 방법이 있습니다.

## 71쪽

**3** ❶ △: 8 g+8 g=16 g

□: △+⧗ 4개

=16 g+8 g+8 g+8 g+8 g=48 g

❷ ○: 8 g+8 g+8 g+8 g=32 g

♧: ○ 2개=32 g+32 g=64 g

❸ ♤: ⧗ 6개−⧗

=48 g−8 g=40 g

◇: ♤−⧗ 2개=40 g−16 g=24 g

## 도전! 최상위 유형 72~73쪽

**1** 23 kg 540 g **2** 20초

**3** 81 mL **4** 181 cm

## 72쪽

**1** 아버지의 몸무게:

24 kg 600 g+24 kg 600 g=49 kg 200 g,

49 kg 200 g+24 kg 600 g=73 kg 800 g

⇨ 73 kg 800 g−160 g=73 kg 640 g

어머니의 몸무게:

24 kg 600 g+24 kg 600 g=49 kg 200 g

⇨ 49 kg 200 g+900 g=50 kg 100 g

따라서 아버지와 어머니의 몸무게의 차는

73 kg 640 g−50 kg 100 g=23 kg 540 g입니다.

**2** (연우가 퍼낸 물의 양)=400×5=2000 (mL)

(성우가 퍼낸 물의 양)=250×8=2000 (mL)

둘이서 퍼낸 물의 양은

2000 mL+2000 mL=4000 mL이므로 어항의 들이는 4000 mL입니다.

수도꼭지에서 1초에 200 mL의 물이 나오므로

5초에 200+200+200+200+200=1000 (mL)의 물을 받을 수 있고,

20초에 1000+1000+1000+1000=4000 (mL)의 물을 받을 수 있습니다. ⇨ 20초

## 73쪽

**3** 236 mL＜342 mL＜416 mL이므로

가장 적게 들어 있는 그릇부터 물의 양을 차례로 ㉠, ㉡, ㉢이라 놓으면

㉠+㉡=236 mL, ㉠+㉢=342 mL,

㉡+㉢=416 mL입니다.

두 그릇에 들어 있는 물의 양을 모두 더하면

(㉠+㉡)+(㉠+㉢)+(㉡+㉢)

=236 mL+342 mL+416 mL=994 mL이고,

994 mL는 세 그릇에 들어 있는 물의 양을 두 번씩 더한 것과 같으므로 세 그릇에 들어 있는 물의 양

㉠+㉡+㉢=994÷2=497 (mL)입니다.

따라서 가장 적게 들어 있는 물의 양은 세 그릇에 들어 있는 물의 양에서 ㉡과 ㉢에 들어 있는 물의 양의 합을 뺀 것과 같으므로

㉠=497 mL−416 mL=81 mL입니다.

**4** 1모둠은 용수철저울에 추를 10 g씩 매달 때마다 길이가 7 cm씩 늘어납니다.

2모둠은 용수철저울에 추를 10 g씩 매달 때마다 길이가 6 cm씩 늘어납니다.

3모둠은 용수철저울에 추를 20 g씩 매달 때마다 길이가 16 cm씩 늘어나므로 10 g씩 매달 때마다 길이가 8 cm씩 늘어납니다.

각 모둠의 용수철저울의 길이를 표로 나타냅니다.

1모둠

| 추의 무게(g) | 0 | 10 | 20 | 30 | 40 | 50 | 60 | 70 |
|---|---|---|---|---|---|---|---|---|
| 저울 길이(cm) | 12 | 19 | 26 | 33 | 40 | 47 | 54 | (61) |

2모둠

| 추의 무게(g) | 0 | 10 | 20 | 30 | 40 | 50 | 60 | 70 |
|---|---|---|---|---|---|---|---|---|
| 저울 길이(cm) | 9 | 15 | 21 | 27 | 33 | 39 | 45 | (51) |

3모둠

| 추의 무게(g) | 0 | 10 | 20 | 30 | 40 | 50 | 60 | 70 |
|---|---|---|---|---|---|---|---|---|
| 저울 길이(cm) | 13 | 21 | 29 | 37 | 45 | 53 | 61 | (69) |

⇨ 61 cm+51 cm+69 cm=181 cm

# 6 자료와 그림그래프

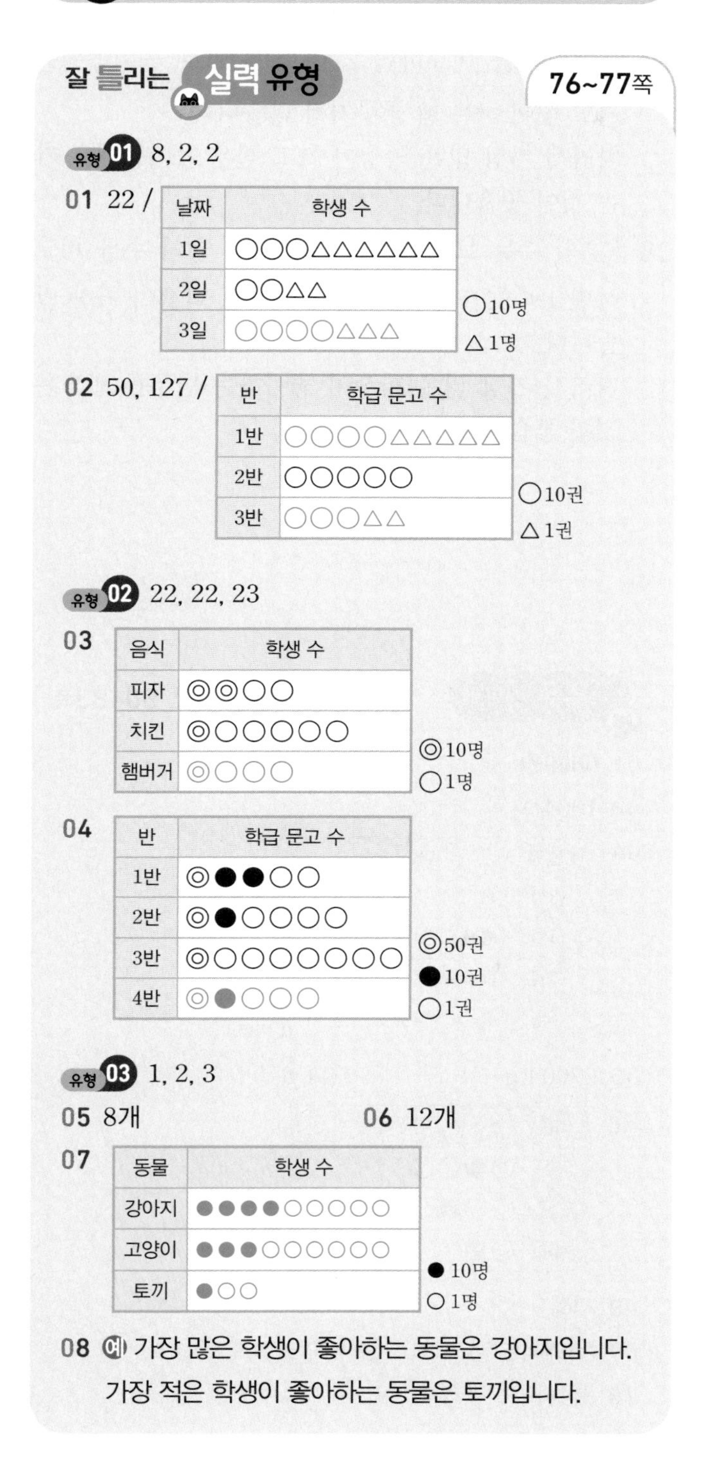

잘 틀리는 실력 유형 76~77쪽

유형 01 8, 2, 2

01 22 /

| 날짜 | 학생 수 |
|---|---|
| 1일 | ○○○△△△△△△ |
| 2일 | ○○△△ |
| 3일 | ○○○○△△△ |

○10명 △1명

02 50, 127 /

| 반 | 학급 문고 수 |
|---|---|
| 1반 | ○○○○△△△△△ |
| 2반 | ○○○○○ |
| 3반 | ○○○△△ |

○10권 △1권

유형 02 22, 22, 23

03

| 음식 | 학생 수 |
|---|---|
| 피자 | ◎◎○○ |
| 치킨 | ◎○○○○○ |
| 햄버거 | ◎○○○ |

◎10명 ○1명

04

| 반 | 학급 문고 수 |
|---|---|
| 1반 | ◎●●○○ |
| 2반 | ◎●○○○○ |
| 3반 | ◎○○○○○○○ |
| 4반 | ◎●○○○ |

◎50권 ●10권 ○1권

유형 03 1, 2, 3

05 8개

06 12개

07

| 동물 | 학생 수 |
|---|---|
| 강아지 | ●●●●○○○○○ |
| 고양이 | ●●●○○○○○○ |
| 토끼 | ●○○ |

●10명 ○1명

08 예 가장 많은 학생이 좋아하는 동물은 강아지입니다.
가장 적은 학생이 좋아하는 동물은 토끼입니다.

## 76쪽

01 2일: ○ 2개, △ 2개이므로 22명입니다.
3일: 43명이므로 ○ 4개, △ 3개를 그립니다.
**왜 틀렸을까?** 표를 그림그래프로, 그림그래프를 표로 각각 나타내야 합니다.

02 2반: ○ 5개이므로 50권입니다.
⇨ (합계)$=45+50+32=127$(권)
1반: 45권이므로 ○ 4개, △ 5개를 그립니다.
3반: 32권이므로 ○ 3개, △ 2개를 그립니다.
**왜 틀렸을까?** 그림그래프를 표로 나타낸 후 세 반의 학급 문고 수를 모두 더해 합계를 구해야 합니다.

03 피자: 22명, 치킨: 15명
⇨ (햄버거를 좋아하는 학생 수)
$=50-22-15=13$(명)
**왜 틀렸을까?** 전체 학생 수 50명에서 피자와 치킨을 좋아하는 학생 수를 빼어 햄버거를 좋아하는 학생 수를 구합니다.

04 1반: 72권, 2반: 64권, 3반: 57권
⇨ (4반의 학급 문고 수)
$=256-72-64-57=63$(권)
**왜 틀렸을까?** 전체 학급 문고 수 256권에서 1반, 2반, 3반의 학급 문고 수를 빼어 4반의 학급 문고 수를 구합니다.

## 77쪽

05 (큰 빵)의 수: 6개, (작은 빵)의 수: 2개
⇨ $6+2=8$(개)
**왜 틀렸을까?** (큰 빵)과 (작은 빵)의 수를 구해 더합니다.

06 (큰 얼굴)의 수: 5개, (중간 얼굴)의 수: 2개, (작은 얼굴)의 수: 5개
⇨ $5+2+5=12$(개)
**왜 틀렸을까?** (큰 얼굴), (중간 얼굴), (작은 얼굴)의 수를 구해 모두 더합니다.

07 동물을 좋아하는 남학생과 여학생 수를 더합니다.
강아지: $18+27=45$(명) ⇨ ● 4개, ○ 5개
고양이: $19+17=36$(명) ⇨ ● 3개, ○ 6개
토끼: $9+3=12$(명) ⇨ ● 1개, ○ 2개

08 **서술형 가이드** 강아지를 좋아하는 학생은 고양이를 좋아하는 학생보다 9명 많습니다, 토끼를 좋아하는 학생은 12명입니다. 등 알 수 있는 점 2가지를 썼으면 정답입니다.

채점 기준

| | |
|---|---|
| 상 | 그림그래프를 보고 알 수 있는 점을 2가지 씀. |
| 중 | 그림그래프를 보고 알 수 있는 점을 1가지 씀. |
| 하 | 그림그래프를 보고 알 수 있는 점을 쓰지 못함. |

다르지만 같은 유형 78~79쪽

01 볼펜
02 국어, 수학
03 파란색
04 동화책
05 33, 30, 24, 11, 98
06 5 / 23, 22, 19, 84
07 놀이공원
08 만두

## 78쪽

01~02 핵심
그림그래프를 보고 각 자료의 수를 구해 조건에 알맞은 자료를 찾을 수 있어야 합니다.

**01** 연필은 51자루, 사인펜은 17자루, 볼펜은 62자루, 색연필은 24자루입니다.
따라서 60자루보다 많은 물건은 볼펜입니다.

**02** 국어는 80명, 수학은 93명, 사회는 45명, 과학은 61명입니다.
따라서 학생 수가 75명보다 많고 100명보다 적은 과목은 국어, 수학입니다.

03~04 핵심
큰 그림의 수부터 차례로 비교하여 순서를 구합니다.

**03** 의 수를 비교하면 4>3>2이므로 빨간색이 가장 많고, 노란색이 가장 적습니다.
의 수가 3개인 파란색과 초록색의 의 수를 비교하면 1<4이므로 초록색이 더 많습니다.
따라서 세 번째로 많은 학생이 좋아하는 색깔은 파란색입니다.

**04** 의 수를 비교하면 3>1이므로 소설책이 가장 적습니다.
의 수가 3개인 그림책, 동화책, 만화책의 의 수를 비교하면 4>2>1입니다.
따라서 두 번째로 적은 학생이 좋아하는 책은 동화책입니다.

## 79쪽

05~06 핵심
그림그래프에서 그림이 나타내는 수를 보고 표로 나타낸 후 합계를 구할 수 있어야 합니다.

**05** 그림그래프를 보고 각각의 학생 수를 구합니다.
A형: 33명, B형: 30명, O형: 24명, AB형: 11명
⇨ 합계: 33+30+24+11=98(명)

**06** 4반의 그림은 4개이고 20명이므로
은 20÷4=5(명)을 나타냅니다.
1반: 23명, 2반: 22명, 3반: 19명
⇨ 합계: 23+22+19+20=84(명)

07~08 핵심
그림그래프를 보고 문제에 맞게 예상할 수 있어야 합니다.

**07** 의 수를 비교하면 2>1>0이므로 놀이공원을 가고 싶어 하는 학생이 가장 많습니다.
따라서 가장 많은 학생이 가고 싶은 놀이공원을 가는 것이 좋습니다.

**08** 의 수는 모두 3개로 같습니다. 의 수를 비교하면 1<3이므로 만두를 좋아하는 학생이 가장 많습니다.
따라서 가장 많은 학생이 좋아하는 만두를 만드는 것이 좋습니다.

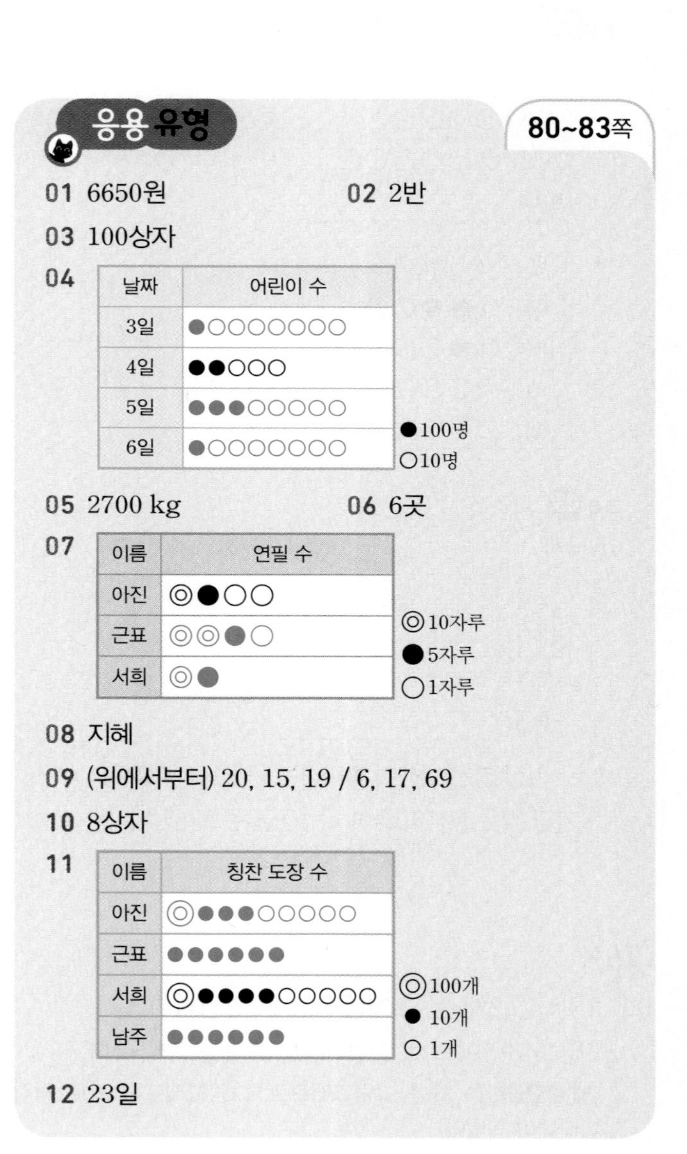

## 응용 유형 80~83쪽

**01** 6650원　**02** 2반

**03** 100상자

**04**

| 날짜 | 어린이 수 |
|---|---|
| 3일 | ●○○○○○○○ |
| 4일 | ●●○○○ |
| 5일 | ●●●○○○○○ |
| 6일 | ●○○○○○○○ |

●100명 ○10명

**05** 2700 kg　**06** 6곳

**07**

| 이름 | 연필 수 |
|---|---|
| 아진 | ◎●○○ |
| 근표 | ◎◎●○ |
| 서희 | ◎● |

◎10자루 ●5자루 ○1자루

**08** 지혜

**09** (위에서부터) 20, 15, 19 / 6, 17, 69

**10** 8상자

**11**

| 이름 | 칭찬 도장 수 |
|---|---|
| 아진 | ◎●●●○○○○○ |
| 근표 | ●●●●●● |
| 서희 | ◎●●●●○○○○○ |
| 남주 | ●●●●●● |

◎100개 ● 10개 ○ 1개

**12** 23일

## 80쪽

**01** 모은 전체 빈병 수는 8개, 15개이므로

80+15=95(병)입니다.

⇨ (모은 빈병을 모두 팔면 받는 금액)

=95×70=6650(원)

**다른 풀이**

사랑: 17병, 희망: 21병, 보람: 25병, 꿈: 32병

(모은 전체 빈병 수)=17+21+25+32=95(병)

⇨ (모은 빈병을 모두 팔면 받는 금액)

=95×70=6650(원)

**02** 1반: 1개와 3개이므로 8명입니다.

8×2=16(명)이므로 3개, 1개로 나타낸 반을 찾으면 2반입니다.

## 81쪽

**03** 가: 420상자, 나: 350상자, 다: 410상자

(가, 나, 다 회사의 판매량)

=420+350+410=1180(상자)

(라 회사의 판매량)=1500−1180=320(상자)

420>410>350>320이므로

가 회사가 420상자로 판매량이 가장 많고, 라 회사가 320상자로 판매량이 가장 적습니다.

⇨ 420−320=100(상자)

**04** 5일: 350명이므로 ● 3개, ○ 5개를 그립니다.

(4일)+(5일)=230+350=580(명)이므로

(3일)+(6일)=920−580=340(명)입니다.

340÷2=170이므로

(3일)=(6일)=170명입니다.

따라서 3일과 6일에 각각 ● 1개, ○ 7개를 그립니다.

## 82쪽

**05** 전체 배 생산량은 4개, 14개이므로

400+140=540(상자)입니다.

⇨ (과수원 네 곳에서 생산한 배의 무게)

=540×5=2700 (kg)

**다른 풀이**

가: 120상자, 나: 140상자, 다: 200상자, 라: 80상자

(전체 배 생산량)=120+140+200+80=540(상자)

⇨ (과수원 네 곳에서 생산한 배의 무게)

=540×5=2700 (kg)

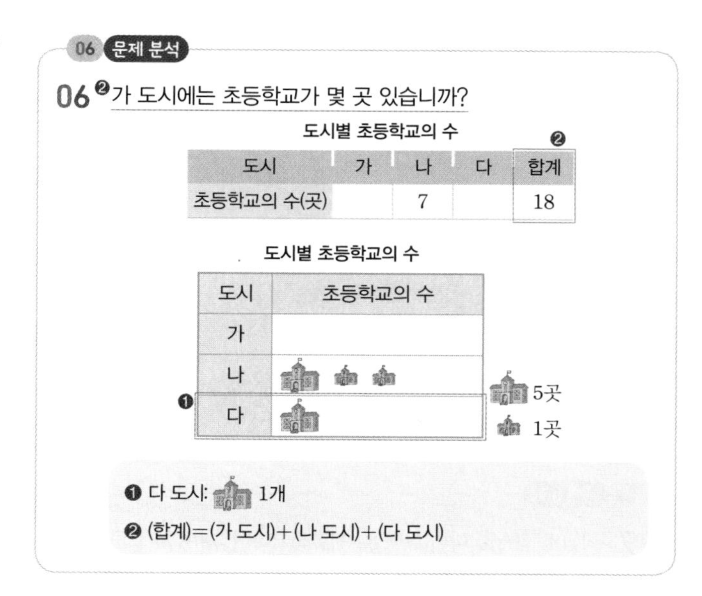

06 문제 분석

**06** ❷가 도시에는 초등학교가 몇 곳 있습니까?

도시별 초등학교의 수

| 도시 | 가 | 나 | 다 | 합계 |
|---|---|---|---|---|
| 초등학교의 수(곳) | | 7 | | 18 |

도시별 초등학교의 수

| 도시 | 초등학교의 수 |
|---|---|
| 가 | |
| 나 | |
| 다 | |



❶ 다 도시: 1개

❷ (합계)=(가 도시)+(나 도시)+(다 도시)

❶그림그래프에서 다 도시는 1개이므로 5곳입니다.

❷⇨ 가 도시: (합계)−(나 도시)−(다 도시)

=18−7−5=6(곳)

07 문제 분석

**07** ❸그림의 단위를 바꾸어 그림그래프를 완성해 보시오.

학생들이 갖고 있는 연필 수

| 이름 | 연필 수 |
|---|---|
| 아진 | ◎○○○○○○○ |
| 근표 | ◎◎○○○○○○ |
| 서희 | ◎○○○○○ |

◎10자루 ○1자루

학생들이 갖고 있는 연필 수

| 이름 | 연필 수 |
|---|---|
| 아진 | ◎●○○ |
| 근표 | |
| 서희 | |

◎10자루 ●5자루 ○1자루

❶ 학생별 갖고 있는 연필 수를 구합니다.

❷ 단위가 바뀐 그림을 알아봅니다.

❸ ❶에서 구한 연필 수만큼 그림을 그려 그림그래프를 완성합니다.

❶아진: 17자루, 근표: 26자루, 서희: 15자루

❷●는 5자루를 나타내므로 ○가 5개가 있으면 ● 1개로 바꾸어 그립니다.

❸근표: 26자루이므로 ◎ 2개, ● 1개, ○ 1개를 그립니다.

서희: 15자루이므로 ◎ 1개, ● 1개를 그립니다.

**08** 지호: ✏ 3개와 ✏ 4개이므로 19자루를 가지고 있습니다.
$19\times2=38$(자루)이므로 ✏ 7개, ✏ 3개로 나타낸 학생을 찾으면 지혜입니다.

**참고**
학생들이 가지고 있는 연필의 수는
지호: 19자루, 유나: 32자루, 지혜: 38자루, 정민: 40자루입니다.

## 83쪽

09 문제 분석

**09** 학년별 학원을 다니는 학생 수를 조사하여 2종류의 표로 나타내었습니다. 표의 빈 곳에 알맞은 수를 써넣으시오.

학년별 학원을 다니는 학생 수

| 학년 | 3 | 4 | 5 | 6 | 합계 |
|---|---|---|---|---|---|
| 학생 수(명) | 26 | 43 | 37 | 39 | 145 |

학년별 학원을 다니는 남녀 학생 수

| 학년 | 3 | 4 | 5 | 6 | 합계 |
|---|---|---|---|---|---|
| 남학생 수(명) | | | | 22 | 76 |
| 여학생 수(명) | | 28 | 18 | | |

❶ (■학년 학생 수)=(■학년 남학생 수)+(■학년 여학생 수)
❷ 각 남녀 합계를 이용하여 3학년 남녀 학생 수를 구합니다.

❶(4학년 남학생 수)$=43-28=15$(명)
(5학년 남학생 수)$=37-18=19$(명)
(6학년 여학생 수)$=39-22=17$(명)
(여학생 합계)$=145-76=69$(명)
❷⇨ (3학년 남학생 수)$=76-15-19-22=20$(명)
(3학년 여학생 수)$=69-28-18-17=6$(명)

**10** 승리호: 26상자, 파도호: 31상자, 태양호: 33상자
(승리호, 파도호, 태양호가 잡은 물고기 양)
$=26+31+33=90$(상자)
(바위호가 잡은 물고기 양)$=115-90=25$(상자)
태양호가 33상자로 가장 많이 잡았고, 바위호가 25상자로 가장 적게 잡았습니다.
⇨ $33-25=8$(상자)

**11** 아진: 135개이므로 ◎ 1개, ● 3개, ○ 5개를 그립니다.
(아진)+(서희)$=135+145=280$(개)이므로
(근표)+(남주)$=400-280=120$(개)입니다.
$120\div2=60$이므로 (근표)=(남주)=60개입니다.
⇨ 근표와 남주에 각각 ● 6개를 그립니다.

12 문제 분석

**12** 마을별 ❷비 온 날이 가 마을은 14일, / ❶다 마을은 6일입니다. / ❸비가 가장 많이 온 마을의 비 온 날수를 구하시오.

마을별 비 온 날수

| 마을 | 날수 |
|---|---|
| 가 | ☂ ☂ ☂ ☂ ☂ |
| 나 | ☂ ☂ ☂ |
| 다 | ☂ ☂ ☂ ☂ ☂ ☂ |
| 라 | ☂ ☂ ☂ ☂ ☂ |

☂ □일
☂ □일

❶ (☂ 6개)=6일
❷ (☂ 1개, ☂ 4개)=14일
❸ 비가 가장 많이 온 마을을 구해 비 온 날수를 구합니다.

❶다: ☂ 6개가 6일이므로 ☂은 $6\div6=1$(일)을 나타냅니다.
❷가: ☂ 4개는 4일을 나타내므로
☂ 1개는 $14-4=10$(일)을 나타냅니다.
❸☂의 수를 비교하면 $2>1>0$이므로 나 마을과 라 마을이 가장 많습니다.
나 마을과 라 마을의 ☂의 수를 비교하면 $1<3$이므로 라 마을에 비가 가장 많이 왔습니다.
따라서 라 마을에 비가 온 날은 ☂ 2개, ☂ 3개이므로 23일입니다.

## 사고력 유형 84~85쪽

**1** 64, 82, 52
**2** (위에서부터) 6, 1
**3** ❶ 8, 11, 15
❷

| 경기 | 학생 수 |
|---|---|
| 줄다리기 | ◎○○○○ |
| 달리기 | ◎ |
| 줄넘기 | ○○○○○○○○ |
| 삼각 달리기 | ◎○ |
| 박 터트리기 | ◎○○○○○ |

◎10명
○1명

## 84쪽

**1** 각각의 꽃을 좋아하는 학생 수를 먼저 구합니다.
장미: 32명, 튤립: 41명, 국화: 26명
한 학생당 좋아하는 꽃을 2송이씩 나누어 주려고 하므로
장미는 $32 \times 2 = 64$(송이),
튤립은 $41 \times 2 = 82$(송이),
국화는 $26 \times 2 = 52$(송이)가 필요합니다.

**2** 행복 과수원과 사랑 과수원의 그림을 비교하면 사랑 과수원의 🍎이 2개 더 많습니다.
따라서 🍎 2개가 12상자를 나타내므로 🍎 1개는 $12 \div 2 = 6$(상자)를 나타냅니다.
행복 과수원과 우정 과수원의 그림을 비교하면 우정 과수원의 🍏이 3개 더 많습니다.
따라서 🍏 3개가 3상자를 나타내므로 🍏 1개는 $3 \div 3 = 1$(상자)를 나타냅니다.

## 85쪽

**3** ❶ 박 터트리기를 하고 싶은 학생은 줄다리기를 하고 싶은 학생보다 1명 더 많다고 했으므로 $14 + 1 = 15$(명)입니다.
줄넘기와 삼각 달리기를 하고 싶은 학생은 $58 - 14 - 10 - 15 = 19$(명)이고,
줄넘기를 하고 싶은 학생은 삼각 달리기를 하고 싶은 학생보다 3명 더 적다고 했으므로 줄넘기는 8명, 삼각 달리기는 11명입니다.

참고

| 삼각 달리기 | 18 | 17 | 16 | 15 | 14 | 13 | 12 | 11 | 10 |
|---|---|---|---|---|---|---|---|---|---|
| 줄넘기 | 1 | 2 | 3 | 4 | 5 | 6 | 7 | 8 | 9 |
| 차 | 17 | 15 | 13 | 11 | 9 | 7 | 5 | ③ | 1 |

❷ 줄다리기: ◎ 1개, ○ 4개, 달리기: ◎ 1개,
줄넘기: ○ 8개, 삼각 달리기: ◎ 1개, ○ 1개,
박 터트리기: ◎ 1개, ○ 5개

**도전! 최상위 유형** 86~87쪽

1 168명　2 25마리
3 64명　4 72명

## 86쪽

**1** (귤을 좋아하는 학생 수)$=17 \times 2 = 34$(명)
(포도를 좋아하는 학생 수)$=44 - 26 = 18$(명)
따라서 민재네 학교 3학년 학생은 모두
$44 + 34 + 17 + 18 + 55 = 168$(명)입니다.

**2** (가 농장의 소의 수)$=32$마리
(나 농장의 소의 수)$=32 + 18 = 50$(마리)
(다 농장의 소의 수)$=$(나 농장의 소의 수)$\times 2$
$= 50 \times 2 = 100$(마리)
따라서 라 농장의 소의 수는 다 농장의 소의 수의 $\frac{1}{4}$이므로 100마리를 똑같이 4묶음으로 나눈 것 중의 1묶음인 25마리입니다.

## 87쪽

**3** 가 학교 학생 수는 432명,
라 학교 학생 수는 344명이므로
(나 학교 학생 수)$+$(다 학교 학생 수)
$= 1563 - 432 - 344 = 787$(명)입니다.
(다 학교 학생 수)$=$(나 학교 학생 수)$-51$이므로
(나 학교 학생 수)$+$(나 학교 학생 수)$-51 = 787$,
(나 학교 학생 수)$\times 2 = 838$,
(나 학교 학생 수)$=419$명입니다.
(다 학교 학생 수)$= 419 - 51 = 368$(명)
⇨ $432 > 419 > 368 > 344$이므로 학생 수가 가장 많은 학교는 가 학교이고, 세 번째로 많은 학교는 다 학교입니다.
따라서 가 학교는 다 학교보다 학생이
$432 - 368 = 64$(명) 더 많습니다.

**4** 보이는 그림에서 뉴스: 17명, 드라마: 43명,
음악: 25명, 예능: 60명, 교육: 16명이므로
모두 더하면 161명입니다.
가려진 그림의 학생 수는 $179 - 161 = 18$(명)입니다.
가려진 그림에서 음악을 좋아하는 학생은 18명의 $\frac{1}{6}$인 3명이고, 뉴스는 1명, 드라마는 2명이므로
예능을 좋아하는 학생은 $18 - 3 - 1 - 2 = 12$(명)입니다.
따라서 3학년 학생 중 예능을 좋아하는 학생은
$60 + 12 = 72$(명)입니다.

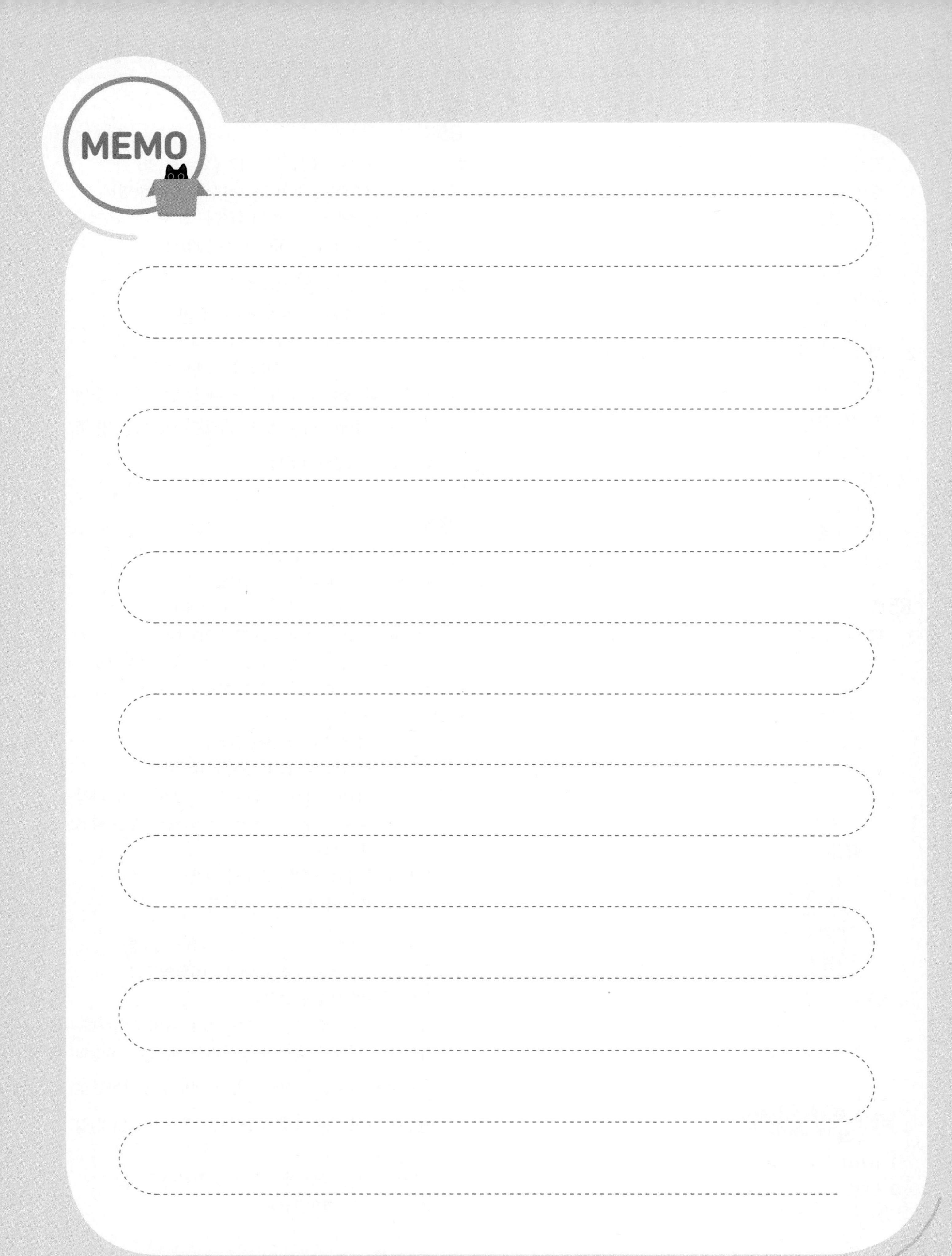
MEMO

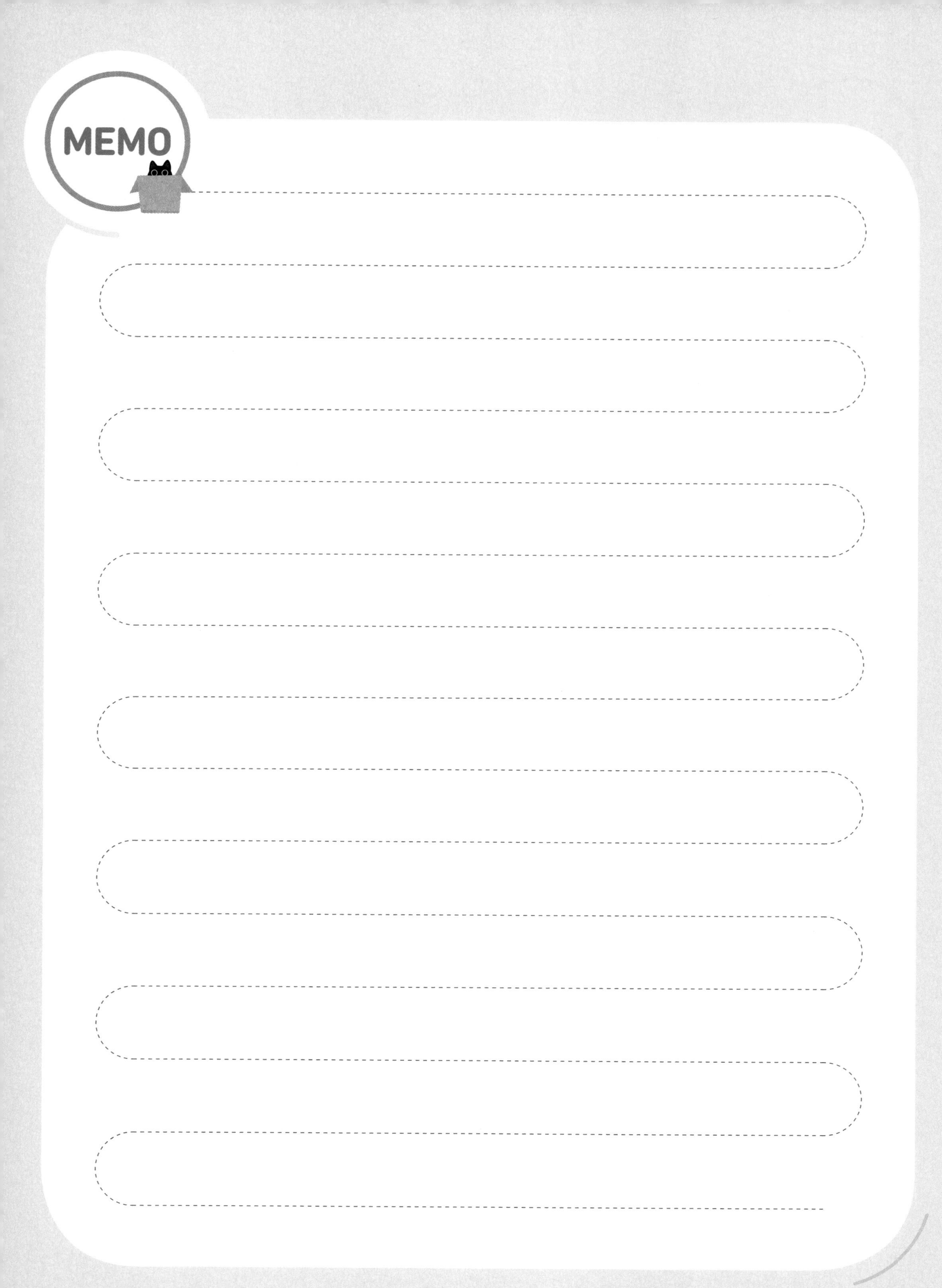
MEMO

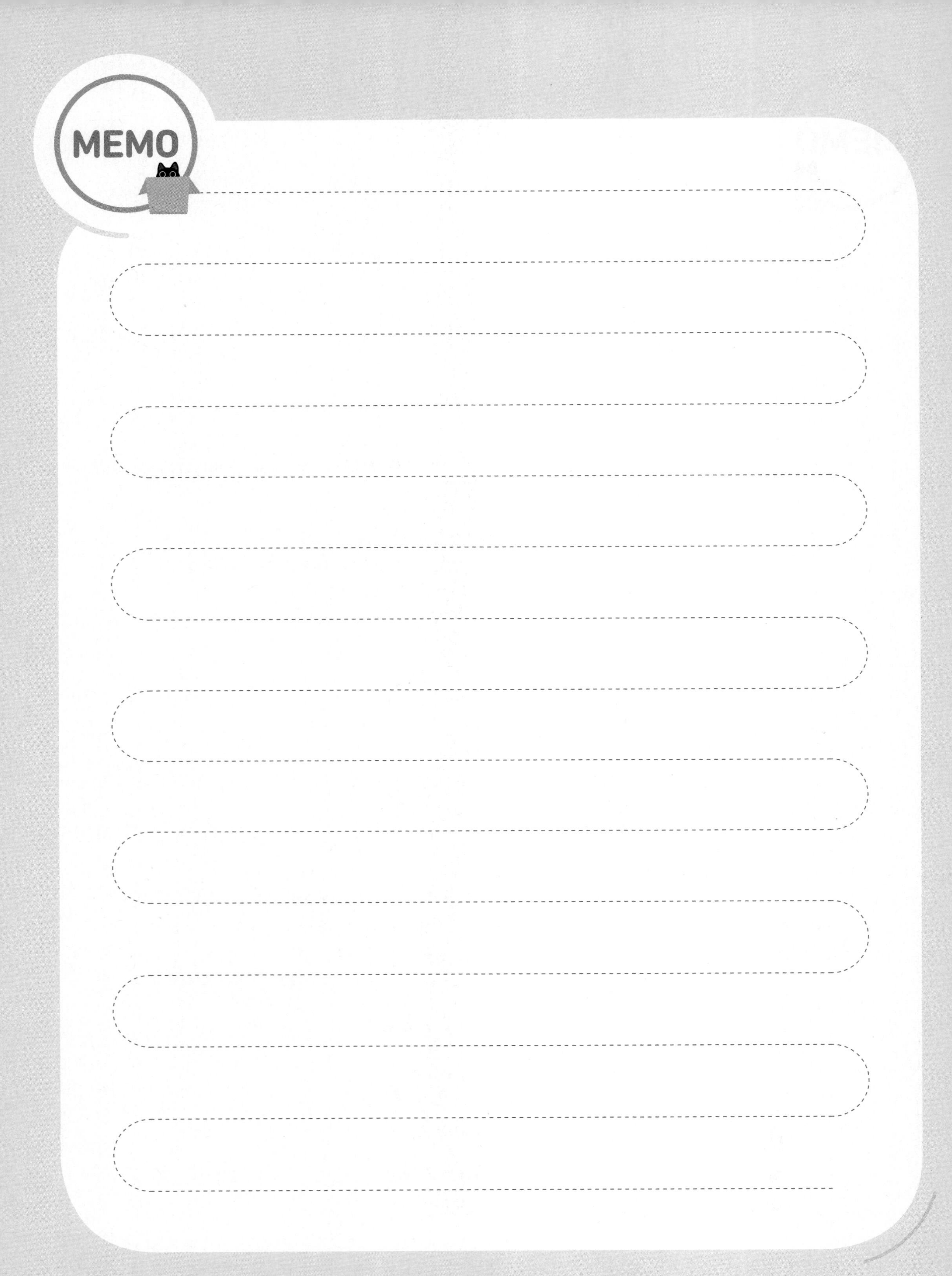
MEMO